国家出版基金项目
NATIONAL PUBLICATION FOUNDATION
国家出版基金项目
“十四五”时期国家重点出版物出版专项规划项目
智慧农业关键技术集成与应用系列丛书

智慧果园关键技术与应用

Key Technologies and Applications of Smart Orchard

吴文斌 史 云 宋 茜 段玉林 王风云 等◎著

中国农业大学出版社
China Agricultural University Press
·北京·

内容简介

本书系统阐述了智慧果园的基础理论与技术方法，采用理论与实践相结合、技术与案例相结合的方式，介绍了智慧果园关键技术的研发和典型应用案例，提出了智慧果园未来发展趋势与方向。全书在内容和形式上突出创新性、系统性和实用性，并采用二维码技术对重要知识点进行扩充。全书分为8章，包括概论、智慧果园的总体框架、果园智能感知系统、果园智能监测与诊断系统、果园精准作业装备系统、果园智能管控平台、智慧果园应用案例以及未来展望。本书具有先进性、实用性等特点，既可以作为相关专业科技人员的参考书，也可以作为高等院校的教材。

图书在版编目(CIP)数据

智慧果园关键技术与应用/吴文斌等著. --北京:中国农业大学出版社,2024.12.
ISBN 978-7-5655-3406-5

Ⅰ. S66-39

中国国家版本馆CIP数据核字第2024P06R07号

书　名　智慧果园关键技术与应用
Zhihui Guoyuan Guanjian Jishu yu Yingyong

作　者　吴文斌　史　云　宋　茜　段玉林　王风云　等　著

总策划	王笃利　丛晓红　张秀环	责任编辑	魏　巍
策划编辑	魏　巍	封面设计	中通世奥图文设计中心
出版发行	中国农业大学出版社		
社　址	北京市海淀区圆明园西路2号	邮政编码	100193
电　话	发行部 010-62733489,1190	读者服务部	010-62732336
	编辑部 010-62732617,2618	出版部	010-62733440
网　址	http://www.caupress.cn	E-mail	cbsszs@cau.edu.cn
经　销	新华书店		
印　刷	涿州市星河印刷有限公司		
版　次	2024年12月第1版　2024年12月第1次印刷		
规　格	185 mm×260 mm　16开本　18印张　390千字		
定　价	126.00元		

图书如有质量问题本社发行部负责调换

智慧农业关键技术集成与应用系列丛书
编 委 会

著者人员

主要著者

吴文斌　中国农业科学院农业资源与农业区划研究所

史　云　中国农业科学院农业资源与农业区划研究所

宋　茜　中国农业科学院农业资源与农业区划研究所

段玉林　中国农业科学院农业资源与农业区划研究所

王风云　山东省农业科学院

参与著者（以姓氏笔画为序）

马　晔　农业农村部信息中心

王虹扬　中国农业科学院农业资源与农业区划研究所

申　格　浙江财经大学

刘布春　中国农业科学院农业环境与可持续发展研究所

李　娴　中国农业科学院农业信息研究所

李会宾　中国农业科学院农业资源与农业区划研究所

吴清滢　中国农业科学院农业资源与农业区划研究所

余强毅　中国农业科学院农业资源与农业区划研究所

邹金秋　中国农业科学院农业资源与农业区划研究所

张保辉　中国农业科学院农业资源与农业区划研究所

查　燕　中国农业科学院农业资源与农业区划研究所

钱建平　中国农业科学院农业资源与农业区划研究所

康　婷　农业农村部信息中心

康春鹏　农业农村部信息中心

梁晨欣　中国农业科学院农业资源与农业区划研究所

总 序

智慧农业作为现代农业与新一代信息技术深度融合的产物，正成为实现农业高质量发展和乡村振兴战略目标的重要支撑。习近平总书记强调，全面建设社会主义现代化国家，实现中华民族伟大复兴，最艰巨最繁重的任务依然在农村，最广泛最深厚的基础依然在农村。智慧农业通过整合5G、物联网、云计算、大数据、人工智能等新兴技术，助力农业全产业链的数字化、网络化和智能化转型，不仅显著提升农业生产效率与资源利用率，同时推动了农业经营管理模式的变革，促进农业可持续发展。智慧农业的意义，不仅在于技术的迭代，更体现在对农业发展模式的深刻变革，对农村社会结构的再塑造，以及对国家粮食安全的全方位保障。

纵观全球，发达国家在智慧农业领域已取得瞩目成效。例如，美国、加拿大、澳大利亚等资源富足国家已经通过智慧大田技术实现了一人种5 000亩地；以色列、荷兰等资源短缺国家通过智慧温室技术实现了一人年产200 t蔬菜、一人种养100万盆花；资源中等国家丹麦、德国通过智慧养殖技术实现了一人养殖20万只鸡、日产鸡蛋18万枚，一人养殖1万头猪、200头奶牛、200 t鱼。这些成功案例不仅展示了智慧农业在提高劳动生产率、优化资源配置和实现可持续发展方面的巨大潜力，也为我国发展智慧农业提供了宝贵的经验和参考。相比之下，我国农业仍面临劳动力老龄化、资源浪费、环境污染等挑战，发展智慧农业已迫在眉睫。这不仅是现代农业发展的内在需求，更是国家实现农业强国目标的战略选择。

党的二十大报告提出，到2035年基本实现社会主义现代化，到本世纪中叶全面建成社会主义现代化强国，而农业作为国民经济的基础产业，其现代化水平直接关系到国家整体现代化进程。从劳动生产率、农业从业人员比例、农业占GDP比重等关键指标来看，我国农业现代化水平与发达国家相比仍有较大差距。智慧农业的推广与应用，将有效提高农业的劳动生产率和资源利用率，加速农业现代化的步伐。

智慧农业是农业强国战略的核心支柱。从农业1.0的传统种植模式，到机械化、数字化的农业 2.0 和 3.0 阶段，智慧农业无疑是推动农业向智能化、绿色化转型的关键途径。智慧农业技术的集成应用，不仅能够实现高效的资源配置与精准的生产管理，还能够显著提升农产品的质量和安全水平。在全球范围内，美国、加拿大等资源富足国家依托智慧农业技术，实现了大规模的高效农业生产，而以色列、荷兰等资源短缺国家则通过智能温室和精细化管理创造了农业生产的奇迹。这些实践无不证明，智慧农业是农业强国建设的必由之路。

智慧农业还是推动农业绿色发展的重要抓手。传统农业生产中，由于对化肥、农药等投入品的过度依赖，导致农业面源污染和环境退化问题日益严重。而智慧农业通过数字化精准测控技术，实现了对农业投入品的科学管理，有效降低了资源浪费和环境污染。同时，智慧农业还能够建立起从生产到消费全程可追溯的质量监管体系，确保农产品的安全性和绿色化，满足人民群众对美好生活的需求。

“智慧农业关键技术集成与应用系列丛书”是为响应国家农业现代化与乡村振兴战略而精心策划的重点出版物。本系列丛书围绕智慧农业的核心技术与实际应用，系统阐述了具有前瞻性与指导意义的新理论、新技术和新方法。丛书集中了国内智慧农业领域一批领军专家，由两位院士牵头组织编写。丛书包含 8 个分册，从大田无人农场、无人渔场、智慧牧场、智慧蔬菜工厂、智慧果园、智慧家禽工厂、农用无人机以及农业与生物信息智能感知与处理技术 8 个方面，既深入地阐述了智慧农业的理论体系和最新研究成果，又系统全面地介绍了当前智慧农业关键核心技术及其在农业典型生产场景中的集成与应用，是目前智慧农业研究和技术推广领域最为成熟、权威和系统的成果展示。8 个分册的每位主编都是活跃在第一线的行业领军科学家，丛书集中呈现了他们的理论与技术研究前沿成果和团队集体智慧。

《无人渔场》通过融合池塘和设施渔业的基础设施和养殖装备，利用物联网技术、大数据与云计算、智能装备和人工智能等技术，实现生态化、工程化、智能化和国产化的高效循环可持续无人渔场生产系统，体现生态化、工程化、智慧化和国产化，融合空天地一体化环境、生态、水质、水生物生理信息感知，5G 传输，智能自主渔业作业装备与机器人，大数据云平台，以及三维可视化的巡查和检修交互。

《智慧牧场》紧密结合现代畜牧业发展需求，系统介绍畜禽舍环境监控、行为监测、精准饲喂、疫病防控、智能育种、农产品质量安全追溯、养殖废弃物处理等方面的智能技术装备和应用模式，并以畜禽智慧养殖与管理的典型案例，深入分析了智慧牧场技术的应用现状，展望了智慧牧场发展趋势和潜力。

《农用无人机》系统介绍了农用无人机的理论基础、关键技术与装备及实际应用，主要包括飞行控制、导航、遥感、通信、传感等技术，以及农田信息检测、植保作业和其他典型应用场景，反映了农用无人机在低空遥感、信息检测、航空植保等方面的最新研究成果。

《智慧蔬菜工厂》系统介绍了智慧蔬菜工厂的设施结构、环境控制、营养供给、栽培模式、智能装备、智慧决策以及辅助机器人等核心技术与装备，重点围绕智慧蔬菜工厂两个应用场景——自然光蔬菜工厂和人工光蔬菜工厂进行了全面系统的阐述，详细描述了两个场景下光照、温度、湿度、CO_2、营养液等环境要素与作物之间的作用规律、智慧化管控以及工厂化条件下高效生产的智能装备技术，展望了智慧蔬菜工厂巨大的发展潜力。在智慧蔬菜工厂基本原理、工艺系统、智慧管控以及无人化操作等理论与方法方面具有创新性。

禽蛋和禽肉是人类质优价廉的动物蛋白质来源，我国是家禽产品生产与消费大国，生产与消费总量都居世界首位。新时期和新阶段的现代养禽生产如何从数量上的保供向数量、品质、生态"三位一体"的绿色高品质转型，发展绿色、智能、高效的家禽养殖工厂是重要的基础保障。《家禽智能养殖工厂》总结了作者团队多年来对家禽福利化高效健康养殖工艺、智能设施设备与智慧环境调控技术的研究成果，通过分析家禽不同生长发育阶段对养殖环境的需求，提出家禽健康高效养殖环境智能化调控理论与技术、禽舍建筑围护结构设计原理与方法，研发数字化智能感知技术与智能养殖设施装备等，为我国家禽产业的绿色高品质转型升级与家禽智能养殖工厂建设提供关键技术支撑。

无人化智慧农场是一个多学科交叉的应用领域，涉及农业工程、车辆工程、控制工程、计算机科学与技术、机器人工程等，并融合了自动驾驶、机器视觉、深度学习、遥感信息和农机-农艺融合等前沿技术。可以说，无人化智慧农场是智慧农业的主要实现方式。《大田无人化智慧农场》依托"无人化智慧农场"团队的教研与推广实践，全面详细地介绍了大田无人化智慧农场的技术体系，内容涵盖了从农场规划建设至运行维护所涉及的各个环节，重点阐述了支撑农场高效生产的智能农机装备的相关理论与方法，特别是线控底盘、卫星定位、路径规划、导航控制、自动避障和多机协同等。

《智慧果园关键技术与应用》系统阐述了智慧果园的智能感知系统、果园智能监测与诊断系统、果园精准作业装备系统、果园智能管控平台等核心技术与系统装备，以案为例、以例为据，全面分析了当前智慧果园发展存在的问题和趋势，科学界定了智慧果园的深刻内涵、主要特征和关键技术，提出了智慧果园未来发展趋势和方向。

智慧农业的实现依靠快速、准确、智能化的传感器和传感器网络，智能感知与处理技术是智慧农业的基础。《农业与生物信息智能感知与处理技术》以作物生长信息、作物病虫害信息、土壤参数、农产品品质信息、设施园艺参数、有害微生物信息、畜禽生理生态参数等农业与生物信息的智能感知与检测等方面的最新研究成果为基础，介绍了智能传感器、传感器网络、3S、大数据、云计算以及5G通信与农业物联网技术等现代信息技术在农业中综合、全面的应用概况，为智慧农业的发展提供坚实的基础。

本系列丛书不仅在内容设计上体现了系统性与实用性，还兼顾了理论深度与实践指导。无论是对智慧农业基础理论的深入解析，还是对具体技术的系统展示，丛书都致力于为广大读者提供一套集学术性、指导性与前瞻性于一体的专业参考资料。这些内容的深度与广度，不仅能够满足农业科研人员、教育工作者和行业从业者的需求，还能为政府部门制定农业政策提供理论依据，为企业开展智慧农业技术应用提供实践参考。

智慧农业的发展，不仅是一场技术革命，更是一场理念变革。它要求我们从全新的视角去认识农业的本质与价值，从更高的层次去理解农业对国家经济、社会与生态的综合影响。在此背景下，“智慧农业关键技术集成与应用系列丛书”的出版，恰逢其时。这套丛书以前沿的视角、权威的内容和系统的阐释，填补了国内智慧农业领域系统性专著的空白，必将在智慧农业的研究与实践中发挥重要作用。

本系列丛书的出版得益于多方支持与协作。在此，特别要感谢国家出版基金的资助，为丛书的顺利出版提供了坚实的资金保障。同时，向指导本项目的罗锡文院士和赵春江院士致以诚挚的谢意，他们高屋建瓴的战略眼光与丰厚的学术积淀，为丛书的内容质量筑牢了根基。感谢每位分册主编的精心策划和统筹协调，感谢编委会全体成员，他们的辛勤付出与专业贡献使本项目得以顺利完成。还要感谢参与本系列丛书编写的各位作者与技术支持人员，他们以严谨的态度和创新的精神，为丛书增添了丰厚的学术价值。也要感谢中国农业大学出版社的大力支持，在选题策划、编辑加工、出版发行等各个环节提供了全方位的保障，让丛书得以高质量地呈现在读者面前。

智慧农业的发展是农业现代化的必由之路，更是实现乡村振兴与农业强国目标的重要引擎。本系列丛书的出版，旨在为智慧农业的研究与实践提供理论支持和技术指引。希望通过本系列丛书的出版，进一步推动智慧农业技术在全国范围内的推广应用，助力农业高质量发展，为建设社会主义现代化强国作出更大贡献。

李道亮

2024 年 12 月 20 日

前　言

作为智慧农业的重要领域之一，智慧果园深刻影响着农业农村的高质量发展，受到了国内外学者的广泛关注。智慧果园是以数字化的信息知识和智能装备为核心，将遥感网、传感网、大数据、互联网、云计算、人工智能等现代信息技术与智能装备、智能机器人深入应用到水果生产、加工、经营、管理和销售等全产业链各环节，实现精准化种植、可视化管理、网络化营销、智能化决策和社会化服务，形成以自动化、精准化、数字化和智能化为基本特征的现代果园发展形态。

中国是世界果业大国，果园面积和水果产量均居世界第一位。水果产业是我国种植业中位列粮食产业、蔬菜产业之后的第三大产业，是农民增收的支柱产业，在我国农业农村现代化和乡村全面振兴中占有重要地位。经过多年发展，我国果园区域集聚格局基本形成，规模化生产优势较为明显，在数字时代背景下推动果业数字化、智能化转型成为果园高质量发展的重要路径。但总体而言，我国智慧果园发展仍处于起步阶段，尚有很多关键科学技术问题没有解决。例如果园传感器研发不足，缺乏成熟、可靠、易用的精准感知装备；智慧果园关键诊断模型算法和关键核心技术滞后，果园的水肥药智能管控技术不够精准；智能装备研发能力和系统平台集成度较低，果园自动化、无人化和精准化作业水平仍不足；智慧果园标准规范缺乏，智慧果园产业化发展模式尚未建立，产业带动力不足。

创新驱动引领智慧果园发展。在国家级科研项目和中国农业科学院创新工程的支持下，中国农业科学院农业资源与农业区划研究所依托国家数字农业创新中心、国家智慧农业科技创新联盟、农业农村部农业遥感重点实验室等平台，联合农业农村部信息中心、中国农业科学院农业信息研究所、山东省农业科学院农业信息与经济研究所等单位，系统开展了智慧果园的核心理论、技术、装备和平台研究。经过多年的协同攻关，在智慧果园的关键技术方面取得了重要突破，推动了技术、装备和系统的高效集成，建立了可复制的智慧果园典型应用技术模式，在山东、陕西、江苏、四川、广西、河南等省（自治区、直辖市）的苹果、柑橘、猕猴桃、葡萄等果园中推广应用。

本书是研究团队近年来在智慧果园关键技术与应用领域科研成果的结晶，先后入选国家“十四五”时期重点出版物出版专项规划，以及 2023 年度国家出版基金项目。全书以果园全产业链为主线，从“果园—果树—果实”等多维视角出发，对智慧果园涉及的基本理论知识、技术方法、设备装备等进行了全面总结和凝练，并介绍了部分典型应用案例。本书共包括8章，内容涵盖概论、智慧果园的总体框架、果园智能感知系统、果园智能监测与诊断系统、果园精准作业装备系统、果园智能管控平台、智慧果园应用案例以及未来展望。第1章由吴文斌、史云和宋茜撰写；第2章由査燕、王虹扬、史云、吴文斌和张保辉撰写；第3章由史云、段玉林、余强毅、王风云、李娴、李会宾、吴清滢撰写；第4章由宋茜、吴文斌、史云、王风云、刘布春、梁晨欣撰写；第5章由吴文斌、史云、宋茜和王风云撰写；第6章由邹金秋、钱建平和申格撰写；第7章由康春鹏、马晔、康婷、余强毅和申格撰写；第8章由吴文斌、史云和宋茜撰写。全书由吴文斌和宋茜统稿。本书可供数字农业和农业信息技术领域的相关科技工作者参考使用。

著　者

2024年3月

目录

第 1 章

概　论

改革开放以来,中国果树产业发展取得了巨大成就。水果产业的种植面积、产量和产值仅次于粮食产业和蔬菜产业,在保障食物安全、生态安全、人民健康、农民增收和农业可持续发展中的作用日益凸显(朱扬虎等,2001)。目前,中国已成为世界果树产业第一大国,年产值约 1 万亿元,果品贸易在世界果品市场上占有重要地位(邓秀新等,2018)。

虽然目前我国水果生产区域集聚格局已经形成,规模化生产优势明显,但是与发达国家相比,仍然面临很多问题。如果园生产管理总体较粗放,水肥药施用没有实现精准管控,影响果品产量与质量;果园管理效率低,费时费工,数字化、机械化管理水平低,生产成本逐年增加,成为制约果农收入增加、水果产业综合竞争力提升的瓶颈问题。因此,我国迫切需要加快转变果业发展方式,从粗放发展模式向精细管理发展模式转变,走产出高效、产品安全、资源节约和环境友好的现代果业发展道路。要实现此目标,数字化、智慧化方向首当其冲。当前,世界农业发展正在经历数字革命,智慧农业是现代农业发展的最新阶段,具有宽领域、广渗透的特性,可以应用于不同区域、多元场景、各类主体和各个环节,是一个全面、立体、融合的智能化产业体系,对于大幅提升农业生产效率、破解“谁来种地”的难题、提高农事管理效能等具有重要支撑推动作用,其发展的广度和深度决定了农业农村现代化发展的后劲和速度。随着果业的不断发展,近年来智慧农业的理论和技术被应用到水果产业当中,逐步形成了一门新学科——“智慧果园”,并日益受到国内外学者的广泛关注。本章从智慧果园的由来出发,系统梳理了国内外智慧果园理论、技术和应用发展现状,全面分析了当前智慧果园发展存在的问题和趋势,科学界定了智慧果园的深刻内涵、主要特征和关键技术。

1.1　智慧果园的由来

1.1.1　智慧农业的发展

全球数字信息化迅猛发展,数据爆发增长、海量聚集,目前进入了新的大数据发展阶段。世界各国都把推进经济数字化作为实现创新发展的重要动能,在前沿技术研发、数据开放共享、隐私安全保护、人才培养等方面做了前瞻性布局。美国、英国、德国和日本等国家和地区抓住数字革命的机遇，制定了"大数据研究和发展计划""农业技术战略"和"农业发展4.0框架"等，将数字技术广泛应用于整个农业生产活动和经济环境，加快推进数字农业发展，激活数字农业经济，迅速成为数字农业强国，极大地提高了农业国际竞争力。

智慧农业概念源自数字农业。自1997年"数字农业"的概念由美国科学院和美国工程院正式提出以来，传统农业与现代数字技术、信息技术的融合趋势愈发明显。狭义的数字农业是指农业数字化，是利用现代信息技术对农业对象、环境和全过程进行可视化表达、数字化设计、信息化管理的现代农业。广义来说，数字农业是将遥感、地理信息系统、全球定位系统、物联网、智能装备等现代信息技术与地理学、农学、生态学、植物生理学、土壤学等基础学科有机结合，对农业的结构、要素、过程与管理进行二进制及模型化表达，构建以数字化、网络化、自动化等为特征的计算机管理和应用系统，辅助农业生产科学决策、调控与管理。数字农业使得数字技术与农业各环节深度有效融合，对改造传统农业、转变农业生产方式，促进农业资源空间上的优化配置和时间上的合理利用，提高农业生产效率和降低生产成本，实现农业绿色发展和可持续发展具有重要意义。

自党的十八大以来，国家将大力推动农业现代化提上了重要议程，这也为智慧农业发展提供了有利条件。2014年我国首次提出了"智慧农业"这一新概念，先后在多个现代农业政策中提及智慧农业。党的十九大提出要"发展数字经济""建设数字中国"，加快推进农业农村现代化。党中央、国务院高度重视智慧农业的发展，特别是自创新驱动发展战略和乡村振兴战略实施以来，将智慧农业发展作为国家战略重点和优先发展方向。党的十九大报告明确提出实施乡村振兴战略，随后连续三年的中央一号文件都明确提出要大力发展数字农业、建设数字乡村。《国家信息化发展战略纲要》《新一代人工智能发展规划》《全国农业现代化规划(2016—2020年)》《数字乡村发展战略纲要》《数字农业农村发展规划(2019—2025年)》等对我国农业现代化发展作出了重要部署，明确要求推动数字信息技术和智能装备在农业生产经营中的应用，建立健全数字化、网络化、智能化的农业生产经营体系，推进种植业信息化、畜牧业智能化、渔业智慧化、种业数字化、新业态多元化、质量安全管控全程化，提升农业数字化生产力。

目前我国学者对智慧农业的概念主要从智慧生产、智慧管理、智慧经营和智慧服务4个方面所涉及的生产要素、环境要素、技术措施进行界定。朱兴荣(2013)提出智慧农业是以物联网技术为支撑的现代农业新形态；罗煦钦等(2014)指出智慧农业是充分高效地利用各种农业资源，以最大限度减少能耗成本，降低生态环境的破坏率，从而实现农业系统整体最优化的农业形式；王小兵(2021)认为智慧农业可充分利用现代信息技术，使农业系统运作更快、更智能化，从而增加农产品竞争力，保持农业可持续发展，合理保护、应用农村资源和环境；赵春江院士(2018)强调"以现代信息技术+智能化农机装备为代表的Farming4.0，就是智慧农业"。唐华俊院士诠释了智慧农业的内涵，认为智慧农业是以信息知识为核心，将遥感网、传感网、大数据、互联网、云计算、人工智能等现代信息技术与智能装备、智能机器人深入应用到农业生产、加工、经营、管理和服务等全产业链环节，实现精准化种植与养殖、网络化销售、智能化决策和数字化服务，形成以自动化、精准化、数字化和智能化为基本特征的现代农业发展形态。同时，智慧农业涉及多部门、多领域、多学科的交叉与集成，具有独特的系统性、复杂性和多元性。

从内涵上看，智慧农业和信息农业、精准农业、数字农业等既有联系，又有区别，它们的科学内涵见表1.1。几者共同之处是以数字资源为基础，以信息技术为支撑，以促进农业生产力和经济发展为目标。数字农业是在农业信息化内涵基础上，强调数字化特征和信息技术应用到各环节的本质作用（葛佳琨等，2017）。信息农业是指农业信息化、农村信息化等产业和社会范畴的概念（贾科利等，2003）。精准农业是通过精准信息数据分析下达指令，控制智能农机具实施精准耕作措施的农业生产模式（赵春江，2010）。智慧农业是精准农业思想结合智慧化思想，由种植业外延至大农业，实现农业全要素、全链条、全产业、全区域的数字化、网络化和智能化（张继梅，2017）。

表1.1 信息农业、精准农业、数字农业和智慧农业的科学内涵

名称	内涵
信息农业	集知识、信息、智能、技术、加工和销售等生产经营诸要素为一体的开放式、高效化的农业发展模式。其本质是更多地使用可重复使用、可发展、可传播、可共享等特性的信息来替代存量有限、可耗竭的自然资源和物质资源，使农业增长从主要依赖自然资源转向主要依赖信息资源
精准农业	由信息技术支持的根据空间变异，定位、定时、定量地实施一整套现代化农事操作技术与管理的系统。其本质是查清田块内部的土壤性状与生产力空间变异，进行精确定位的"系统诊断、优化配方、技术组装、科学管理"，以最少或最节省的投入达到同等收入或更高的收入，提高经济和环境效益
数字农业	在信息农业内涵基础上，对农业的结构、要素、过程与管理进行二进制及模型化表达，构建以数字化、网络化、自动化等为特征的计算机管理和应用系统，辅助农业生产科学决策、调控与管理，强调数字化特征和信息技术应用到各环节的本质作用
智慧农业	将新兴的遥感网、传感网、大数据、互联网、云计算、人工智能等现代信息技术与智能装备、智能机器人深入应用到农业生产、加工、经营、管理和服务等全产业链环节，实现精准化种植、互联网化销售、智能化决策和社会化服务，形成以数字化、自动化、精准化和智能化为基本特征的现代农业发展形态

从发展理念和发展模式上看，智慧农业与电脑农业、数字农业、精准农业等农业信息化发展模式既相关又不同。电脑农业、数字农业及精准农业是将关键信息技术应用到农业生产过程中，电脑农业实质是一套农业专家系统，数字农业是一套农业生产管理体系，精准农业是一套农业生产技术，实现提高农业生产效率和效益的目标。而智慧农业则是实现全要素、全链条、全产业、全区域的智能化，不仅仅是农业生产过程，这是与其他3种农业信息化发展模式最大的不同点。因此，智慧农业的内涵和外延更加宽泛，其理论、技术和应用更加复杂。智慧农业建设体系将沿着智能技术产业化和农业产业智能化两条主线发展。其中，智能技术产业化是用信息把小农户和大市场连接起来，用网络把乡村和城市连接起来，开展全产业链条的综合服务，将形成市场主导的新型农业服务体系；而农业产业智能化则是把农业全过程智能化，提升农业生产的空间应变能力和生产要素的匹配

使用能力，转变农业生产方式向智慧农业方式发展，形成政府推动的新型农业生产方式。

1.1.2 智慧果园的提出

智慧果园是智慧农业的主要形态之一，其概念由智慧农业演变发展而来，由果园电算化（果园 1.0）、果园精准化（果园 2.0）、果园数字化（果园 3.0）、果园智慧化（果园 4.0）等发展而来。世界主要国家在推进农业信息化和智慧农业发展的进程中，纷纷对果品生产的前沿技术研发、数据开放共享、物质装备集成等方面进行了前瞻性部署，运用现代化的互联网手段将水果生产与科技相结合，用信息化的操作模式改变传统的果园种植方式，推进果园生产全方位、全角度、全链条的数字化改造，构建现代化数字果园发展模式。特别是随着新一代信息技术的迅速发展与集成，“智慧果园”理念在果园精准管理中得到生动实践与深化拓展，成为整合、利用、共享现有数据和信息资源的新模式。

从理论到实践的发展历程中，智慧果园把遥感信息、地理信息、全球定位系统以及计算机、通信网络和自动化设备等高新技术与基础科学有机地结合起来，其本质是一个集信息化、数字化、网络化、自动化等多种现代高新技术为一体的计算机管理和应用系统。它不仅能通过对不同果树表述空间的集成在计算机上建立虚拟果业，再现区域内的各种农业资源分布状态，而且更为重要的是可利用计算机等信息技术对果业的结构要素、过程与部门进行二进制及模型化表达，可以在对各类农业信息进行专题分析的基础上，对果品生产中的现象、过程进行模拟，对区域内的所有农业信息进行整体的综合处理和研究，以获得对果业更为精确与深刻的动态信息。智慧果园的产生，可为区域内农业资源的优化配置提供数据支撑，并通过科学决策与调控，提高果品产量和质量，降低生产成本，减少资源浪费和功能重叠，实现农业可持续发展。

在单学科向多学科融合转变中，智慧果园集地理学、农学、生态学、植物生理学、土壤学、气象学和信息技术学等科学领域于一体，具有显著的综合性和多学科交叉特点，涉及多部门、多领域、多学科的交叉与集成，具有独特的系统性、复杂性和多元性。由于果园地形条件复杂、种植密度各异、作业环境非结构化，将信息技术直接拓展应用往往不能有效解决问题，开展基于果树与果品生物特性的图谱认知是智慧果园的重要内容。

1.1.3 智慧果园的战略意义

当前，我国智慧果园领域的研究和应用发展迅速，已经在数据获取、数据建模及果树栽培管理应用等方面取得明显进展，但果树树形结构、多年生及其种植环境的复杂性特征，为智慧果园发展带来了极大的挑战，仍然存在一系列技术难题亟待解决。随着物联网、大数据、人工智能、移动互联网等信息技术迅猛发展，这些技术不断与农业生产深度融合，推动着我国智慧果园进入以数据驱动为主的创新发展阶段。面对我国果业发展的新形势、新变化，2015 年习近平总书记考察陕西梁家河苹果种植时强调：提高果业生产标准化水平和科技含量，实现果业强、果农富、果乡美的果业梦。

1. 智慧果园是实现农业种植业现代化的需求

随着万物互联、人工智能、虚拟现实等新一轮信息技术革命的来临，数字经济正向实体经济全面渗透。到2050年，我国将普遍进入以智能化为特征的数字时代，信息技术与实体经济不断深入融合，形成新的生产方式、产业形态和商业模式。农业作为国民经济的基础产业，当前正处于传统农业向现代农业转变的关键时期。在人口资源与环境多重约束更加突出的形势下，单靠传统农业已无法满足人民日益增长的美好生活需要，要确保"中国人的饭碗任何时候都要牢牢端在自己的手上"，就必须加快推动机器替代人力、电脑替代人脑，推动智慧农业技术在农业全要素、各环节的应用。发展智慧果园是建设智慧农业的重要组成部分，智慧果园运用现代化的互联网手段将水果生产与科技相结合，用信息化的操作模式改变传统的果园种植方式，推进果园生产全方位、全角度、全链条数字化改造，构建现代化数字果园发展模式，提升农业数字化生产力。

2. 智慧果园是推进农业绿色和高质量发展的需求

建设智慧果园是实现水果种植产业由粗放生产向精准生产转变、产量型向质量型转变、小农户向大规模转变的有效途径。利用传感器技术，及时收集果园区域内气候、土肥、植保、长势等实时信息，监控果园生产全过程；运用定位匹配技术和移动装备，实现果园无人机精准施肥、喷药和高效灌溉；利用大数据预知全球市场供需、估测市场价格，增加水果产品销售收益。智慧型果品产业发展涉及多部门、多领域、多学科的交叉和集成，具有独特的系统性和复杂性，加强关键理论、技术和系统集成创新研究，实现定制化生产、自动化加工、数字化销售、精准化追溯，已成为智慧型果品产业发展的基础和优先任务，也是目前农业信息技术学科的国际前沿和热点研究问题之一。

3. 智慧果园是确保农产品品质与安全的需求

随着经济社会发展和居民生活水平的提高，公众对农产品消费已经从"数量型"转向"质量型"，优质、安全、健康、特色的农产品需求进一步扩大。然而，由于农产品生产涉及产地、种养殖、加工、流通和销售等多个环节，导致农产品质量监管难度大。为增强消费者的信任，确保"舌尖上"的安全，迫切需要将移动互联网、物联网、RFID技术、二维码标志等技术在果品生产、包装、仓储、流通、销售各环节推广应用，建立"源头可追溯、安全可预警、产品可召回、责任可追究"的全程追溯体系，提高农产品质量安全突发事件的应急处理能力，提高政府对农产品质量安全的监管效率，提升我国农产品的国际竞争力。

4. 智慧果园是提升果园管理服务能力的需求

推进现代果园智慧化是运用互联网技术和信息化手段，推进乡村治理体系和治理能力现代化，提升农业管理水平的重要举措。果园生产技术创新的"马太效应"导致短时间内经济利益向创新者、投资人、股东等少数人集聚，进而显著提高果类间、区域间的差异性，加剧社会不平衡现象的发生。智慧果园能够提高政府决策的前瞻性和有效性，增强政府的市场引导和调控能力，不断优化支持政策体系。智慧果园通过构建高效的质量信誉追踪体系和风险防控体系，有助于实现水果生产全流程综合监管和多业态协同管理。

5. 智慧果园是抢占农业科技制高点的需求

发达国家高度重视智慧果园发展，将推进经济数字化作为实践创新发展的重要动能。为抢占农业数字科技的制高点，发达国家在前沿技术研发、数据开放共享、人才培养等方面进行了前瞻性部署。美国卡内基梅隆大学建立了农业机器人国家实验室，提出智能农业研究计划。2015 年，日本启动“下一代农林水产业创造技术”的研发，基于“智能机械＋信息技术”，超前部署果园信息化发展。英国国家精准农业研究中心在欧盟第七框架计划支持下，正实施 Future Farm 智能农业项目，研发除草机器人，替代除草剂。2019 年，美国发布了《至 2030 年推动食品和农业研究的科学突破》，提出要加强农业传感器研发、集成与应用，实现数字化农业高端发展。由此可见，智慧果园作为一种新的经济形态，已经成为水果产业经济增长的动力源泉，是转型升级的驱动力。

1.2 智慧果园的概念与特征

1.2.1 智慧果园的概念

“智慧果园”是“智慧农业”概念在果园生产管理中的具体实践和深化，是现代信息科学和果树栽培管理科学交叉产生的新的研究方向(周国民等，2018)。智慧果园的概念有狭义和广义之分。狭义的智慧果园是指在水果生产的空间载体上，集成物联网、无线通信、音视频、计算机与网络等现代信息技术，充分应用专家智慧与知识，实现果品生产与管理的可视化诊断、远程控制、自动作业、灾变预警等智能管理的果品生产新模式。在狭义范畴上，果园场地布设环境温湿度传感器、土壤水分传感器、二氧化碳传感器、图像和无线通信网络，依托部署在园区生产场地的传感节点，形成水果生产环境的智能感知、预警和分析能力，为水果生产提供精准化种植、可视化管理和智能化决策。

广义的智慧果园是指以信息知识为核心，将遥感网、传感网、大数据、互联网、云计算、人工智能等现代信息技术与智能装备、智能机器人深入应用到水果生产、加工、经营、管理和销售等全产业链各环节，实现果树精准化种植、可视化管理、网络化营销、智能化决策和社会化服务，形成以自动化、精准化、数字化和智能化为基本特征的现代果园发展形态。此外，广义上的智慧果园还包含果业电子商务、果品溯源防伪、果园休闲旅游、果农信息服务等方面，既是全程智能管理的高级阶段，还是集物联网、移动互联网和云计算等技术为一体的新型业态。

1.2.2 智慧果园的组成

智慧果园是一个集合概念。从果品生产的过程看，智慧果园由产前、产中和产后等各环节提供的智能化解决方案组成。具体体现为，在产前过程，利用卫星遥感技术、无人机与车载地面样方调查装备以及农业物联网等相关系统，智能获取果树、果实、果园、环境等参数（吴文斌等，2019）。在产中过程，结合关键果树生长模型，监测果树长势、健康状况，分析地力、肥力的情况，提供精准施肥方案；依托物联网设备，研发果树的渠灌、指针式喷灌等系统实行精准灌溉，进行智能、远程控制；同时利用 AI 技术，变革果树种植技术。在产后过程，通过大数据分析消费者喜好，反向引导果品生产与品牌打造，推进农特产品全程区块链防伪追溯和千里眼溯源。智慧果园是水果生产全程管理的多系统综合，使水果生产更智慧。

从果园智慧化的环节看，智慧果园是由数字信息技术在水果生产、加工、流通和销售全过程、全链条的交叉融合的应用场景组成。在生产阶段，各种感知设备自动、连续收集并传输果园、果树和果实的有关信息。在果树植栽、生长和收获阶段，利用温度传感器、湿度传感器等物联设备实时自动检测，收集果园环境特征、果树生长情况、农药化肥施用量和果实成熟日期等信息，开发果园监控、果园生产过程管理、专家远程诊断与服务。在加工阶段，利用互联互通、多维数据、溯源等现代技术，发展“果园码、地块码、作业码、投入品码、商品码”五码互联，构建果园管理综合编码体系，开发果品库存和溯源管理等功能，构建生产日期、加工时间、添加剂信息、保质期、产品批次、第三方检测合格证明等加工数据库，形成安全信息溯源二维码。在流通阶段，与其他农产品相比，果品保质期短、易腐烂，对流通环节质量要求高，通过配备微生物传感器、湿度传感器、二氧化碳传感器、氧气传感器等智能设备，将车辆数据、果品数据、运输时间、环节参数、仓储位置、出入库时间等物流数据和冷链数据存储在区块链系统中。在销售阶段，由于果品来源渠道复杂，产品生产和运输信息至关重要。利用二维码、条形码等技术，获取果品的产地信息、加工信息、配送信息等，有利于辨识果品的质量和安全。

从果园智慧化的关键技术看，智慧果园由感知、传输、分析、控制和装备 5 个方面组成，以支撑果园生产与管理全过程的智慧化。感知是基础，是利用各类传感器采集和获取各类果树、果实信息和数据的过程；传输是关键，是将由感知采集到的信息和数据通过一定方式传输到上位机进行存储的过程；分析是核心，是利用感知传输的果园数据进行挖掘分析，支撑预警、控制和决策的过程；控制是保障，是将针对决策系统的控制命令传输到数据感知层，进行果园远程自动控制装备和设施的过程；装备是载体，实现生产过程、智能控制、果品采摘、果质分级的自主作业。每一项技术都有各自的关键理论和技术方法体系，将这些理论、技术方法高度集成，形成了系列的智慧果园系统。

总之，现代果园的集约化生产和可持续发展，对实时了解园区资源配置、果园环境变化提出了新要求。与大田作物相比，水果种植资源分布区域差异大，种类多、变化快，难以依靠传统方法进行准确预测。围绕果园整地施肥、除草施药、育苗嫁接、自动收获、分选分级等关键作业环节，应用园艺智能化装备，可实现果园生产的规模化、机械化和标准化。优化各类水果生产要素，打造主导果品，实现布局区域化、管理企业化、生产专业化、服务社会化、经营一体化的现代果园组织模式，带动果园基地、果农联合完成生产、贸易、金融等一体化的经管活动，将分散的小型果园生产转变为适应市场的现代化果园生产，提升果品品牌价值、改变果园经营方式，以适应现代农业发展需要。

1.2.3 智慧果园的基本特征

智慧果园既具有智慧农业鲜明的信息化特征，也形成了信息、知识和技术在水果生产各个环节广泛应用的独特的产业特征。智慧果园的特征是智慧农业新的发展形势，也是果园产业迭代升级的结果。

1.2.3.1 智慧果园的技术特征

智慧果园的技术特征主要包括以下几点。

(1)要素协同化　传统果园对水、肥、土、种等核心要素的投入与管理主要依靠经验，智慧果园强调果园系统生物要素、环境要素、技术要素和社会经济要素等全要素的投入与管理优化配比，克服传统果园要素投入边际收益递减规律的作用，以较少资源投入获得单位果园土地面积上更高产量和收益，提升果园产投比。

(2)控制智能化　传感器获取果园生产管理实时数据，通过大数据汇聚与挖掘分析，形成精准施肥、精准施药、精量种植以及品种适宜性选择等优化管理策略，并将管理策略与各种农机控制设备进行联动，采摘、喷灌装备及配套技术智能、自助，实现精种、精施与精准控制。

(3)管理精准化　汇聚果园时空大数据，基于果园生产管理与精准控制模型，不断强化学习与自主进化，模型的控制精度不断提高，精准施肥、科学用药、驱动农机、控制设备，提升果园生产管理的精准化水平。

(4)全程可控化　智慧果园具有产前、产中、产后紧密衔接的水果生产体系，包括农业生产资料的生产和供应，以及果品收获后的贮藏、运输、加工和销售等环境。利用信息化技术，实现果品从果园到果盘的全程溯源。同时，成功的生产经验可以被复制和推广，标准化的生产方案彻底改变了传统果园的操作模式。

1.2.3.2 智慧果园的产业特征

智慧果园具有产业化、优质化、系统化、前沿化等产业特征。

(1)产业化　在智慧果园环境下，现代信息技术得到充分应用，最大限度地把人类的智慧转变为先进的生产力，实现资本要素和劳动要素的投入效应最大化，使得信息、知识成为驱动水果经济增长的主导因素。因此，智慧果园也是数字经济时代水果产业发展形态的必然选择。

(2)优质化　在水果生产过程中，基于信息技术，采取有效措施可提高果品质量，实施追溯管理方式，可促进果园规范化和标准化生产，加强果品安全、绿色和环保的监督和管理，保证水果的营养价值和食用安全性。

(3)系统化　智慧果园以高质量发展理念为指引，在果园生产与管理活动过程中，整合果园自然资源、信息资源和知识资源，运用现代化信息技术，发展多元化生产方式，运用生物分解技术、系统自我净化和恢复功能，重构水果产业生产经营模式。

(4)前沿化　智慧果园将助推水果产业与农业信息化协同发展。站在新基建、“十四五”规划的风口，各相关企业在以往发展成果的基础上，抓住5G、AI等发展机遇，主动谋篇、先行一步，在产业领域实现新一轮的创新增长。

1.2.4　智慧果园的关键技术

智慧果园的关键核心技术包括深度感知技术、数据传输技术、智能分析技术、自动控制技术和物质装备5个方面。

1.2.4.1　深度感知技术

1. 传感器技术

传感器技术是智慧果园的关键技术之一。在果园生产中，集成空气温湿度传感器、土壤温湿度传感器、作物传感器，构建无线传感网络，自动快速获取果园环境及果树、果实参数。由于传感器规模化应用成本高，因此，目前多用于规模较集中的果园及设施条件下。水环境理化性质监测的pH传感器、浑浊度传感器、溶解氧传感器以及水位传感器等，在水培环境监测中使用较为广泛。近几年，传感器应用到包括农业机器人在内的智能机械设计中。此外，在生鲜果品物流追踪中，通过传感器可以监测果品运输中的温度、湿度等信息，保证食品安全。现阶段传感器高端产品基本依赖进口，不仅价格较高，而且大多基于单功能设计，集成功能较弱、易受环境因素干扰是普遍存在的技术问题。

2. 遥感技术

遥感技术在智慧果园中利用不同平台、不同分辨率传感器的遥感数据，采集地面空间分布的果园光谱信息，在果树不同的生长期，根据光谱信息进行空间定性、定位分析，提供大量的果园面积、长势、产量等时空变化信息。近年来，微小型无人机遥感技术平台凭借其操作简单、灵活性高、作业周期短等特点，在果园观测和果树信息采集中发挥了重要作用。天空地一体化的果园智能感知系统是智慧果园的生动实践。该系统利用遥感网、物联网和互联网三网融合，实现果园环境和果树生产信息的快速感知、采集、传输、存储和可视化，可以解决果园智能感知中数据时空不连续的关键难点，显著提高信息获取保障率，实现对果园生产信息全天时、全天候、大范围、动态和立体监测与管理。

3. 射频识别技术

射频识别(radio frequency identification，RFID)技术广泛应用于智慧果园食品安全质量溯源模块和果品物流系统。通过RFID技术，建立果品智能电子标签，追溯果品的每一个生产环节，提升农产品技术含量和附加值，并且通过大数据分析消费者喜好，反向引导果品生产与品牌打造，并推进农特产品全程区块链防伪追溯和“千里眼”溯源。

4. 全球定位系统

全球定位系统(global positioning system，GPS)在智慧果园中的应用主要体现在以下三方面:空间定位、土地更新调查、监测果园产量。空间定位是GPS在智慧果园中最重要的作用(张会霞等,2014)。首先可以测量果园采样点、传感器的经纬度和高程信息,确定其精确位置,辅助果树生产中的灌溉、施肥、喷药等田间操作。在除草机、施肥喷药机、智能车辆等智能机械上安装GPS,可以精确指示机械所在的位置坐标,对果园机械田间作业和管理具有导航作用。此外GPS在果品运输管理中也发挥着关键作用,通过通用分组无线服务(general packet radio service,GPRS)技术将车辆当前的经纬度、车速等数据实时发送到远程控制中心,控制中心再将传回的GPS数据与电子地图建立关系,可以对行车情况进行监控,实现智能控制和管理,并且可以根据果品和消费者信息自动生成最佳的配送策略,提高效率。

1.2.4.2 数据传输技术

1. 有线通信传输

有线通信传输方式是通过光波、电信号这些传输介质来实现果园信息传递,智慧果园作为智慧农业的具体实践,通常使用RS485/RS432总线、CAN总线网线或电话线等有线通信线路现场布线进行数据的传输,其中最为常用的为RS485/RS432总线。我国设计了以S3C2440芯片为主控芯片、以RS485串口为通信接口的嵌入式系统,已经实现了果蔬温室大棚中传感器数据的传输和信息反馈。

2. 无线通信传输

无线通信传输方式在智慧果园中应用较为广泛,主要包括蓝牙、红外通信技术、WiFi、紫峰、超宽带以及移动网络等。国内将ZigBee、GSM、GPRS等通信技术集成嵌入,建立了果园环境监测系统和果品运输管理系统。在果园灌溉监测系统中,监测节点之间距离较长,超出了ZigBee技术的可传输距离范围时,将无线传输方式与有线传输方式集成是现阶段智慧果园中较为通用的通信方式,为科学布局水果生产结构、合理搭配果树品种、监测果树健康状态提供数据支撑,保障果园生产全领域、全过程、全覆盖的实时动态观测。但是,以“5G”为代表的低时延、大容量的通信传输建设基本空白,无法满足果园物联网、大数据和人工智能等新一代农业信息化技术应用的需求。

1.2.4.3 智能分析技术

1. 地理信息系统技术

研究中利用GIS(geographical information system,GIS)技术对果园物联网系统的空间数据和感知数据进行存储管理,利用GIS空间分析方法和大田相关农学模型集成分析物联网监测数据。目前GIS在智慧果园的主要用途之一是与RS技术相结合,形成果园各种专题图,例如果园产量长势图、果树病虫害监测图、气象灾害监测预警图等,辅助决策。

2. 模型模拟

模型模拟将采集获得的果园、果树和果实的群体信息、个体信息及环境信息进行分析，构造出环境参数与目标参数之间的定量关系，支撑果实预测、果树预警、果园决策。目前在果园智慧化领域中常运用的模型分为两类：统计模型和智能计算模型（Regunathan et al.，2005）。在精准施肥方面，结合关键作物模型，监测作物长势、健康状况，分析地力、肥力的情况，提出精准施肥方案；在精准灌溉方面，依托物联网设备，研发渠灌系统和喷灌系统，进行智能、远程控制。

3. 人工智能

人工智能是智能机器所执行的通常与人类智能有关的智能行为，如判断、推理、证明、识别、感知、理解、通信、设计、思考、规划、学习和问题求解等思维活动。与远程控制技术耦合，可以根据监测到的果树器官、个体或群体的生长、发育、营养、病变、胁迫等生长状况，灵活调整果园内生产条件，提高果园生产与果实健康管理的智能化水平。例如，加拿大 SkySquirrel Technologies 公司利用无人机技术根据预设的轨迹进行实时图像采集，然后上传到云端服务器，通过认知计算方法，分析葡萄园健康情况，提高产量，降低开销。此外，大数据智能、群体智能、跨媒体智能、混合-增强智能和自主智能等新一代人工智能可有效地将数据驱动的机器学习与知识指导方法相结合，融合不同形式、不同来源的数据进行跨媒体学习和推理，可以实现可解释更通用的智能分析。人机混合智能是未来的主流智能形态，AI 产业生态系统的构建将成为竞争的制高点，AI 的应用将重塑农业经济社会的格局。

1.2.4.4 自动控制技术

由于果园大多地处丘陵山区，作业环境复杂、条件恶劣，手持式、乘坐式控制技术不能有效保障操作人员的安全，采用自动、智能的控制技术可以有效解决此问题。当前，通过简单的阀值设定实现控制系统对温度、湿度、光线照射强度、二氧化碳体积分数等环境因子以及水阀、通风窗等继电器设备的自动化监控。为更加精准控制，将 PID 控制算法、模糊控制算法、预测控制、神经网络等控制算法应用至系统设计中，可以优化控制系统对环境要素变化的阈值判断，实现高精度、高可靠性的控制系统。现阶段通常引入单一控制算法来优化控制系统，其中模糊控制算法应用最为广泛。学者先后基于嵌入式控制系统，利用模糊控制算法，建立了果蔬大棚环境优化控制系统；采用模糊控制和神经网络分析结合的方法，既能建立模糊的系统模型，又能通过数据训练得到最优化的控制方法，实现自动灌溉和温度自动控制。

此外，智慧果园中还常采用混合动力控制、自动驾驶与全程导航监测、机器视觉与路况感知及自适应调控等技术。自动驱动机械装备可按需进行果园自动作业。自动控制技术与云计算技术对资源分配和管理具有集约化、动态化的优势，执行果树种植、生产加工、物流运输和市场消费数据的收集、分类、保密等操作指令，按照一定的规则和方式存储、调用和共享云数据，形成果园不同类别的管理报表和数据。

1.2.4.5 物质装备

果园生产智能作业的物资装备是果园生产智能化的核心。目前，受制于精准定位和控制系统的不足，我国果园生产环节信息化装备水平较低，缺乏成熟、可靠、易用的精准作业技术和装备。果园机械精准导航和控制技术、作业决策模型与作业方案实时生成技术等，以及研发的果园环境信息传感器、多回路智能控制器、节水灌溉控制器、水肥一体化等技术产品，实现了果树栽植、树体管理、花果管理、肥水管理、病虫害防控等生产环节的机械化、智能化和机器人化，对减轻劳动强度、提升果园智能化管理水平、促进果品优质高产发挥了重要作用。针对果园巡田，科研人员研发了巡田机器人，实现非结构环境下机器人自主巡航，自动采集果园果树生长的细微变化；针对果园喷药，研发了集成遥控、通信、导航与控制系统的履带式果园自主导航喷药机器人，突破了果园喷药机器人路径规划、智能避障、自主导航等技术，具有手动遥控、学习模式和自主导航三种模式，实现机器人自主喷药，降低了果园喷药作业的劳动强度，节省了人力，减少了农药对人的伤害。围绕产后精细化、智能化、商品化处理环节，利用传感器、图像视觉、光谱检测等技术方法，构建苹果果实自动采摘、品质智能分级分选、自动包装技术及装备，提升苹果果实处理自动化、装备化和信息化水平，缩短工作时间和效率，节约了人力资源。

1.3 国内外智慧果园的发展现状

21 世纪以来，智慧果园逐渐成为国际农学、农业工程高新技术应用最富有吸引力的研究领域，越来越多的技术开发和研究成果发表在国际学刊上，并投入实际生产应用。2019 年 11 月，在四川召开的第六届国际农科院院长高层研讨会（GLAST-2019）上，作为“智慧农业”主要应用领域之一的智慧果园，成为世界各国农业发展战略的关注热点。

1.3.1 国外智慧果园的发展现状

国外智慧果园技术发展较早，特别在美国、德国、日本等国家，均形成了一定的体系，取得了较好的成果。并且，经过长期发展与实践，国外智慧果园形成了水肥一体化起步早、智能作业专业化突出、果树自主作业工具齐全、果品收获智能化水平高的特点。总体看，欧美国家果园机械化程度已达到较高水平，而且由于作业对象的复杂性与多样性，智能化趋势愈加明显，农业机器人成为该领域的研究重点和发展方向。

1.3.1.1 果园物联网研究

从本质上讲，果园物联网就是一套数控系统。在果园生产系统，以探头、传感器、摄像头等设备为基础，实现果园生产中的物物相联；根据确定的模型和参数，调度智能农机装备及装置自主作业，实现果园生产管理系统中“人-机-物”一体化互联。果园物联网数据采集可靠性研究一直以来主要聚焦在提高 WSN 数据传输的可靠性和建立可靠性模型等方面。为了提高数据采集和传输效率，有学者提出通过控制传输速率来避免信道拥塞的方法提升数据传输可靠性（Paek，2007）。英特尔公司率先在俄勒冈州建立了无线葡萄园，在葡萄园广泛布设传感器节点，并且每隔 1 min 检测一次土壤温度、湿度或该区域有害物的数量，以确保葡萄健康生长，促进葡萄丰产丰收。美国卡内基梅隆大学建立了农业机器人国家实验室，提出智能农业研究计划。Bazzani 等基于物联网对土壤类型、生长季节和果树类型等因子的数据采集，建立果树灌溉模型，实现了果园灌溉的决策支持。在果品贮藏方面，物联网传感器发挥着巨大的作用，制冷机根据冷库内温度传感器的实时参数值实施自动控制并且保持该温度的相对稳定。

1.3.1.2　水肥一体化研究

水肥一体化是当今世界公认的一项高效节水节肥农业新技术，主要根据土壤特性和作物生长规律，利用灌溉设备同时把水分和养分均匀、准确、定时定量地供应给作物。发达国家农业生产的经验表明，推广水肥一体化技术是实现农业可持续发展的关键。因此，水肥一体化技术是发展高产、优质、高效、生态、安全现代农业的重要技术，是建设资源节约型、环境友好型现代农业的“一号技术”。多年实践证明，水肥一体化是“控水减肥”的重要途径。

世界上第一个细流灌溉技术的试验可以追溯到 19 世纪，但是真正开始应该是 20 世纪 50 年代至 60 年代初期。在 20 世纪 70 年代，塑料管道的大量生产极大地促进了细流灌溉的发展，推动了细流灌溉或微灌溉系统（包括滴灌溉、微喷雾灌溉以及微喷灌溉等技术）的进步。在过去的 40 多年里，水肥一体化技术在全世界迅猛发展。在灌溉上，欧美国家果园水肥利用率高，技术较为成熟，采用智能控制技术对灌溉水量、均匀度和肥料进行精量控制，基本实现果园水肥一体化管理。以色列水肥一体化进程尤为经典，果园、大棚、农场、园林等，灌溉区域面积一半以上均使用水肥一体化技术，居世界第一位。美国是世界上微灌溉面积最大的国家，60％的马铃薯、25％的玉米、33％的水果使用水肥一体化技术。在德国、荷兰、西班牙、意大利、法国、日本等国家，水肥一体化技术在果园种植中也得到了广泛应用。

1.3.1.3　自主作业系统与装备研发

欧洲的苗圃管理、打药、起苗、苗木储藏等机械设施较完备。在果树植保方面，技术成熟，产品众多。国外的 3S 技术已应用到苹果园管理中，如美国天宝 Autopilot 自动导航驾驶系统，偏差可控制在 2.5 cm 以内，奥贝尔德农场运用 GPS 导航功能寻找果园的边界，利用遥感图像获得苹果树品种、面积等信息。20 世纪欧洲果园植保机的研制成功和投入使用，标志着果园机械化的开启。经过长期发展，目前欧美国家的果园植保体系已经十分成熟，其果园种植农艺高度兼顾智能化需求，果园智能化植保作业基本采用果树行间行走高压风送喷雾或隧道式跨行自走循环喷雾模式。目前，以意大利为代表的欧美国家，智能果园植保机型较多，如无人植保机搭载传统风送式、柔性导管式等精密仪器。关于果园管理工具，欧美国家发展气动修剪机，研制自走式果园升降平台、全自动履带移动果园修剪机产品，熟化了果园管理工具生产企业与产品。此外，整形剪枝、疏花、套袋和授粉等果树自主作业工具的研发也领先于国内（徐默莅等，2018）。在果园土壤耕整上，早在20 世纪中叶，欧美国家便开始了开沟施肥等果园耕整机械的研制，并实现从机械化到智能化应用转变。此外，土壤的起垄、除草、培土、打穴和开沟施肥等环节的自主作业工具的研制也提升了果园精耕细作能力。

1.3.1.4 农机农艺融合研究

欧美国家高度重视农机与农艺的融合，经过多年的努力，欧美果园专用智能农机已经形成成熟的体系，拓展了专业化的功率段，培育了一批果园智能农机专业公司和实力强劲的跨国农机企业，研发了轮轨距小、地隙低、外形窄矮的智能果园农机并大规模使用。目前，已有一批骑跨在植株上方进行行间作业的果园智能农机投入生产，其农艺地隙为1 200～1 500 mm。此外，目前美国、日本、新西兰、德国和意大利等国家对水果分级筛选的研究处于领先水平，主要的分级装备生产公司有澳大利亚 GP graders、法国 Maf/Roda、新西兰 Compac、意大利尤尼泰克 Unitec group、荷兰格瑞伐 Greefa 和阿维塔 Aweta、美国 FMC 和意大利 Sammo 等公司。

1.3.1.5 果园机器人研发

针对柑橘、核桃和橄榄等表皮较厚或用于加工处理的果品，欧美国家通过攻克调节气力、控制摇振强度、定位接触式采摘等技术，在果品收获方面基本实现自动控制。近年来集自走平台、果实分离和收集装置于一体的收获装备研究成果层出不穷。2007 年，华盛顿果树研究委员会与美国加州果蔬研究委员会合作开发出一种采摘机器人，该机器人先扫描果园的部分信息到机器人视觉系统中，由另一个具有数字成像技术功能的机器人输出果园三维图，定位成熟果实位置，提高果实采摘的效率与成功率。2008 年，比利时学者开发出高效苹果采摘机器人，采摘果实速度为 8～10 s/个，采摘苹果成功率达到了 80%（Linker et al. ,2012）。美国佛罗里达大学研究的柑橘采摘机器人采摘成功效率达到95%，但是该机器人只能采摘特定体积的果实（Kondo et al. ,2005）。目前，选择式、对果品伤害小的果园收获机器人是日本及欧美等先进国家和地区的研究重点。国外苹果采后商品化处理率超过 90%，保鲜剂与动态气调贮藏相结合是目前国际苹果储藏技术的研究方向，基于人工智能和图像处理的苹果外观品质及内部品质无损检测是当前机器视觉检测的研究热点，农残智能检测主要偏重与纳米材料技术相结合。

1.3.2 国内智慧果园的发展现状

我国自 2014 年开始提出并逐步普及“智慧农业”概念以来，智慧农业研究和应用呈现多层次化、多系统化发展。国内学者围绕智慧农业的感知、挖掘、应用等方面，深入开展了果园产前、产中和产后全链条的智慧化研究。

1.3.2.1 果园生产全要素监测研究

果树器官、个体或群体的位置判断、生长环境感知研究是智慧果园产前监测的重要内容。近十年来，在果实的识别、定位、匹配、重构方面，国内研究取得重要进展。2011 年，有学者通过搭建双目立体视觉平台，分析成熟果实、枝干、枝叶颜色信息的差异，提出基于 Hough 圆变化算法进行苹果果实的识别与定位方法（张洁，2011）。该方法显著提升了苹果的识别效率与匹配定位的精度。2012 年，蔡健荣等（2012）根据双目立体视觉技术、集合归一互相法的匹配算法和多线段逼近的方法，确定视差图；利用双目立体视差原理，计算柑橘枝干骨架中特征点的三维坐标，实现柑橘果实的三维重构。但该过程出现部分枝干信息丢失与重建紊乱等问题，重构误差较大。因此，发展新型的重构模型是提升果树枝干骨架重构结果准确度的有效途径。2014 年，王晋（2014）以红苹果为主要研究对象，研究视觉系统易受干扰的本质所在；揭示了获取采摘图像时光照的影响规律；针对自然采摘环境，构建图像处理流程；通过设计实施系统化实验，优化了果实识别定位系统。但研究只对单个果实或者未重叠的果实进行了分析。2015 年，麦春艳等（2015）根据 Kinect 相机，提出适合苹果果树三维重构的算法，在 2 m 范围内背光与迎光环境中，果实识别率分别达 88.5%和 95%；当部分果实面积被障碍物遮挡超过一半时，识别率达 87%，苹果平均半径偏差在 4.5 mm 左右，果实中心深度定位偏差在 8.1 mm 左右，但该方法耗时严重。2016 年，余秀丽（2016）也利用 Kinect 相机（RGB-D），基于果园场景的三维点云数据，完成对果树整体结构的三维重建，相对误差为 18.06%～39.62%。2017 年，薛梦霞等（2017）针对动态多目标的识别，利用帧差法分析动态目标，根据图像前后帧像素的变化，分割出样本图像与运动目标。众多学者的研究成果为果实定位提供了高精度的视觉系统实验方案。

1.3.2.2 果园生产全过程诊断研究

果园环境信息和果树养分的诊断与果树管理模型的构建是果园智慧化的难点。在环境监测方面，早在 1974 年，我国从墨西哥引进滴灌设备，试点总面积 5.3 hm^2，打开滴灌技术的研究局面。1980 年，我国自主研制生产了第一代滴灌设备。1981 年后，在引进国外先进生产工艺的基础上，我国规模化生产逐步形成，在应用上由试验、示范到大面积推广，果园成为滴灌技术应用的热门产业。20 世纪 90 年代中期，我国开始大量开展有关技术培训和研讨，水肥一体化理论及应用受到重视。2000 年，水肥一体化技术指导和培训得到进一步发展。目前水肥一体化技术已经由过去的试验示范到现在的大规模应用。山东省农业部门从 1997 年开始试验示范水肥一体化技术，为适应不同水源条件、不同管理条件、不同作物的水肥一体化技术发展需要，探索出了 8 种技术应用模式，制定了果树水肥一体化技术规程。目前，在山东栖霞智慧农业示范基地试验示范果园水肥一体化技术。有学者设计了果园水肥一体化混肥系统，采用液位传感器、pH 传感器和 EC 传感器检测水肥溶液参数，采用逻辑控制调节水肥量和溶液 EC，基于混合蚁群算法的变论域模糊控制调节水肥溶液 pH(詹宇等,2020)。

在生产监测上,国内学者开发了智慧葡萄园管理系统,提升了系统的普适性和通用性,该系统基于物联网技术构建了智慧葡萄园管理系统,系统中实现了数据库存储优化、基于 n-of-N 模型和生命周期存储策略的数据流处理模型及最远优先 K-means 数据挖掘算法,完成葡萄园环境信息的采集、存储、处理与挖掘,实现葡萄整个生长周期的自动监测和控制。以果蔬种植为研究对象,建立了物联网智能农业瓜果生产系统,实现瓜果生产要素的精细化和智能化控制,并嵌入基于支持向量机对病虫害预警诊断以及产品安全溯源等功能(濮永仙,2016)。

近年来,国内不少科研单位和高等院校积极开展数字果园研究,并取得了初步研究成果(周天娟,2007)。北京农业信息技术中心实现了苹果树形态结构建模与仿真。山东农业大学和西北农林科技大学在果树生长与栽培管理模型方面取得重要研究进展。中国农业科学院柑橘研究所利用红外光谱和数字图像技术开展水果成熟期预测和柑橘估产。中国农业科学院郑州果树研究所研发了柑橘信息化精准管理系统,实现了对高温、冻害、干旱的实时预警和水肥系统的远程管理、智能决策和自动控制。中国农业大学在果园采摘等作业机器人研制方面取得重要进展。

1.3.2.3 果园生产全链条智能作业研究

水果品质智能分级是智慧果园产后阶段的热点。水果品质智能分级既包含模式识别系统,又离不开智能控制技术、数字处理技术,更离不开智能技术。自 1895 年美国农业部的 Birth 课题组利用近红外光谱(near infrared spectros-copy,NIR)分析技术检测果蔬品质以来,经过多年的发展,社会认知程度不断提高,检测技术层出不穷,检测理论日趋成熟,检测仪器早已从实验室走出,实际应用逐步扩大,并由在线检测向便携式检测发展,检测目标有从产后管理向产中管理延伸的趋势;检测项目由当初单一糖度(SSC)指标到如今的果实内部病变、水心、淀粉、浅层损伤、局部失水、浮皮等多项指标同时检测;检测品种由苹果、桃等薄皮中小型果实向西瓜等厚皮大型果实迈进。通过近红外光谱分析技术实现了品牌经营,提高了果品的竞争力和附加值。此外,果园施药方面,主要集中在风场、雾场的参数优化、雾滴沉积特性研究以及对靶喷雾技术。李杰等(2019)研制的应用于柑橘园施药的风送式喷雾机,通过添加电场改善雾滴沉积效果;姜红花等(2019)提出冠层体积在线计算与空隙预判技术,实现精准对靶喷雾;宋雷洁等(2020)对塔型喷雾机的流体域进行了仿真,优化导流板的分布。

1.3.3 我国智慧果园发展存在的问题

近年来,我国智慧果园领域的研究和应用发展迅速,水肥一体化、无人机植保等果树栽培技术取得明显进展,果园天空地一体化技术研发稳步推进,果园大数据挖掘与分析算法日新月异,果园信息服务平台服务日益提升。但总体看,我国智慧果园研究仍处于起步阶段,很多关键科学技术问题尚未解决,部分核心要素和零部件受制于人,不同学科之间缺乏有机衔接和整合，特别是与产业经营新业态相比，智慧果园关键核心技术的研发和集成仍显薄弱、缺乏统一的标准规范等。

1.3.3.1 智慧果园研发水平总体落后于欧美，关键核心要素受制于人

根据科技部《“十三五”数字农业领域国内外技术竞争综合研究报告》，中国除“农业传感器与物联网技术”和“动植物生命与环境信息感知技术”达到了与国际并行的水平外，绝大多数的智能农业关键技术尚处于跟踪阶段，总体发展水平与国际领先水平平均相差12年（赵春江等，2018）。中国在基础研究和领先优势技术方面均不及主要发达国家，且基础研究成果向优势技术转化的能力较弱。在智慧果园研发领域，缺少真正实现“机器换人”的关键核心要素和零部件，例如核心算法、果树专用传感器和专用芯片、柔性感知执行器以及底盘技术等目前仍受制于人，农业生产决策的准确性、有效性乃至国家农业信息数据的安全面临着威胁。

1.3.3.2 智慧果园应用场景相对复杂，客观上限制了技术的研发与推广

与大田种植、设施园艺、规模化养殖等场景相比，果园多地处丘陵山区，受地形地貌、大气环流、劳动力等因素的影响，其应用场景复杂、管理难度大。特别是苗木培育、果树施肥、树体修剪、果实套袋、病虫害防治、中耕除草、果品收获乃至采后处理和果品智能检测等诸多生产环节相对复杂，当前机械化自动化程度相对较低，加之山区数字化信息基础相对落后，推广成本较高。因此，提高山地果园智慧化生产水平，大幅度提高果园生产效率和效能效益，难度极大。

1.3.3.3 果园标准化程度较低，严重制约智慧果园技术的应用

我国果树生产模式和经营方式落后，“大国小农”的基本国情在果树产业尤为突出，缺少系统配套、先进实用的果品生产技术标准体系，技术集成应用差；栽培管理技术水平总体不高，栽培模式落后，大多数产区仍以传统栽培模式为主，生产成本高。虽然全国规模化果园改造正在加速推进，老果园更新换代和新旧模式转换步伐逐渐加快，现代栽培模式已在新建果园普及，但是总体来看，智慧果园发展所需要的标准化果园，包括园区机耕路建设、施肥施药配套设施建设、品种优化与绿色防控、果品商品化处理、品牌推广和质量体系建立等要素尚且缺乏。构建现代化果园生产技术体系，全面推广标准化生产，打造一批立地条件好、配套设施完善的规模化标准园，已成为发展智慧果园的核心关键。

1.3.3.4 高素质技术人才匮乏，智慧化发展意识淡薄

尽管我国果树产业正向规模化种植、标准化生产、商品化处理、品牌化销售、产业化经营等方向转变，但规模化果园经营比例仍然较低，绝大多数种植规模小的果农对数字化、智慧化普遍认识不到位、观念滞后，加上果农科学文化素质参差不齐，整体受教育程度和国外相比还有差距，管理能力较低，高新技术接受能力较弱，对互联网信息技术的了解和

应用较少，从而影响了新知识应用和新技术推广，这已成为困扰智慧果园发展的最大障碍。分散化、小规模的水果种植户向专业化、规模化、组织化的新型经营主体转变是创新生产技术、应对市场风险、提高生产效率的有效举措，智慧果园亟须发挥更大的作用。

1.3.3.5 多种新型果品经营业态的发展，倒逼果园智慧化转型升级

当前，“互联网＋”和新零售等现代商业模式正在兴起，各种 O2O 形式的交易平台以及线下果品便利店方兴未艾，不仅极大促进了果农与市场之间的互联互通，还充分调动了果农、企业和社会各方面的积极性，催生了“互联网＋果业”的产业经营业态。电商企业涉足数据果业、智慧果园，在客观上倒逼水果产业生产经营业态的转型升级。如何将水果生产全链条、各环节的信息要素与政务信息服务、农业技术推广、电子交易平台和果品质量监管等果业市场要素深度融合，促使果业发展产业链不断健全，智慧果园亟待给出理想答案。

1.3.4 智慧果园未来发展趋势

随着现代信息技术的飞速发展，果园在生产方式和观念上发生革命性的变化，智慧果园理论、技术和实践取得长足进展。从目前发展看，智慧果园研究的重点方向是加强关键技术和系统集成的创新研究，具体包括以下几方面：

一是创新开发集多功能于一体的传感器，实现实时、动态、连续的信息感知，并增加传感器的采集精确度和抗干扰性。优化数据传输方式，既保证数据传输的效率，又保证数据传输的安全。

二是综合运用图谱分析手段，实现果园土壤水分、养分、pH、质地、病虫草害等指标的实时快速监测，动态感知果树生长过程中的光照、水势、叶部形态、叶密度、果实大小、果实空间分布、产量等指标。

三是利用航天遥感覆盖区域广、空间连续，航空遥感观测精度高、时间连续，以及地面物联网实时观测、信息真实的联合优势，研发以航天卫星遥感为主，航空遥感辅助应急、地面真实值的天空地一体化观测系统，克服单一传感器、单一平台观测的局限性，高精度、多尺度、立体化、时空连续获取的果园环境信息和果树养分与生理信息。

四是开展空-地协同的智能农机和农用无人机精准作业技术研究，重点集成计算机视觉、导航、平衡、操纵、感知和机械技术，研制施药、施肥、吹花、授粉、采摘、剪枝等农事操作的地面智能农机或农用无人机，将是未来智慧果园中代替人工劳动的主要农事作业方式。智慧果园的精准管控技术，有利于实现农事操作的按需作业和精准作业。以农用无人机为研究对象，利用遥感技术生成作业处方图信息，结合变量控制技术和精准导航技术，可实现果树的对靶作业和精准作业。目前对苹果、梨等果实的无人化采摘技术已取得了突破性进展，但对于树体较高且枝条较硬的岭南果树，无人化采摘难度大。

在未来，果树栽培与管理专家知识相结合、专家系统与实时信号采集处理系统甚至技术经济评估系统相结合、专家系统与精准农机具相结合是果园智能应用的发展方向。果园机械精准导航和控制技术、作业决策模型与作业方案实时生成技术等亟待突破。研发

智能化果园装备，实现果树栽植、树体管理、花果管理、肥水管理、病虫害防控等生产环节的机械化、智能化和机器人化。通过数字果园技术的网络化发展，打破时空障碍，变革果品经营与流通模式，缩短果品从园地到餐桌的流通环节，促进产品价格、数量、质量等市场信息的快速传递，消除生产者和消费者之间的信息不对称。

智慧果园的技术研究方兴未艾，为我国果业信息化发展提供了有力支撑，然而，智慧果园变革了果业生产与管理的生产关系，应用推广任重道远。综合研判，国外发达国家在智慧果园领域起步早、速度快，特别是作为智慧农业的核心，农业传感器、农业专用芯片以及核心算法等关键技术研发实力远超国内。但在遥感信息获取、无人机信息获取技术等方面，我国正逐渐实现从“跟跑”到“并跑”，特别是随着我国在 5G 通信领域的崛起和未来应用场景的不断扩大，未来我国智慧果园甚至可能实现“弯道超车”。

参考文献

蔡健荣，孙海波，李永平，等．基于双目立体视觉的果树三维信息获取与重构．农业机械学报，2012，43(3)：152-156.

邓秀新，束怀瑞，郝玉金，等．果树学科百年发展回顾．农学学报，2018，8(1)：24-34.

葛佳琨，刘淑霞．数字农业的发展现状及展望．东北农业科学，2017，42(3)：58-62.

贾科利，常庆瑞，张俊华，等．信息农业现状与发展趋势．西北农林科技大学学报(社会科学版)，2003，3(6)：13-17.

姜红花，刘理民，柳平增，等．面向精准喷雾的果树冠层体积在线计算方法．农业机械学报，2019，50(7)：120-129.

李杰，赵纯清，李善军，等．基于 CFD 果园风送式喷雾机雾滴沉积特性研究．华中农业大学学报，2019，38(6)：171-177.

罗煦钦，王力，王俊奇．临安市智慧农业发展现状与对策．中国农技推广，2014，30(4)：5-6.

麦春艳，郑立华，孙红，等．基于 RGB-D 相机的果树三维重构与果实识别定位．农业机械学报，2015，46(S1)：35-40.

濮永仙．物联网智能农业系统在瓜果生产中的应用研究．科技广场，2016(1)：92-97.

宋雷洁，李建平，杨欣，等．塔型风送式果园喷雾机风场参数优化设计．农机化研究，2020，42(4)：12-17.

王晋．自然环境下苹果采摘机器人视觉系统的关键技术研究：硕士论文．秦皇岛：燕山大学，2014.

王小兵，康春鹏，刘洋，等．牢牢抓住建设智慧农业的时代主题．中国农业资源与区划，2021，42(12)：46-50.

吴文斌，史云，段玉林，等．天空地遥感大数据赋能果园生产精准管理．中国农业信息，2019，31(4)：1-9.

徐默莅．桃树剪枝机器人作业模拟关联数据建模研究．科技风，2018(17)：7.

薛梦霞，刘士荣，王坚．基于机器视觉的动态多目标识别．上海交通大学学报，2017，51(6)：727-733.

余秀丽．基于 Kinect 的苹果树三维重建方法研究：硕士论文．杨凌：西北农林科技大学，2016.

詹宇，胡佳宁，任振辉．基于 PLC 的果园水肥一体化控制系统设计．农机化研究，2020，42(4)：100-104.

张会霞，陈宇晖，望勇．"数字果园"GPS 数据采集系统的设计与实现．广东农业科学，2014(5)：227-231.

张继梅．我国智慧农业的发展路径及保障．改革与战略，2017，33(7)：104-107.

张洁．球形果采摘机器人视觉系统设计与开发：硕士论文．秦皇岛：燕山大学，2011.

赵春江，杨信廷，李斌，等．中国农业信息技术发展回顾及展望．中国农业文摘-农业工程，2018，30(4)：3-7.

赵春江．对我国未来精准农业发展的思考．农业网络信息，2010(4)：5-8.

周国民，丘耘，樊景超，等．数字果园研究进展与发展方向．中国农业信息，2018，30(1)：10-16.

周天娟．基于机器视觉的草莓采摘机器人技术研究：博士论文．北京：中国农业大学，2007.

朱兴荣．物联网在湖南智慧农业中的应用研究．软件工程师，2013(11)：60-62.

朱扬虎，郝素琴．中国 50 年果业的发展、问题与对策．广西园艺，2001(3)：8-11.

Paek R，Govindan R. RCRT：Rate-controlled reliable transport protocol for wireless sensor networks. Proceedings of the 5th international conference on Embedded networked sensor systems，Sydeny，NSW，Australia，2007：305-319.

Kondo N，Ninomiya K，Hayashi S，et al. A new challenge of robot for harvesting strawberry grown on table top culture. 2005 ASAE Annual International Meeting，Tampa，Florida，USA，2005：4-8.

Linker R，Cohen O，Naor A. Determination of the number of green apples in RGB images recorded in orchards. Computers & Electronics in Agriculture，2012，81(1)：45-57.

Regunathan M and W Suk Lee. Citrus fruit identification and size determination using machine vision and ultrasonic sensors，ASAE Annual Meeting，2005：053017.

第 2 章

智慧果园的总体框架

智慧果园是智慧农业的重要组成部分，是智慧农业在果园生产管理中的具体实践和深化，是水果生产的高级阶段。智慧果园以信息知识为核心，将遥感网、传感网、大数据、互联网、云计算、人工智能等现代信息技术与智能装备、智能机器人深入应用到水果生产、加工、经营、管理和销售等全产业链各环节，促进和提高果园管理水平，达到合理利用农业资源，降低生产成本，改善生态环境，提高果品产量和质量的目的。

2.1 智慧果园的总体框架

智慧果园是由果园生产、管理、服务等组成的有机系统，包括种植前果园的空间布局与生产规划、种植中的果园智能管控和采后的果品商品化处理（图 2.1），三方面内容包含了果园智慧化生产的产前规划、产中管理和产后处理全过程，最终实现果园生产的自动化、精准化、数字化和智能化。

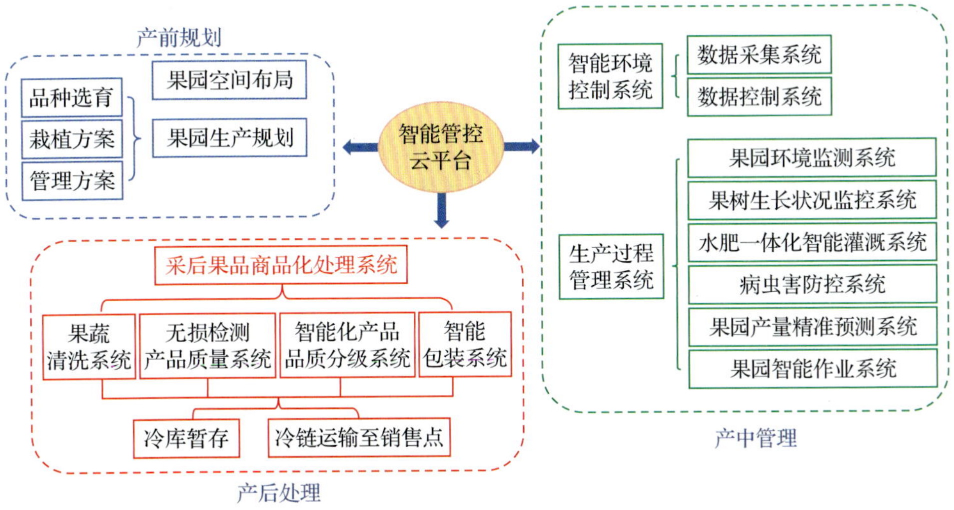

图 2.1 智慧果园总体框架

2.1.1 种植前的果园空间布局与生产规划

果园规划主要是对果园内各树种的分区配置，道路网、防护林的设计，附属设施配置和果树的行列配置。我国果树种植具有地域分布广、环境因子复杂多变等特点。水果种植不仅要考虑气候、地形、土壤等自然条件因素，还要考虑品种选育、果树种植密度、栽植与耕作方案制定等。因此，果园选址必须要做到因地制宜、适地适栽，在果树种植前制定科学合理的空间布局和生产规划。

2.1.1.1 果园空间布局

各地果园的地形、面积、形状存在差异，规划时需要遵循因地制宜、适地适树的原则，同时兼顾经济、生态、社会效益，做到充分利用土地，合理分区，便于生产管理。一般果园主要分为作业区、管理区和基础设施区。果园作业区主要包括果树种植收获区、果实分拣包装和储存区、作业装备区等。果树种植收获区主要完成果树从栽种、管理到收获的全过程。该区域面积需要根据土质、光照等特点的不同进行划分，这有利于同一区域的自动化种植调控。在果园的中心设置果实分拣包装和储存区，方便对果实进行自动筛选、分级和包装，并运送至储存室进行暂时的存放。在果园的一端可以建立作业装备区，用于存放果园生产管理时需要的各种设备，如智能机器人、无人机等。

果园管理区包括果园控制管理中心。控制管理中心内有计算机、监控显示屏等。通过传感器、摄像头等采集果园内的实时环境、果树生长信息，监测果园内的情况。及时处理动态数据，对自动化机器发出作业指令。人们可以通过计算机、手持移动设备等终端平台实时掌握果园内各类机器运作情况。

果园基础设施区包括道路、水电、建筑等多种设施，是以果树种植、管理和收获等工作为基础的物质工程，是实现智能装备作业的前提。智慧果园的道路系统与传统果园的道路系统相似，由主路、支路和各种小路组成，但为了智能装备，如果园采摘机器人、除草、喷药机器人等移动设备的高效行走，需根据需要合理布局道路，确保机器人等设备平稳运行，完成各项田间管理任务。智慧果园会采用水肥一体化智能灌溉系统进行果树的灌溉和施肥管理，因此，水利系统规划可以与道路建设相结合，以果园周边无污染的河流、池塘、地下水为水源进行灌溉。

2.1.1.2 果园生产规划

果园生产规划包括果树品种的选育、果树种植密度、栽植与耕作方案制定等，科学的生产规划能对果园进行准确定位，高效调配各种资源，降低成本，提高劳动生产率、资源利用率，提高果园的经济效益。

果树是多年生深根性作物，栽植后不宜轻易移动。因此，栽植前的园地整理、修筑道路和排灌系统等十分重要。此外，防护林的种植尤其在气候变化较大的地区，必须在果树定植之前或同时进行。山地果园坡度大于 15°时，应整修水平梯田；坡度较缓时，可等高栽植，行间种草，以利水土保持，防止冲刷。

各种果树对环境条件（如生长有效积温、生长最适温度、落叶果树必要的休眠低温、土壤的酸碱度、含盐量以及日照、降水等）都有特定的要求。如果树种选择得当，就可用较小的投资，获得较大的经济效益。苗木是起源，直接决定了果树果实的质量。依靠人工智能，借助介电频谱、太赫兹波等现代信息技术手段，对树种的基因进行扫描，采集果园育种性状数据，从亲本选配到遗传评估进行全系谱信息化管控，形成选种决策，从而选择最优良的果树品种，根据果树品种特性的差异，调控生长条件，为高效高质生产提供保障。

不同的水果品种，其种植时间、种植密度、灌溉施肥量等各不相同，需根据实际情况制定生产规划。例如桃、李、枇杷等亩栽40株，株行距约4 m×4 m或3.5 m×4.5 m；柿、梨等亩栽25株，株行距约5 m×5 m或4 m ×6 m；而葡萄亩栽170～250株，行株距2.5 m×(1～1.5)m。

2.1.2 种植中的果园智能管控

果树种植中的智能管控集成系统由多个子系统组成，主要包括果园环境监测系统、果树生长状况监控系统、水肥一体化智能灌溉系统、果园病虫害防治系统、果园产量精准预测系统、果园智能作业系统、园区生产管理系统、园区物联网设备预警系统、农业专家指导系统等。这些系统的协同工作，保障了果树的正常生长以及产量。通过无线传感器对果园中的环境、果树生长和作业装备等信息进行实时采集，通过物联网发送到云平台，云平台对这些数据进行处理后，可实时展示当前环境、果树和设备状态，结合专家决策系统、智能算法等对装备的自主作业进行精准控制。

2.1.2.1 果园环境监测系统

果园环境监测系统包括果园气象信息监测系统和果园内监控信息系统。在果园配备多种传感器、路由器、无线或有线传输系统、摄像头、无人机等设备，可实时、快速、准确采集果园内的环境数据。果园环境监测系统是实现果园智慧管理的基础。

果园气象信息监测系统通过布设多种传感器，如空气温湿度传感器、光照度传感器、大气压力传感器、风速传感器、风向传感器、雨量传感器等，可以实时监测包括风速、风向、空气温度、空气湿度、CO_2 体积分数、气压、光照强度、降水量、日照时数等数据，通过数据采集终端实现气象参数的定时自动采集、动态显示、存储、分析处理，并以图表或曲线的方式直观显示给用户。数据还能实时上传到园区智能管控云平台。果园气象信息监测系统支持4G通讯，支持太阳能供电。建设果园气象信息监测系统，实现园区环境气象信息自动监测，使农业生产管理者及时了解果园环境信息和气象灾害信息，为园区生产提供数据支撑。同时为果园生产大数据提供实时环境数据，为构建果园全产业链生产模型提供数据支撑。

果园生产中需要经常对果树的情况进行查看，防止鸟等动物破坏果实。果园内监控信息系统通过在果园内的种植区、道路和库房等各个区域安装监控摄像头，实时监测果园内的运作情况，为远程监控、故障预判等提供可靠的实时信息。

2.1.2.2 果树生长状况监控系统

果树生长状况监控系统可对果树生长状况和水肥信息进行采集，利用云平台进行分析决策，并调控作业装备进行作业。通过在果树上装置叶片摄像头、果实摄像头或无人机/车搭载激光雷达、立体相机、多光谱相机、高光谱相机等视觉系统，可以采集叶片、树冠直径、开花量、挂果量、果实等图像信息，动态监测果树生长状态、杂草生长情况，并将采集的图像传输到云平台进行数据处理和分析。云平台将基于图像识别技术，利用人工智能算法，采用特定的模型和框架，进行数据挖掘，对果树健康状态、果实成熟度、病虫害等果园基本情况进行识别和监控，便于种植者和管理者了解果树实际生长状况，判断果树的生长是否符合预期。同时，基于智能学习算法，开发智能植物识别软件，果农上传果树照片就能识别果园发现的病虫害，通过分析获取果园病虫害解决方案。

针对果园内的天空地多源感知数据的集成难、处理难、通讯难、服务难等现状，中国农业科学院农业资源与农业区划研究所智慧农业团队通过航天遥感观测（天）、航空遥感观测（空）和地面物联网观测（地）三个方面获取果情大数据，构建了天空地果园智能感知数据处理系统，主要包括无人机果园农情采集系统、智能巡田机器人和农情众包采样系统。无人机果园农情采集系统通过搭载的可见光、多光谱、三维激光等多种传感器获取信息，利用农情分析软件，可以获取果园场景三维建模图、果园杂草分布图、每棵果树的精准位置、每棵果树树冠大小、每棵果树的生长情况等果园的宏观农情信息。智能巡田机器人搭载激光雷达、北斗定位天线、360°旋转变焦相机、双目相机等，可以放大缩小环境中每个细节，监测病虫害、杂草分布、果树长势、果实产量等信息，通过判断果实的大小和颜色评估果实的成熟度。机器人有无人驾驶的能力，能在果树行间稳定运行且避障。采用“天空地”观测数据获取方式，分别从千米级、米级、点位级别三种尺度获取果园农情大数据，全方位多尺度地感知果园的细微变化，并提供一站式、智能化的数字农业感知系统集成、数据处理与服务。

2.1.2.3 水肥一体化智能灌溉系统

水肥一体化智能灌溉系统主要根据果园环境监测系统采集的气象、土壤数据结合果树不同生长阶段对水分和养分的需求，通过人工智能模型和算法，精细分析土壤理化性质，生成灌溉施肥处方图，并将肥料溶解于水中，利用灌溉设备同时把水分和养分均匀、准确、定时、定量地供应给果树。水肥一体化智能灌溉系统可以实现精准灌溉、自动灌溉控制、多种浇灌模式。智慧果园灌溉系统由水肥一体机、水泵、过滤系统、施肥机、田间管路、电磁阀控制器、电磁阀、环境和墒情数据采集系统、物联网云平台等组成。系统采集供水端压力，变频器通过供水压力反馈，变频调速实现恒压供水；水肥一体机通过检测肥料的EC/pH 调节施肥配比，达到精准配肥，精准控肥。系统可在 App/PC 端通过网关将控制信息传输给控制节点，远程控制电磁阀的开闭，并通过对灌溉区域土壤水分电导率等信息监测，设定阀值和控制策略，实现自动灌溉，节省了大量人力，可以有效提高果树的生长效率，达到节水、节肥、改善土壤环境以及提高作物品质的目的，同时降低系统成本。

2.1.2.4 果园病虫害防治系统

病虫害防治是果园生产作业过程中非常重要的一个环节，果园病虫害防治得当，可有效减少果农的经济损失。果园智能化植保作业基本采用果树行间行走高压风送喷雾或隧道式跨行自走循环喷雾模式。用高速气流将喷头雾化后的药物进一步撞击成更细小的雾滴，增加雾滴的穿透力。结合超声波探测技术、激光雷达技术、光电感知技术等，准确探测和采集果树病虫害的具体位置、病虫害发生程度等信息，在此基础上分析喷药装置的喷药量，按需要调控风速，从而实现精准喷药。智慧农业团队研发的无人喷药机器人可以利用果园地形图、果树精准位置、病虫害处方图驱动进行智能喷药作业，实现"有树才喷、树密多喷、虫害处多喷、掉头处不喷"以及无人作业，避免作业人员农药中毒。

果园还可以安装自动虫情测报灯，自动分析果园虫情现状，针对性灭虫。利用物联网太阳能物理杀虫灯，根据昆虫具有趋光性的特点，选择昆虫敏感的特定光谱范围的诱虫光源，诱集昆虫并有效杀灭昆虫，降低病虫指数，再结合防虫网、粘虫板的使用，减少农药的使用，既防治虫害，又实现了绿色防控无污染，保证食品安全。

农户可以采用手机等移动端 App 及果园内分布式定点的高清监控摄像头获取病虫害图片，充分运用物联网及人工智能图像识别技术，基于历史病虫害大数据及专家知识数据库训练自动分类识别模型，实现病虫害精准预测及识别，并将识别结果及防治措施建议上报至果园管理部门及植物保护专家，经审核确认后同步推送至农户移动端 App，指导农户进行病虫害防治作业。

2.1.2.5 果园产量精准预测系统

果园产量精准预测系统根据遥感影像、无人机影像、果园统计信息等获取果园面积、种植结构、单株果树的果树形状、枝条数量、枝干比等信息，构建果园面积提取模型、果树检测模型、枝形提取统计模型、时序生物量监测模型、花果识别统计模型，确定最终产量之间的模型关系，实现果园产量的精准预测。

2.1.2.6 果园智能作业系统

农业机器人模拟人的视觉功能，通过学习，分析和判断杂草覆盖区域、水肥缺失情况、果实成熟度，根据实际情况做出判断，自动除草、自动灌溉、自主施肥、自动采摘。随着数据的积累，不断优化、训练智能学习算法，提升智能耕作的精度和作业效率，实现果园种植精准化、无人化。

2.1.2.7 智能管控云平台系统

围绕提高果园生产决策管理、服务数字化水平和质量的目标，构建技术先进、系统开放、以"天空地"大数据为支撑的数字果园智能管控云平台。该平台采用云计算模式和云化系统架构，以生长管理模型为核心，开发环境监测、果园测绘、果树识别、长势监测、水肥药管控、产量估测、品质监测、分级分选、应急管理等专业模块，为果业管理部门提供资源调查、生产调度、灾害监测、市场预警、政策评估、舆情分析等专题服务，构建“用数据说话、用数据决策、用数据管理”的辅助决策系统。同时，推进数字化信息服务和远程诊断服务，通过数据挖掘和模型分析，为果农、农场、企业等多元经营主体提供个性化、多元化、精准化的剪枝、气象、植保、农机等信息服务，实现果园生产信息获取、诊断、决策调控全过程的数字化、网络化、智能化管理，提高果园生产效率，实现节本增产和高质量发展。

智能管控云平台系统可以实现多源遥感数据、无人机数据、地面传感网数据、历史数据以及其他空间数据的统一管理、显示、存储、分析和决策，并下达各种指令，调控智能设备进行各项生产作业。果园实时监测的环境数据、生产过程中的农事数据、采收及商品化的市场数据、专家智慧化决策的结果数据等通过信息传输系统传输到云平台。信息传输系统分有线传输和无线传输两种方式，其中无线传输是主要的通信方式，包括果园内部无线局域网、网际网通、移动通信、无线传感网、卫星通信等。基于这些大数据和云计算技术，云平台将汇交的数据进行预处理、加工和分类，使之成为有用的信息，利用深度学习算法来实现果园生产智能诊断分析，解决人工处理效率低的问题。

云平台主要由以下四个系统组成：

（1）接入多源异构的数字农业大数据系统　接入气象数据、农业信息数据、专家知识库、生产记录、管理等多源异构数据，提供数据异构融合，进行数据清洗和动态适配，提供多源感知数据转发，形成统一的设施农业数据信息。

（2）海量数据查询与空间展示系统　深度匹配数字农业数据与空间地理信息数据，提供海量农业数据查询服务，远程控制园区所有的数字化装备；展示智能农机、设备回传数据信息，形成智能农机设备作业轨迹数据；管理、编辑和查询农机数据所承载的农作属性，实现根据智能传感器、设备的状态进行科学调度指挥。

（3）对接和控制智能农机、设备系统　解析智能农机、设备数据协议，进行远程调度指挥，向安装自动导航驾驶终端和位置服务终端的农机发出相应指令，实现果园园区操作机械与设备管理、自动驾驶、自动化灌溉施肥等精细化作业。提供智能农机和设备数据对接接口，接收智能农机、设备回传数据。

（4）智能采集管理系统、设备数据展示与调度系统　展示智能传感器、设备回传数据信息，形成智能传感器、设备作业轨迹数据，管理、编辑和查询农机与设备数据所承载的农作属性，实现根据智能农机与设备的状态进行科学的调度指挥。

2.1.3　产后的果品采摘与分级

果品成熟后进行采摘是果园作业最后的关键环节，因果树种类、种植模式的不同，果品采摘机械类型也各异，主要可分为三类：果园振动式采摘机器人、果园采摘机器人和果实捡拾机器人（李道亮，2020）。采摘后的水果大小、色泽和品质不一，将通过果品评估分析系统进行智能分级。

2.1.3.1 果园振动式采摘机器人

果园振动式采摘机器人通过对果树施加一定频率和振幅的机械振动，使果实的果柄断裂，果实下落。果园振动式采摘机器人的采摘效率与频率、振幅、夹持位置等因素有关，适用于苹果、梨等大、中型果实的采摘，也适用于青梅、核桃和山楂等小型果实的采摘。

2.1.3.2 果园采摘机器人

果园采摘机器人将计算机、人工智能等先进技术融入采摘机器人中，主要功能是识别、定位与抓取果实。随着研究的不断深入，图像处理技术与控制理论的发展也为采摘机器人向智能化方向发展创造了条件。

2.1.3.3 果园果实捡拾机器人

果实捡拾机器人主要是在其前端安装摄像头，当摄像头观测区域到达目标所在区域时，摄像头每隔 0.01 s 便自动定焦于搜索目标，当搜索目标与摄像头相对静止时则做单次定焦，大大提高了视频的清晰度。同时利用无线网传输技术，将摄像头所拍摄的视频分解成图片传到云平台，达到实时视频同步的作用。云平台识别出果实后，将指令下发给果实捡拾机器人，机器人便打开气泵将果实吸入装备内部，完成捡拾作业。

2.1.3.4 果品评估分级系统

果品评估分级系统主要由水果传送系统、光照与摄像系统、机器视觉系统和分级系统四部分组成。水果经由水果传送系统连续不断地传送至光照与摄像系统，摄像头对水果进行图像采集。解码后的图像数据，包括水果的直径、色泽、缺陷等数据将传送给图像处理器，图像处理器将图像识别的结果与预定的结果进行对比后得出水果的等级，再将分级结果和水果的位置信息一并传送给分级系统，分级系统将水果落入对应等级的料槽里。

2.2 智慧果园发展的重点任务

智慧果园发展的重点任务是针对果园农业现代化与乡村振兴战略的重大需求，充分利用新一代信息技术在农业中的深度融合，结合当前果园信息化发展基础和急需解决的问题，根据果园生产智能化、经营网络化、管理精准化、服务个性化的战略发展目标，重点突破果园环境感知、智能农机装备、数字信息高速处理等核心技术、“卡脖子”技术与短板技术，实现果园生产“机器替代人力”“电脑替代人脑”的转变，提高果园种植智能机械化水平，提高果园生产效率、效能、效益，引领现代农业发展(周清波等，2018)。

2.2.1 构建“天空地”一体化的果园立体观测系统

有关部门应通过克服单一传感器、单一平台观测的局限性，综合利用航天遥感覆盖区域广、空间连续，航空遥感观测精度高、时间连续，以及地面物联网实时观测、快速传输和信息真实的联合优势，研发以航天卫星遥感为主，航空遥感辅助应急的“天空地”一体化的果园立体观测系统，实现果园环境和果树生产信息的快速感知、采集、传输、存储和可视化(Shi et al.，2014)。

“天空地”一体化的果园立体观测系统主要包括多源卫星遥感影像快速处理系统、无人机智能感知系统、基于地面传感网智能感知系统和基于互联网智能终端调查系统(吴文斌等，2019)。

2.2.1.1 多源卫星遥感影像快速处理系统

利用高效的金字塔算法、高精度图像配准算法、退化函数提取算法、图像恢复算法和基于深度学习的超分辨率重建算法，实现 Landsat、HJ、MODIS、NOAA 和国产高分系列卫星等国内外多源卫星数据的快速浏览、辐射校正、几何校正、多光谱和全色影像的融合、镶嵌、裁剪、图像恢复和超分辨率重建，为大区域果园种植和空间分布调查提供支撑(Zhou et al.，2017)。

2.2.1.2 无人机智能感知系统

利用遥感技术、地理信息系统技术、全球定位技术、互联网技术等，基于车载遥感平台，集成了三维地理信息与任务规划系统、无人机遥感获取系统、多平台融合的果园监测快速处理系统和数据远程传输系统，为果园生产提供近低空、有效的全流程移动式遥感解决方案。

2.2.1.3 地面传感网智能感知系统

通过物联网和传感器技术实现果园环境信息和果树生产信息自动、连续和高效的获取(张力栓等，2021；赵春江，2017)。创新开发集多功能一体的传感器，实现实时、动态、连续的信息感知，并增加传感器的采集精确度和抗干扰性；优化数据传输方式，既保证数据传输的效率，又保证数据传输的安全(周国民等，2018；王敏等，2014)。研发果树氮磷钾、叶绿素、可溶性蛋白、水果质量、甜度、病虫害、草害等植物本体信息感知传感器，突破关键信息感知传感器微型化技术。针对我国农机装备传感器检测参数单一的问题，开发集多种参数感知于一体的多用途小型化传感器，如耕整机械的感知技术结合土壤信息感知技术，在耕整阶段全方位、多参数(姿态、压力、位置、深度等)感知土壤信息，建立土壤信息图，实现一次感知，全过程使用。加快微电子机械传感器、仿生传感器和生物传感器等新型传感器研发。将传感器的信号检测、转换与计算机的记忆、存储、分析、统计处理、自诊断、自适应等功能结合在同一个芯片上，开发高智能化传感器，提高传感器的智能性。

2.2.1.4 基于互联网智能终端调查系统

通过手机、平板电脑、移动电脑等终端平台，基于地图、遥感影像等空间信息，进行果农经营地块确认，并针对地块进行果园图像和视频、生产决策信息采集。基于互联网智能终端调查系统能够弥补地图/遥感影像只能反映地块自然属性特征的不足，通过获取个体果农生产决策信息，实现“人地”信息结合，为果园大数据研究与应用提供基础数据支撑(Yu et al.，2017)。

2.2.2 果园智慧化生产诊断与决策关键技术

2.2.2.1 作物表型分析测量技术

研究人员通过研究高通量多种环境状态下作物表型采集方法、作物表型大数据建模与基因-环境-表型互作规律挖掘方法、果树高产抗逆表型组分分析评价方法等为精准育种提供依据。利用无人机、自主机器人等近低空遥感平台，针对作物表型参数测量难度高等问题，构建基于人工智能的作物个体全景表型测量技术，重点开展果树全个体全景三维重建质量评估技术、果树个体识别分割技术、复杂叶型的叶面重建与测量技术等核心技术的研究。结合作物生长特性，利用人工智能模型研究大量叶片存在状态下的植物株型、叶面积、叶角度分布推算技术方法，建立冠层、株型对作物生产效率的关系模型；进一步利用大数据深度学习模型，研究替代人工标注的高效训练数据获取算法，构建世界级的作物器官训练大数据集，研发基于作物器官训练大数据平台的作物的花冠、果实、长势、产量与品质的识别与分析技术算法。

2.2.2.2 果树生产精准诊断技术

果树生产全过程精准诊断分析是果园生产智能管理的关键。针对我国独特的复杂地形与果园混杂种植结构特点，运用低空无人机摄影测量、物联网、模拟模型、机器视觉、深度学习技术，建立果园果树单株识别、长势监测、水肥精准施用、病虫害监测、产量预测等技术方法，形成开放兼容、稳定成熟的果树生产全过程诊断技术体系，实现快速监测果树生长动态变化，全面掌握农业生产状况并进行科学精准调度。

基于航空遥感的果树生产精准诊断技术主要包括3个关键技术：①检测和计数，包括利用计算机视觉技术进行果树数量统计等。②分割，包括基于图像分割技术进行果树的冠层面积、果树高度、枝条和骨架结构等提取。③果树生长模型，包括多源数据融合的果树生长和产量数字模型等。从实际应用角度，未来迫切需要研发果树生产诊断分析一体机，将复杂的诊断模型与算法集成固化到装备，实现田间地头一键式、简单化、便捷化的数据诊断与分析，解决数字技术应用中数据处理难和分析难的痛点(吴文斌等，2019)。

基于物联网的果园精准诊断技术主要包括3个内容：一是针对果园群体参数的诊断分析，通过建模分析，研究不同栽植密度、不同树形构建、不同营养水平以及不同生长阶段

2.2.4.2 物流管理系统

物流管理系统以农产品的冷链仓储和冷链运输精准调控为主要目标，以不同农产品冷链需求特征为核心数据，将农产品冷链基础数据物化到冷链环境监控终端，终端设备应用于不同冷链环节，实现温湿度、气体、位置、开门状态等信息的实时感知；终端采集数据传输到物流管理软件系统，软件系统实现动态跟踪、实时监测、货架预测、异常报警、冷链反演、产品追溯、统计分析等智能处理功能；智能处理的结果反馈至冷链操作人员的手机App中，可对冷链设备状态进行动态调控。

2.2.4.3 电商销售系统

通过果园技术的网络化发展，打破时空障碍，改变果品经营与流通模式，把溯源技术和果品电商销售系统相结合，既能利用电子商务降低交易成本、减少产品积压、增加商业机会、扩大销售市场，简化缩短传统的果品销售渠道和流程，促进产品价格、数量、质量等市场信息的快速传递，又能够扩大可溯源果品的影响力，消除生产者和消费者之间的信息不对称，达到双赢的局面。与第五代移动通信(5G)技术和虚拟现实(virtual reality，VR)技术深度融合，构建多维体验空间，实现虚实融合，广泛地应用于农技培训、休闲观光旅游、科普教育、品牌营销等方面(吴升等，2021)。

2.2.4.4 区块链追溯系统

区块链技术采用区块链数据结构来验证和存储数据，使用分布式节点、协商一致算法生成和更新数据，并使用密码技术来保证数据传输和访问的安全性，是一种新的分布式基础设施和计算范例(柳祺祺等，2019)。通过结合区块链技术和RFID等物联网信息采集技术，获取果树种植、果品加工、物流仓储、分销、零售等一系列核心信息，组成商品的溯源信息链，通过合约自动生成带有时间信息的独有产品标识，同时通过扩展行业云数据信息加入(如生产日期、保质期、产品介绍等)行业云数据信息，形成产品的生命周期信息链。未来在区块链技术方面，应围绕自主可控许可链的应用，开展共识算法的优化、侧链技术、跨链技术、分片技术等区块链可扩展性技术的研发；开展智能合约、数字签名、数据安全共享交换等区块链安全性技术的研发。在区块链服务方面，结合5G、人工智能、大数据采集分析技术等，构建完整的追溯体系，形成果品质量追溯区块链应用技术解决方案。

参考文献

陈健，杨志义，李志刚．苹果精准管理专家系统的设计与实现．科学技术与工程，2011，11(6)：1231-1236.

李道亮．无人农场——未来农业的新模式．北京：机械工业出版社．2020.

柳祺祺，夏春萍．基于区块链技术的农产品质量溯源系统构建．高技术通讯，2019，29

(3):240-248.
王敏,张捐净．基于无线传感网的苹果精准管理专家系统研究．农业科技与装备,2014,240(6):39-41.
吴文斌,史云,段玉林,等．天空地遥感大数据赋能果园生产精准管理．中国农业信息,2019,31(4):1-9.
吴升,温维亮,王传宇,等．数字果树及其技术体系研究进展．农业工程学报,2021,37(9):350-360.
张力栓,武子鑫,李梅,等．石家庄市智慧果业的发展路径与方向．中国果树,2021(2):98-103.
赵春江．中国智能农业发展报告．北京:科学出版社,2017.
周国民,丘耘,樊景超,等．数字果园研究进展与发展方向．中国农业信息,2018,30(1):10-16.
周清波,吴文斌,宋茜．数字农业研究进展和发展趋势分析．中国农业信息,2018,30(1):1-9.
Shi Y, Ji S P, Shao X W, et al. Framework of SAGI agriculture remote sensing and its perspectives in supporting national food security. Journal of Integrative Agriculture, 2014, 13(7): 1443-1450.
Susan M H, Oscar C. Modelling apple orchard systems. Agricultural Systems, 2003, 77(2): 137-154.
Yu Q Y, Shi Y, Tang H J, et al. eFarm: a tool for better observing agricultural land systems. Sensors, 2017, 17(3):453.
Zhou Q B, Yu Q Y, Liu J, et al. Perspective of Chinese GF-1 high-resolution satellite data in agricultural remote sensing monitoring. Journal of Integrative Agriculture, 2017, 16(2): 242-251.

第3章

果园智能感知系统

目前果园生产管理存在粗放、数字化和机械化管理水平低、效率低等问题，成为制约果农收入增加、水果产业综合竞争力提升的瓶颈。果园信息感知技术是智慧果园的基础，通过物联网等技术可形成一个实时通信的实体网络，实现实时、快速、精确地采集果园全生产链中的各种信息，这是实现果园精细化和现代化管理的重要保障和途径。本章对主要感知平台、感知对象与内容、感知关键技术、智能感知系统的组成、果园大数据管理等进行阐述，并对“天空地”一体化果园智能感知系统案例进行介绍。

3.1 主要感知平台

3.1.1 航天平台

航天平台一般指高度大于240 km的航天飞机和卫星等。航天平台搭载的传感器主要获取高空中高光谱、可见光、微波、红外等其他波段大区域内的数据，具有范围大和空间连续性强的特点。

航天遥感早在20世纪70年代开始被应用于对地观测，在果园识别和分类中得到广泛应用，是大区域尺度果园感知的信息主体。利用果园航天遥感数据，可以生成果园种植面积、空间分布、果园地形特征、果园种植适宜性等结果。

3.1.2 航空平台

航空平台指高度在100 m以上、100 km以下，用于各种资源调查、空中侦探、摄影测量的平台。航空遥感观测主要获取光学、多光谱、热红外、激光雷达等中小区域数据，具有高精度和时间连续性强的特点。

航空平台包括有人机和无人机遥感平台，可以补充有关遥感信息的缺失，是中小尺度果园遥感观测的重要信息来源。随着民用无人机技术的快速发展，以无人机为主的航空遥感在果园生产中迅速应用和发展，无人机应用市场潜力巨大。利用航空遥感数据可对果树生产过程进行精准诊断，主要包括2个方面：一是针对果树群体参数的诊断分析，利用图像识别进行果树数量、高度、密度与长势以及果园杂草等群体参数监测，研究不同栽植密度、不同树形构建、不同营养水平以及不同生长阶段的果园群体光利用率、生产效率，提出果园生产的最佳群体参数；二是针对单株果树个体参数的诊断分析，建立模型，提取果树三维树冠与株形参数，通过对树形构建、光利用率、冠层分布、枝条组成、果实分布等参数分析，建立单株果树优化管理的参数指标（吴文斌等，2019）。

3.1.3 物联网

目前公认的物联网定义是通过智能传感器、射频识别、激光扫描仪、全球定位系统、遥感等信息传感设备及系统和其他基于物-物通信模式的短距离无线自组织网络，按照约定的协议，把任何物品与互联网连接起来，进行信息交换和通信，以实现智能化识别、定位、跟踪、监控和管理的一种巨大智能网络，具有高频率和实时观测的特点（李道亮，2012）。

物联网技术使各种装备网联化成为可能。信息全面感知和可靠传输是物联网应用于智慧果园的两大关键技术，是实现精准自主作业的基础。通过物联网和传感器技术，根据环境和果树上安装的传感器、果园侦察机器人和移动手机等共同感知细微变化的点位数据，自动、连续和高效获取无人值守的果园环境和果树生产信息。此外，基于植物表型技术和视觉导航技术，物联网可动态感知动植物的生长状态，进行果树水肥诊断、果树病虫害、秋梢率的监测等，为果树生长调控提供关键参数；物联网还可以提供作业装备的位置和状态感知技术，为装备的导航、作业的技术参数获取提供可靠保证。

3.1.4 果园机器人

3.1.4.1 信息感知

果园管理中应用信息感知技术，已经迈入新阶段。在现代精准农业的实践中，果园机器人通过配备多种高端传感器，如空间分辨率高的 RGB 变焦相机、双目相机、多光谱相机、高光谱相机以及激光雷达等，极大地拓宽了其在果园管理中的应用范围。这些先进的传感技术，结合深度学习和人工智能算法，赋予了机器人在执行巡园任务时对果园内各种关键因素（如杂草、病虫害、植物生长状况）进行实时、精准监测的能力。通过捕获的高清 RGB 图像、多维度光谱图像以及立体的激光点云数据，机器人不仅能够自动记录下果园内的具体情况，还能在嵌入式人工智能模型的支持下，对收集到的数据进行初步分析，识别出关键的问题区域。如根据果树的生长状态和病虫害情况，自动调整施肥、浇水和喷洒农药的量和频率。借助先进的果园机器人，管理者可以实现更加精准和高效的果园监控。

3.1.4.2 传感器类型

在现代精准农业的实践中，果园机器人通过配备多种高端传感器，如空间分辨率高的 RGB 变焦相机、双目相机、多光谱相机、高光谱相机以及激光雷达等，极大地拓宽了其在果园管理中的应用范围。这些先进的传感技术，结合深度学习和人工智能算法，赋予了机器人在执行巡园任务时，对果园内各种关键因素如杂草、病虫害、植物生长状况进行实时、精准监测的能力。机器人通过捕获的高清 RGB 图像、多维度光谱图像以及立体的激光点云数据，不仅能够自动记录下果园内的具体情况，还能在嵌入式人工智能模型的支持下，对收集到的数据进行初步分析，识别出关键的问题区域。

3.1.4.3 数据传输

果园中存在多机器人互联互通难以及决策解析下发难、控制难的问题，可以通过智慧农业田间服务一体机实现对决策和服务数据的接收，并转化为各类农业机器人的任务信息，下发给果园机器人，为农业机器人作业任务部署和任务成果反馈接收提供支持。智慧农业田间服务一体机具备网络通信功能、可对差分基站进行定位，可多机协同作业，提供在无 4G/5G 网络情况下的各类数据和指令的传输服务、提供农业机器人可视化管理服务，为果园机器人的强大边缘通信力、作业服务力提供关键支撑。

3.2 感知对象与内容

3.2.1 果园

果园智能感知是基础，利用航天遥感(天)、航空遥感(空)、地面物联网(地)一体化的技术手段，可进行果园数量、空间位置与地理环境的精准感知与信息获取。

宏观尺度的果园空间分布信息是果园生产精准管理的底图基础。针对果园种植资源家底不清、权属不明的关键问题，利用中高分辨率卫星影像全覆盖，充分挖掘卫星遥感的光谱、时间和空间特征，构建时序光谱特征量与纹理特征量，研发基于深度学习的果园智能识别技术，建立果园空间分布遥感调查技术体系，突破高精度果园空间分布遥感制图的技术瓶颈，进行果园种植空间分布调查和定期动态更新，解决“果园面积有多大”的基础问题。

果园生长环境信息主要包括与果树生长密切相关的气象、土壤、地形等信息。其中气候因子包括空气温湿度、风速、风向、光合有效辐射强度、降水等指标；土壤因子包括分层温湿度、有机质、重金属等指标，地形因子包括海拔、坡度、坡向、高度等地形特征指标(周国民等，2018)。通过在果园内部署各种环境信息传感器并搭建成智能传感器系统或者无线传感网络可自动、连续和高效地获取果园地理环境信息。

3.2.2 果树

准确识别果树并统计果树数量对监测果树长势、果园产量估算以及种植管理至关重要。果树生产全过程精准感知分析是果园生产智能管理的关键。果树生产感知内容主要包括2个方面:一是针对果树群体参数的感知分析,利用计算机视觉等技术进行果树数量、高度、密度与长势,以及果园杂草等群体参数的感知监测;基于高光谱遥感等技术,利用光谱空间匹配分析等方法可进行树种的区分识别(闫晓勇,2014)。二是针对单株果树个体参数的感知分析,基于激光雷达等数据和图像分割等技术提取果树三维树冠与株型参数,获取树高、树冠体积、枝条长度及分枝角度等参数信息(陈日强等,2020);利用点位传感器,结合果树生长发育特征,进行果树水肥诊断,或利用图像和视频,结合计算机视觉进行果树病虫害、秋梢率的监测。

3.2.3 果实

果实感知信息主要包括果实识别、果实估产和果实品质检测等内容。

3.2.3.1 果实识别

果实识别是果实定位、自动化采摘和果实估产的基础。由于果实个体之间存在差异,且图像获取过程中易受光照、表面阴影、重叠和遮挡等影响,一般遥感技术果实识别难度大。机器视觉技术通过计算机来模拟人的视觉功能,从所采集的图像中提取感兴趣目标的信息,进行处理并加以理解,最终用于检测,具有非接触、高精度、速度快、信息量大、实时等优点(金保华等,2019),在果实定位、识别、检测等方面应用广泛。

3.2.3.2 果实估产

果实的产量表型也至关重要。通过线扫描成像、图像处理和自动控制技术、微型计算机断层扫描技术、phenoSeeder平台等可以实现对不同形状、大小的果实进行产量估测。此外,干旱、低温冻害等气象灾害以及生物灾害对果树生长、果实发育和形成等具有重要影响,因此建立灾害发生时间、范围、强度等灾情动态监测与损失评估系统,进行实时监测和快速预警,提升果园灾害应急管理能力十分重要。

3.2.3.3 果实品质检测

果实品质数据的获取,是围绕果树收获器官的形态结构变化和生理生化指标等展开。随着生产力的提高,我国水果产业得到迅速发展,已基本解决水果的数量问题,但是随着人们生活水平的改善,对水果品质的要求也越来越高。水果的品质等级是指水果的优劣程度。从市场来看,品质是指一些使产品更容易被市场接受的特征组合。水果的品质特征可以分为外部特征和内部特征。根据国内外比较成熟的水果品质分级标准,可以从外观、质构、风味等方面对水果的品质进行分级评判。果实的各类生理生化指标,如糖分、水分、糖酸比、微量元素(如铁、锌、硼、磷等)等,数据的采集是反映收获器官品质的关键。目前,大多数果实品质数据分析方法通常仅仅依靠形态结构特征来评价。果实的各类营养含量和品质相关的形态特征(如果实的大小、生长速率和颜色变化等)可作为品质分级的重要依据。

射线照相法应用对射线敏感的感光材料来记录透过被检测物后射线强度分布的差异，能够得到被检测物内部的二维图像。但由于其存在成本较高、数据存储不方便、射线底片容易报废以及实时性差等缺点，在农产品品质检测中几乎不再使用。

(2)果品声学特性无损检测

果品在声波作用下的吸收特性、衰减系数、传播速度以及本身的固有频率和声阻抗等特性都反映了水果与声波的相互作用的规律，这些特性随果品内部组织的变化而变化，不同的水果声学特性不同。基于声学特性的无损检测方法包括超声波法和声波脉冲响应法两种。这些方法具有适应性强、对人体无害、成本低等优点，是果品无损检测的热点领域。

超声波检测设备接收到的回波信号为非稳时变信号，对于品质等级不同的水果样本，其果肉平均密度、成熟程度、内部腐烂及虫蛀情况的差异会引起反射回波频率特性的改变。回波信号的时变性质表现在回波的频率和振幅均随时间变化，通过检测和辨识这类变化，可得到水果样本品质等级信息。利用频谱分析方法，将回波的时域信号映射到频域空间内，以频率为坐标横轴，根据回波信号的振幅谱、功率谱、相位谱的差异来表征水果样本的品质等级情况。

果品声学特性的检测装置通常由声波发生器、声波传感器、电荷放大器、动态信号分析仪微型计算机、绘图仪或打印机等组成。检测时，由声波发生器发出的声波连续射向被测物料，从物料透过、反射或散射的声波信号由声波传感器接收，经放大后送到动态信号分析仪和计算机进行分析，即可得出果品的有关声学特性，并在绘图仪或打印机上输出结果。果品的声学特性随农产品内部组织的变化而变化，不同果品的声学特性不同，同一种类而品质不同的果品其声学特性往往也存在差异，故根据果品的声学特性即可判断其品质，并据此进行分级。

(3)果品电磁特性无损检测

电磁特性检测技术是利用水果在电场、磁场中电磁特性参数的变化来反映待测物品的性质。该技术由于设备较为简单，数据获取与处理较为容易，所以应用范围较广。

①水果电磁特性检测技术：核磁共振是一种探测浓缩氢质子的技术，它对水、脂混合团料状态下的响应变化比较敏感。研究发现水果和蔬菜在成熟过程中，水、油和糖的氢质子的迁移率会随着其含量的变化而变化。另外，水、油、糖的浓度和迁移率还与其他一些品质因素有关，诸如机械破损、组织衰竭、过熟、腐烂、虫害以及霜冻损害等。基于以上特点，通过其浓度和迁移率的检测，便能检测出不同品质参数的水果。核磁共振及其影像技术作为一项新的检测技术在医学上取得了广泛的应用，在农业与食品行业也逐渐开始应用。在水果检测中，国外已有把核磁共振技术应用于水果内部品质、成熟度、内部缺陷、损伤等检测的研究报道。

核磁共振成像技术具有准确性高，可以多参数、多层面、多方位成像和动态监测等特点，在对水果内部品质检测上优于其他检测技术。对于水果内部褐变缺陷，通过核磁共振成像技术，可以用肉眼直观地看到水果任意切面上的组织情况，了解病变的位置及病变的程度。对于水果采后损伤,利用核磁共振技术可以看到损伤的大小及深度,损伤在图像上的变化过程,可视化程度高、直观性强。

②水果电特性检测技术:水果属于电介质,电介质中电子受原子核强烈束缚,不能自由移动。电介质的特征是以正负电荷重心不重合的电极化方式传递、存贮或记录电的作用和影响,其中起主要作用的是束缚电荷。水果的组织和细胞采后仍保持旺盛的代谢过程,如呼吸作用、有机物转化等。果实的水分变化可以通过电特性明显反映。从微观结构角度看,水果内部存在由大量带电粒子形成的生物电场。水果在生长、成熟、受损及腐败变质过程中的生物化学反应都伴随物质和能量的转换,导致生物组织内各类化学物质所带电荷量及电荷空间分布发生变化,生物电场的分布和强度从宏观上影响水果的电特性。因此,从可观测角度考虑,只能研究一定体积内微观场的空间平均值,即转而研究水果的宏观电特性。与一般电介质类似,可以将水果的宏观电特性用复阻抗(或复导纳)及复介电常数表示。这里复阻抗(或复导纳)是水果的物体常数,与水果的个体尺寸相关,复介电常数是水果内部物质特性的反映,与水果个体尺寸无关。

水果电特性参数的测定方法有电导率、介电常数、电阻等参数的测定,将被测水果直接放入平板电极间测定其电特性参数。依据水果与极板接触与否,可分为接触法和非接触法,都属于无损检测。通过设计合适的介电参数检测电路,可以对水果的宏观电特性参数进行检测,介电参数的检测结果基本可以正确反映水果的实际品质情况。

2. 常用指标

(1)果品外部信息检测与解析

水果外部品质的检测指标包括果实尺寸、形状、色泽、表面缺陷、农药残留及表面污染检测等。

①尺寸检测:水果的大小是衡量其生长发育程度的重要因素,一般是通过水果的果径(横径和纵径)来体现,同类水果通常以果径大、形状匀称为优质品。

传统的果实分级机使果实通过不同的网格和缝隙移动,按网格大小尺寸对果实进行分类。因为在果实通过网格过程中不免会出现碰撞造成果实损伤,且此种分类方法效率较低,所以在生产线上,生产者提出了利用浮力、振动、网格相结合的方法进行果实大小分类,避免果实碰撞的同时也能对果实进行清洗消毒。

利用机器视觉技术通过图像处理计算平均果径大小或最大横截面直径来提取相关尺寸指标,也可以对果实的大小进行检测。图像采集装置将被摄取目标转换成图像信号,传送给图像处理系统,一种较为方便的处理方法是将所得图像转化成灰度图像,滤波和图像增强后提取苹果的边缘信息,进而计算出苹果的平均果径大小或最大横截面直径等参数。除此种方法外,还有通过逐像素遍历法计算苹果的重心到苹果边缘的距离以计算尺寸以及最小外接圆法计算尺寸等方法。

②形状检测:果实的外观形状也是影响其品质的重要因素之一,外观匀称的果实更吸引消费者。若通过人眼分拣不同形状标准的果实,会耗费太多的人力物力。目前较多的是利用机器视觉技术对果实形状进行检测。

成熟水果的形状各异，很难用具体的某一种形状来说明。以苹果形状检测为例，当前存在较多方法对苹果按形状进行分级，且能达到较高的分级准确率。比如采用凸度，即目标像素个数与目标最小凸包像素个数的比值，结合傅立叶描述子补充轮廓信息进而描述苹果形状的规则程度。这种方法首先采用 Otsu 阈值分割算法和 Canny 边缘检测算子完成果品的前景分割和边缘特性提取。在形状特征提取方面，采用计算图像中目标面积与目标外接圆面积之比提取果品的二维特征，同时通过提取目标轮廓的形状不变矩来描述果品的三维特征，最后采用 SVM(support vector machines)分类算法完成具体类别的识别。

③色泽检测：水果表面的颜色可反映其病害和腐坏情况，部分水果的表皮颜色与其成熟度密切相关，颜色检测对于评价水果的品质具有重要意义。若要从水果的外观判断其成熟度，一般需要与颜色检测结合起来，通过不同颜色空间的转换可以快速获取果实表面颜色信息。

颜色空间是用一种数学方法形象化地表示颜色，目前在图像处理中广泛使用的颜色空间主要有 RGB(red，green，yellow)颜色空间、HSI(hue，saturation，intensity)颜色空间和 Lab(Lab color space)颜色空间等。在对不同的检测对象进行检测试验时，可以考虑用多种颜色空间对图像进行处理，找到适用于特定检测对象的某种颜色空间。

最适应人类视觉特点的 HSI 颜色空间是目前最常使用的。利用 HSI 颜色空间中的色度图像对水果颜色进行检测与分级，通过观察和比对样本的色度直方图，将果实表面色度分为多个频度，并以此作为颜色分级的特征参数。为排除外部因素的干扰，可以研究待测水果各色度点的累计特性和空间分布特性以及其表面色度的分形维数，通过建立深度学习模型进行水果分级。除此以外，由于 RGB 颜色空间适用于机器工作，在一定程度上可以简化算法，还存在使用 RGB 颜色空间对水果进行色泽检测的算法。一种简单的思路是先提取水果 RGB 三通道对应的值，然后根据实验获得的阈值进行比较判断。

④表面缺陷检测：是果品形态检测重要的一部分，如今消费者在购买水果时更多地关注水果外表面是否美观、完整、有无缺陷等，同时，腐烂是水果最普遍、最严重的病害之一，在贮藏或运输的过程中一个腐烂果可能会引起整批水果被感染，造成巨大的经济损失。为了检测这类缺陷，要求相关检测技术有更好的效果。目前使用较多的两种方法是机器视觉技术和高光谱检测技术。此外，还存在利用 X 射线通过正常柑橘和皱皮柑橘的透过率不同，将皱皮柑橘与合格柑橘分开的研究。但是由于 X 射线穿透性较强的特点，国际上对此方法研究较少，在此不再赘述。

缺陷果与虫害果的图像识别往往依据缺陷和虫害状的大小、形状、颜色、纹理等参数或几个参数的组合来进行。通过机器视觉技术结合相关的图像处理算法检测效果较好，比如利用颜色的差异可以实现缺陷检测。一个较为简单的思路是利用果实表面不同种类的缺陷灰度值与正常区域灰度值的明显差异进行缺陷识别。

高光谱成像系统不仅可以检测到表面损伤，而且可以区分具有相似表面特征的损伤，甚至可以检测到一些不易被肉眼看见的轻微损伤。该技术通过高光谱成像仪采集所有连续单波段的图像数据进行对比分析，在尽可能获取更多被测样本信息的情况下，能够更加高效准确地检测样本的内外部品质。

⑤农药残留及表面污染检测：水果表面的农药残留以及污染物不仅影响食品质量安全，还影响果品出口贸易。目前应用在农药残留方面的无损检测技术有拉曼光谱检测、高光谱检测、生物传感器等。

拉曼光谱检测技术、高光谱检测技术利用光特性对水果表面农药残留进行检测。拉曼光谱检测技术通过选取有效波段采集光谱信息，并通过建立相关数学模型进行结果预测，高光谱检测技术采集待测样品的高光谱数据，选用PCA(principal component analysis)等分析方法得出特征波段，并通过SVM、神经网络等方法建立相关数学模型进行结果预测。

生物传感器使用固定化生物成分或生物体作为敏感元件，利用生物活性物质具有的分子识别功能进行检测，敏感元件包括酶、抗体、核酸、细胞等。在农药残留检测方面最常用的生物传感器是酶传感器。不同的农药残留物与酶作用的方式不同；有些残留物经过酶的催化转变成其他物质；有些残留物可特异性地抑制酶的活性；有些残留物可作为调节因子或辅助因子对酶起到修饰作用。酶与特定的固相载体特异性结合形成酶复合物，将其装在一个小柱子中制成一个固定化反应柱，或将酶固定在电极上以电化学的方式将酶促反应的产物信息传导出去，由此可以对残留物进行检测。

(2)果品内部信息检测与解析

果品的内部品质指标一般包括可溶性固形物、果肉硬度、内部缺陷及损伤等，实际生产中常对这些指标进行检测。

①可溶性固形物检测：是指包括糖、酸、维生素等可溶于水的物质含量，是衡量水果的成熟度、内部品质及食用加工特性的重要参考指标。酸度作为衡量水果品质的指标之一，不仅能影响水果的风味，而且会随着水果成熟度的变化而变化，同时在水果的加工中对pH的控制能有效地防止酶促褐变的发生。糖度也是衡量部分水果品质的重要指标。维生素不仅是人体必需的营养素，也是衡量水果品质的指标之一。

传统测定水果酸度、糖度的方法是较为复杂的滴定法，且需要破坏水果的内部组织，检测效率较低。正因如此，利用其光学特性的无损检测方法发展迅速。目前使用较为广泛的有近红外光谱检测和高光谱检测两种。

近红外光谱检测技术可应用于水果糖度、酸度等内部品质成分的检测。一般先采集相应波长的近红外光谱并进行预处理，再采用一些统计方法例如多元线性回归、主成分回归等建立糖度、酸度定量的数学模型。

高光谱检测技术通过采集样本的光谱信息与图像信息，结合化学计量方法确定可溶性固形物的具体指标参数，使用相关算法建立水果内部品质与其光谱特性之间的回归模型。此技术可以同时获取样本的光谱信息和图像信息，可对水果外部品质及内部品质作出综合评价，应用范围较广。

②果肉硬度检测：硬度也称坚实度，表示水果抵抗硬物压入其表面的能力，是评价水果品质和成熟度的重要指标，同时，果肉的硬度也影响着消费者的食用口感，是影响水果生产与销售的重要因素之一。果实的坚实度分布多种多样，相同朝向、不同部位坚实度值不同，且差异明显，同一部位多个测点之间也存在细小差别。

水果坚实度的传统测量方法为 M-T 戳穿试验方法。该方法是采用一定直径的金属探头刺入果实内一定深度由表向果心，读取刺入最大力，将最大力值除以探头断面面积即为坚实度。尽管这一方法具有操作简单、方便的优点，但在检测过程中需要刺破水果表皮，属于有损检测。同时，由于该方法全程需人工操作，效率较低，不适合进行大批量水果坚实度的检测。随着信息技术的发展，一些新兴的无损检测技术应用到果实的坚实度检测中，较常见的是近红外光谱技术和高光谱检测技术。

近红外光谱技术通过仪器采集样本的光谱，对采集到的光谱进行预处理并在选定波段建模，并对预测模型参数进行调整以达到更好的检测效果，目前较受欢迎的两种建模方法是最小二乘支持向量机和偏最小二乘法，针对光谱和浓度数据中存在的一些非线性问题，模型的预测性能和稳定性还需进一步提升。

高光谱检测技术凭借其图谱合一的优势在水果检测方面得到大量应用。通过获取预测硬度的多元回归方程以及选定波段的高光谱图像，提取波段图像中各像素点的反射率值，分别将反射率值代入预测硬度的模型中计算每个像素点的硬度值，可以得到硬度的灰度分布图，加上伪彩色处理，可以对待测样品的硬度可视化分析。

③内部缺陷及损伤检测：在贮藏或运输的过程中，果实易遭受碰压损伤，碰压损伤包括外部损伤和内部损伤，其中内部损伤由轻微的碰压引起。碰压损伤容易引起水果采后损耗，不仅造成水果感官变化、品质降低，而且增加了微生物侵染的危险性，使水果腐烂程度增加、货架期缩短，严重影响品质及其经济效益。更为严重的是，损伤组织还会为病原菌提供滋养繁衍的场所，进而引起正常水果的损坏，加剧经济损失。如果相关制品流入市场，还构成了食品安全隐患。

果蔬采后内部碰压损伤的检测难点之一是轻微损伤的检测，原因是较小的外界作用力没有引起果蔬组织生理和结构方面产生明显变化，果蔬自身因外界刺激而产生的防御也会进一步削弱损伤和正常组织间的差距。另外，果蔬损伤后通常会发生褐变，贮藏时间较长变色会进一步在表皮上表现出来，如果表皮颜色较深，同样会对检测造成干扰。如果能短期内检测到轻微损伤，果蔬不仅能够被正确分类，操作人员也能尽快对损伤果蔬进行处理。

利用光学、声学、电学等特性，水果内部缺陷及损伤的无损检测的方法有近红外光谱检测法、高光谱检测法、核磁共振检测法、X 射线检测法等。

近红外光谱检测法、高光谱检测法利用其光学特性，选取有效波段采集光谱信息，并通过建立相关数学模型进行结果预测。其中有效波段的选取非常关键，但是由于检测对象、检测环境和分析技术的影响可能造成有效波段并不相同。另外，预测模型的稳定性和适应性也是较为关键的问题。

核磁共振信号强度与样品密度有关，水果含有大量水分，水果内部组织的损伤或病变会引起细胞组织中含水量的变化，因此核磁共振成像技术可用于水果内部品质检测。在水果中，碰伤或腐败的组织会因水浸而产生较强的 NMR(nuclear magnetic resonance)信号，而空穴和发生絮状变质部位则信号减弱或没有信号，据此通过核磁共振技术可以将发生不同变质的水果鉴别出来。

X 射线检测技术目前被广泛应用于医学透视、安全检查、工业探伤、晶体结构研究等诸多领域，在农产品无损检测中应用更有潜力，当前在苹果水心病的检测中有重大进展。水心病是苹果的一种重要的生理性病害，严重的水心病果后期将发展成内部褐变，因此在贮藏期监测水心病的发展是很有必要的。水心病的检测分为两个阶段：首先从苹果扫描图像中提取相应特征，然后根据辨别特征对苹果水心病进行分类。通过选取特征，使用贝叶斯分类器、神经网络分类器等方法可进行较高精度的预测。

3.3 感知关键技术

3.3.1 传感器技术

传感器是利用物理效应、生物效应、化学效应把被测量的非电量转换成电量的器件。传感器也是一种换能装置，可以把一种能量转换成另一种能量，通常情况下转换为电量。传感器主要由两部分组成：敏感元件和转换元件。敏感元件是用来直接接触被测量，转换元件是把敏感元件感知到的被测量转换成便于测量的电量。此外，传感器一般还会有信号放大电路，主要是因为传感器输出的电信号较弱，难以进行测量。

传感器技术是物联网的核心，也是智慧果园中的关键技术之一，用于采集各个要素信息。用于智慧果园中的传感器主要有环境传感器、植物生命信息传感器和农机装备状态传感器等。环境传感器用于果树生长过程中所需要的水、土壤、空气等环境要素的感知，包括空气温度和湿度传感器、光照强度传感器、风速风向传感器、大气压力传感器、CO_2体积分数传感器、土壤含水率传感器、土壤电导率传感器等，可实时监测果园内的温度、湿度、土壤条件、光照条件等。植物生命信息传感器用于对果树生长当前的水分、营养等生理信息的感知，包括植物叶片厚度、植物叶片叶绿素含量、遥感植被指数传感器等。农机装备状态传感器用于农业机械实时工作状况信息的感知，包括应变式传感器、光电式传感器、电感式传感器、电涡流传感器等。当传感器、控制器等发生故障时，会及时发出预警提示。

现阶段传感器多依赖于国外进口，价格较高，限制了推广使用；传感器大多是基于单功能设计，功能集成较弱，造成数据冗杂，加大数据传输压力；此外，传感器性能易受环境因素干扰也是普遍存在的核心问题。因此研发微型化、数字化、智能化、多功能化、网络化的新型传感器是传感器技术发展的方向和目标(申格等，2018)。

3.3.2 RFID 技术

射频识别技术(radio frequency identification,RFID)技术,又称电子标签,是一种非接触式的自动识别技术,它通过射频信号自动识别目标对象并获取相关数据。RFID 标签由一个微型无线电转发器、一个无线电接收器和一个发射器组成。当被附近 RFID 读取器设备的电磁询问脉冲触发时,标签将数字数据发送回读取器。

RFID 具有读取距离远、识别速度快、数据存储量大及多目标识别等优点,广泛应用于无线数据采集、果品安全质量溯源模块和物流系统。运用 RFID 技术构建果实安全质量溯源系统,可以查询所有环节的详细信息,实现全过程的数据共享、安全溯源及透明化管理,既可以提高果实的附加值,也能从根本上解决并防止安全事故的发生。

目前,RFID 技术存在着易受干扰、信息安全、标准化等技术问题和因电子辐射产生的环境问题及成本问题。克服技术问题、减少技术成本和提高 RFID 使用效率将是 RFID 技术未来发展的核心任务。

3.3.3 遥感技术

遥感技术(remote sensing,RS)是指利用高分辨率传感器在获取地物光谱反射率或辐射信息,并根据这些数据进行定性、定位分析,为监测目标提供决策功能。遥感技术凭借其大面积同步观测、快速、简便、宏观、无损及客观等优点,广泛应用于果园生产各个环节,是果园生产过程生长与环境信息的重要来源。

在智慧果园中,遥感技术主要包括信息获取、信息处理、信息应用三大部分。信息获取是通过遥感平台及其搭载的遥感传感器感知获得与果园分布、长势、病虫害、土壤水分等相关的遥感数据源;信息处理指对获取的 Landsat、HJ、MODIS、NOAA 和国产高分系列卫星等国内外多源卫星数据进行快速浏览、辐射校正、几何校正、多光谱和全色影像的融合、镶嵌、裁剪、图像恢复和超分辨率重建遥感数据源等处理;信息应用则是利用信息提取、深度学习、模型耦合、同化等技术对处理后的遥感数据源进行分析,提取有用、有效的信息。目前遥感技术在智慧果园应用中主要包括:果园种植面积和空间分布遥感监测与制图、果园地块管理、果树长势遥感监测、果树病虫害遥感监测以及土壤水分等生态环境信息监测。

总体来讲,上述应用技术方法体系已比较成熟,遥感监测结果可以为实现大面积果园管理的智能化提供可靠的监测数据,辅助进行正确的管理决策。近几年来,微小型无人机遥感技术平台凭借其操作简单、灵活性高、作业周期短等特点,在果园观测和信息采集中发挥了重要作用。例如,利用无人机获取果园尺度高空间、高时间和多光谱分辨率影像成为可能;同时,无人机影像处理过程中可以生成质量较高的数字表面模型影像,为利用遥感技术进行果树植被识别与计数提供了新的可靠数据源(陈日强等,2020)。

3.3.4 全球定位系统

全球定位系统是一种以人造地球卫星为基础的高精度无线电导航的定位系统，它在全球任何地方以及近地空间都能够提供准确的地理位置、车行速度及精确的时间信息，具有全天候、高精度、自动化、高效益等优点。

智慧果园中，GPS应用主要体现为空间定位、作业导航、路径规划（佟彩等，2015）。首先可以测量采样点、传感器的经纬度和高程信息，确定其精确位置，辅助生产中的灌溉、施肥、喷药等田间操作。在翻耕机、播种机、施肥喷药机、收割机、智能车辆等智能机械上安装GPS，可以精确指示机械所在的位置坐标，对农业机械田间作业和管理起导航作用（赵坤，2016）。此外，GPS在农产品运输管理中也发挥着关键作用，通过通用分组无线传输系统将车辆当前的经纬度、车速等数据实时发送到远程控制中心，控制中心再将传回的GPS数据与电子地图建立关系，可以对行车情况进行监控，实现智能控制和管理，并且可以根据产品和消费者信息自动生成最佳的配送策略，提高效率（林元乖等，2013）。

3.4 智能感知系统的组成

3.4.1 数据采集模块

数据采集模块通过各种传感器、摄像装置、采集器、控制器、智能作业装备、遥感设备等获取数据，是果园智能感知系统中的核心部分，解决了“数据从哪里来的”基础问题，是进行果园智慧化管理的基础（吴文斌等，2019）。按照采集的内容，数据采集模块可以分为果园生长环境信息采集模块、果树/果实生产状态信息采集模块、园区信息采集模块、装备工作状态采集模块、遥感数据采集模块等。

果园生长环境信息采集模块主要采集与果树生长密切相关的气象、土壤、地形等信息。其中，气候因子包括空气温湿度、风速、风向、光合有效辐射强度、降水等指标；土壤因子包括分层温湿度、有机质、重金属等指标；地形因子包括海拔、坡度、坡向、高度等地形特征指标。通过在果园内部署各种环境信息传感器搭建成智能传感器系统或者无线传感网络可自动、连续和高效地获取果园生长环境信息。

果树/果实生产状态信息采集模块主要采集果树长势、果树枝型、萌芽日期、开花日期、结果日期、枝果比例、花果比例、病虫害等生长指标，这些信息可通过生命信息传感器、智能作业设备、摄像装置等获取（周国民等，2018）。例如，果树上装置叶片摄像头、果实摄像头可以采集果树的叶片、果实图像信息。通过园内监控摄像头可实时监测果园内的运作情况，为远程监控、特定目标监测、故障预判等提供可靠的实时信息。

装备工作状态信息采集模块主要获取果园生产过程中装备工作表现情况的信息，可通过测控装备系统对果园中的传感器、控制器、摄像头等固定或移动装备的运行状态进行实时监测,并进行记录。

果园遥感数据获取模块主要是通过搭载相关设备等对果园种植区域进行大范围测量、远程数据采集等。常见的遥感观测平台包括航天遥感、航空遥感等,遥感设备主要包括光谱仪、照相机、高光谱仪、微波辐射计、雷达等。

数据采集模式可分为主动控制和被动控制两种。主动控制模式下,控制终端根据软件程序中的自动控制算法对现场传感器、控制器等进行控制,自动实时地进行数据采集。被动控制模式下,控制终端则根据云平台传输的命令进行控制,根据需要有选择地进行数据采集。

3.4.2 无线传感网络模块

无线传感器网络(wireless sensor networks,WSN)是以无线通信方式形成的一个自组织、多跳的网络系统,由部署在监测区域内大量的微型传感器节点组成,能协作地进行实时监测、感知和采集节点部署区域的各种环境或监测对象的信息,并对这些数据进行处理,最终通过无线网络发送给用户。

无线传感器网络集成了微电子系统、数字电路、无线射频、嵌入式计算技术、传感器、分布式信息处理、现代网络及无线通信等多个领域的先进技术,为定点全自动采集数据提供了强大的技术基础(邹金秋等,2012)。因其具有体积小、低布局成本、低维护费用、更换升级方便、无需布线而高度自由的可移动性以及自组织能力等优点,无线传感器网络得到快速发展和广泛应用,使实现果园关键参数的实时监测和自动化调控成为可能(李道亮等,2012)。

无线传感器网络系统通常包括传感器节点、汇聚节点和管理节点。其中传感器节点通常是一个微型的嵌入式系统。大量传感器节点随机部署在监测区域内部或附近,能够通过自组织方式构成网络,可获取果园实时信息数据。每个传感器节点都具有数据采集与路由功能,但它的处理能力、存储能力和通信能力相对较弱。汇聚节点则具有相对较强的通信能力,负责连接传感器网络和外部网络,实现两种协议栈之间的通信协议转换。传感器节点采集的数据先发送到汇聚节点,进行数据融合、储存,然后通过连接数据转化装置,将数据进一步通过外部网络(包括 GPRS 网络、WiFi、宽带等)传送至用户管理节点,并显示在监控终端,供用户查看和分析。此外用户也可以通过管理节点对传感器网络进行配置和管理、发布监测任务以及收集回传数据。

紫蜂技术(ZigBee)是基于 IEEE802.15.4 标准的关于无线组网、安全和应用等方面的技术标准,具有数据传输可靠、安全、支持网络节点多、成本低、兼容性高等特点,被广泛应用在无线传感网络的组建中(杨玮等,2008)。部署在果园内的各种传感器节点之间的通信主要采用 ZigBee 通信协议,支持网状拓扑,各采集点组成无线网格网络(MESH),扩展了网络范围。ZigBee 无线网关将 ZigBee 协议转换为以太网,从而将无线传输添加到整个无线传感监控网络模块之中。

3.4.3 远程数据传输模块

远程数据传输模块将智慧果园中的各要素信息通过感知设备传入传输网络中,以网络为载体,利用有线或无线通信网络,实现所采集数据和加工后数据的可靠、高效、安全传输(申格等,2018)。按照传输介质传输技术可分为有线通信传输和无线通信传输。

有线通信传输方式是指通过金属导线、光纤等有形媒质来实现信息数据传递,具有信号传送稳定、快速、安全、抗干扰、不受外界影响、传输信息量大等优点。智慧果园中常用的有线通信传输方式包括使用现场总线、控制器局域网络(controller area network, CAN)总线、RS485/RS432 总线和以太网等。现场总线是一种开放式、新型全分布控制系统,是智慧果园中传感器之间、现场设备之间以及现场设备与高级控制终端之间联系的基层通信网络基础。CAN 总线属于现场总线的范畴,可允许控制设备在没有主机的情况下进行实时通信,具有较强的实时性、抗干扰能力及可靠性等优点(鲍官军等,2003),已成功广泛应用于智慧果园中智能农机的集中监视和分布控制,以及水肥灌溉控制系统、温度压力等控制系统。RS485/RS432 总线是智慧果园中最为常用的有线传输方式之一。RS485 总线串联上下位机实现通信,使用该标准的通信网络能在远距离条件下以及电子噪声大的环境下有效传输信息,因此智慧果园中传感器等装备的部署分布不规则对其传输没有影响,提高了系统的抗干扰能力,使智能监控系统性能稳定、使用灵活(张晓朋,2017)。以太网是应用最为广泛的局域网通信方式,可用于智慧果园中远距离的数据传输和集中控制。例如,果园中视频监控系统采集的视频数据可通过以太网传送至终端用户,远端用户则可在 PC 终端或手机设备上对摄像头进行访问并可控制摄像头,实时进行全方位的监控。由于有线通信传输布线复杂,且易受环境影响而老化;再加上无线通信技术发展的冲击,使其实际上很少单独在远程数据传输模块中使用(申格等,2018)。

无线通信传输方式是利用无线电波在无线传输媒介中传输信息的通信方法,具有不受环境限制、维护成本低、易于扩展等特点,使得智慧果园的各种传感器、机器人以及智能装备之间的信息交互变得更加简单、高效和智能(李道亮,2020)。根据传输媒介不同,无线通信传输包括两种方式:无线局域网通信和无线移动通信。目前应用较为广泛的无线通信传输方式包括蓝牙(Bluetooth)、红外通信技术(IrDA)、WiFi、紫蜂(ZigBee)、超宽带(UWB)以及移动网络等。表 3.1 比较了不同无线传输通信方式的特点,可以看出不同的无线传输方式具有不同的特点。基于 ZigBee 技术的短距离无线通信方式具有数据传输可靠、低功耗、成本低等特点,是目前智慧果园中应用最为广泛的无线传输方式之一。传感器与 ZigBee 中的通信节点组合,形成 WSN,通过控制芯片将采集节点数据集成,然后通过 ZigBee 网络对数据进行传输与网关互联,然后通过有线或无线传输方式传到服务器,进而对数据进行存储管理和决策分析。此外常将 ZigBee 和其他无线传输方式形成无线组合网络来实现数据传输,尤其是移动网络技术(2G GSM 网络、2.5G GPRS 网络以及 3G 网络、4G 网络、5G 网络)的发展,使传输距离不受限制,传输速率也越来越快。

表 3.1 不同无线传输通信方式比较(申格等,2018)

标准	ZigBee	Bluetooth	WiFi	UWB	IrDA	移动网络
工作频段	868/915 MHz 2.4 GHz	2.4 GHz	2.4 GHz	>2.4 GHz	红外光	各运营商不同
传输速率	20～250 kbps	1 Mbps	11 Mbps	最高 1 Gbps	16 Mbps	不同网络不同
传输距离/m	10～100	10～100	1～100	10	1～10	依赖移动基站
电池寿命/天	100～1 000	1～8	1～4	100～1 000	200～600	/
网络节点	最多 65 535	1～7	30	100	2	/
关键特性	可靠、低功耗、成本低	价格便宜、方便	速度快、灵活性好	定位精准	低功耗、成本低廉	组网灵活、易升级、成本较高

无线传输方式与有线传输方式都有各自的优缺点，单独利用某种通信方式很难实现果园生产全过程的数据传输任务。例如，监测节点之间距离较长，超出了 ZigBee 技术可传输的距离范围；果园生产基地与监测控制中心或数据服务器间相距较远，移动基站成本较高，且需传输数据量大，加大了成本，在这种情况下仅利用无线传输方式实现数据传输并不科学。所以，将无线传输方式与有线传输方式集成是较为通用的通信方式。在无线与有线集成的过程中，网关发挥着至关重要的作用，M2M 网关是最为常用的网关模块。不同传感器采集的监测数据利用 ZigBee 无线技术进行集成并传输至边缘网关进行汇总，然后利用网关模块的串口变换连接 RS485 有线传输模块将数据包传输到服务器。若传感器节点距离较远，超出 ZigBee 的可传输距离，则首先利用 RS485 总线将传感器节点集成，然后再通过 ZigBee 进行后续的传输。照明、灌溉、风机等继电器设备则通过 RS485 总线和 ZigBee 发送控制命令，自动进行操作。摄像头等监控设备通过比较常用的流媒体技术进行控制。由服务器向应用终端的数据传输技术则相对较成熟，目前常用的终端包括 PC 及手机等移动终端，PC 终端选择应用基础良好的宽带进行数据传输，而移动终端则可选择使用 WiFi 无线技术。智慧果园中无线传输方式与有线传输方式集成原理参见图 3.1。

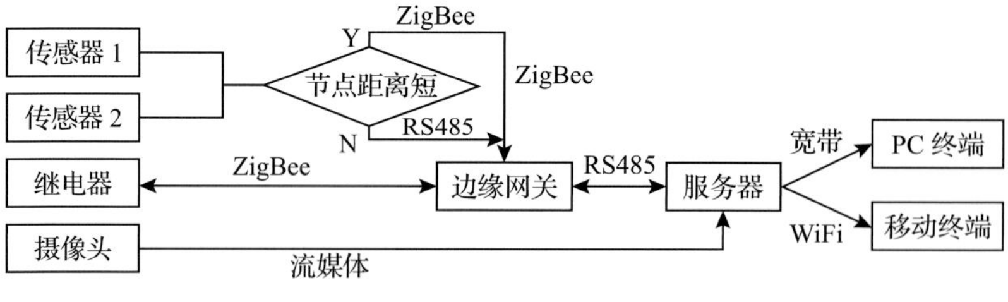

图 3.1 智慧果园数据无线传输与有线传输集成原理

3.4.4 数据管理模块

数据管理模块通过集成大数据、云计算、人工智能等技术实现多源遥感数据、无人机数据、地面传感网数据、历史数据以及其他空间数据等各种果园信息、数据、知识的统一管理、处理、存储和可视化表达,并进行数据的智能识别、智能学习、智能推理和智能决策。

数据管理模块负责协调对传感器的通信调配,接收传感器信号,解析数据内容,实现在线更新数据,并将相关数据按照要求打包进行长距离传输。

3.5 果园大数据管理

3.5.1 果园大数据存储与管理

智慧果园生产过程中,一方面获取的大数据具有海量、多源、异构、多时空尺度等特征,给数据存储带来了难题。监测使用的对地观测数据量与日俱增,数量级由 GB 发展到 TB,再到现在的 PB 数量级;涉及的数据类型多种多样,包括传感器类型的多样性、数据获取方式的多样性、时空分辨率的多样性以及地面台站的观测数据、实验模拟数据、统计数据等的多样性;监测服务内容多样性,包括监测种类繁多、时效多样性等数据表现为异构性,导致传统的存储方式存储数据效率低,不容易对数据进行统一管理。另一方面,随着数据信息的堆积,导致数据检索效率的降低。数据存储需要满足上层接口对于数据查询及处理的强扩展、高吞吐的要求,并对存储安全、数据共享都提出了更高的要求,以保证不同的服务请求,在保证权限等级的条件下实现信息资源的分享。传统的基于关系数据库检索方式存在检索速度慢、维护较为麻烦等问题。

大数据存储是将获取的多类型海量大数据源,经过一定的数据处理,以某一指定的数据格式记录于计算机内部存储设备或者外部存储介质中的过程。大数据存储主要包括 3 类技术路线:结构化数据、半结构化和非结构化数据、结构化和非结构化混合的大数据。云存储通过集群应用、网络技术或分布式文件系统等功能,可将各种不同类型的存储设备通过应用软件集合起来协同工作,将所有的存储资源整合到一起,打破了传统的扩展数量和数据存储类型限制,可以实现自动化和智能化存储管理,是大数据存储的主流技术。

海杜普(Hadoop)架构是当前最流行的大数据处理框架之一,它对大数据进行存储、处理和分析,具有扩容能力、成本低、高效率、可靠性等特征,主要针对半结构化、非结构化的数据进行处理、挖掘、计算。Hadoop 整体框架通过分布式文件存储系统(hadoop distributed file system,HDFS)和分布式并行计算框架 MapReduce 实现存储和计算。其中 HDFS 主要用于存储海量图像文件和传感数据,MapReduce 主要负责对海量传感数据的计算分析。实现映射和规约的设计是 Hadoop 整个运行过程中的关键,当有一个新的任务提交时,其会被拆分为多个映射,分给不同的节点进行执行。当映射执行任务结束时输入任务规约,规约对其进行进一步处理并输出最终的结果。此外基于 MPP 架构的新型数据库集群技术是一种主流的关系型数据库存储技术,用于关系型数据的存储,主要面向基础设施大数据。

当前主流的关系型数据库有 Oracle、MySQL、Microsoft SQL Server、Microsoft Access、

HBase等。其中,Oracle是一个多用户系统,能自动从批处理或在线环境的系统故障中恢复运行。系统提供了一个完整的软件开发工具Developer 2000,包括交互式应用程序生成器、报表打印软件、字处理软件以及集中式数据字典,用户可以利用这些工具生成自己的应用程序。Oracle以二维表的形式表示数据,并提供了结构式查询语言(structured query language,SQL),可完成数据查询、操作、定义和控制等基本数据库管理功能。Oracle旗下产品MySQL是一种关系型数据库管理系统,将数据保存在不同的表中,而不是将所有数据放在一个大仓库内,这样就提高了处理速度与灵活性。NoSQL是目前较为流行的一种非关系型数据库,其数据存储结构具有非关系型、分布式的特点,是目前比较主流的大数据管理技术。HBase是一个面向列的分布式数据库,对数据处理具有实时性,并且能根据自己的需要设计表的存储格式,适合非结构化及半结构化的数据存储。

3.5.2 果园大数据检索与查询

数据检索是数据浏览以及根据用户需求提供数据服务的基本手段,高效的检索方法是快速查询数据的保障。

通过各种平台感知产生的果园数据量巨大,且各类数据之间的关系复杂,数据库管理系统应分别开发分类检索、空间检索、组合检索等多种数据查询模块。检索到的数据可以分别进行结果的格式输出与空间浏览。

分类检索采用目录树结构,根据果园大数据的分类、数据年份等特征,用户可以快速定位与浏览目录树下的真实数据。根据数据分类体系,建立目录检索,用户通过目录检索可更直接地查询到所需要的特定内容。空间检索主要是在地图窗口模式下,通过输入行政区名称、利用行政区边界图层索引自动定位,可以分级查找并点击目的区域,系统则会自动提取数据库中与该功能区范围内相关联的全部数据,并通过列表显示。组合检索是所有数据库系统所必须提供的高级检索工具。组合检索通过数据库中各类数据之间复杂的关联关系,用户可以直接定向到自己感兴趣的目标数据,从而将极大地提高数据查询的效率。用户在各查询条件框中输入相应的字段,系统便会通过模糊查询(等于与包含约束)自动检索到满足这些条件的相应数据,分不同的数据类型以列表的方式显示,并能对各种数据类型进行统计。此外,在组合检索模块里,系统还可提供关联数据的自动检索功能,即对于有索引关系或者空间关系的数据,实现自动关联检索。比如系统可以通过用户查询得到遥感影像数据,自动为用户查询与该遥感影像数据相关联的其他不同类型的数据产品,如文本数据、属性数据和空间数据等。

查询是每个系统必不可少的功能。查询可以按照数据库逻辑结构进行单独库的查询,也可以跨库查询。查询方式包括:①按行政区划查询。通过选择或者输入省级、县级行政区的名称,系统获取该行政区的空间范围,并且定位显示该范围内的全部数据;②按年份时间查询。通过选择或者输入特定的年份时间,系统获取该年份时间内的空间范围,并且定位显示该范围内的全部数据;③按数据内容查询。通过设定数据时间、覆盖地区、数据形式等单个或多个条件,系统获取特定条件下查询出的全部数据,并且能够定位显示全部数据;④自定范围查询。通过鼠标在图形上获取特定范围或者导入特定范围文件,系统获取该范围内的所有数据,并且能够定位显示所有数据;⑤按照相交区域查询。通过输入矢量范围查询该区域内的矢量、影像等所有年度内所监测到的所有数据。

在“天空地”感知系统下,会产生大量的空间数据,例如遥感影像数据、行政边界数据、果园空间分布数据等,并且基本管理模式是属性与空间数据一体化的管理,在空间上实现数据的快速检索,因此要保留这种架构优势、实现数据的快速检索,就必须借助网络地理信息系统技术(WebGIS)技术。WebGIS 主要作用是进行空间数据发布、空间查询与检索、空间模型服务、Web 资源的组织等。它是利用 Web 技术来扩展和完善地理信息系统的一项技术,用户和服务器可以分布在不同的地点和不同的计算机平台上。实现 WebGIS 的技术简单,并且有大量的开源代码可以采用,可使用的地理信息系统软件如 ArcGIS、MapGIS、SuperMap 等都提供此功能模块。

3.5.3 果园数据语义分析

语义(semantic)是指信息包含的概念或意义,可以理解为数据所对应的现实世界中的客观事物所代表的含义,以及这些含义之间的关系,不仅要表述事物是什么,而且还需要表述事物之间的相互联系、因果关系等概念,从而提供机器可理解或是更好处理的数据描述、程序和基础设施。

语义分析整合了 Web 技术、人工智能、自然语言处理、信息抽取、数据库技术、通信理论等技术方法,旨在让计算机更好地支持处理、整合、重用结构化和非结构化信息,可以为信息的深层挖掘打好基础。它通过对各类信息进行语义处理,在获取的富有语义的结构化数据上使用各种数据挖掘算法来发现其中的潜在模式。采用语义分析技术,建设果园数据的知识本体及语义数据库,可以解决智慧果园生产过程中海量、多源、异构数据的知识表示与集成的难题。

3.6 案例1:基于众包技术的果园信息采集

“众包”被定义为科研组织基于互联网和数字媒体,跨越组织边界向社会开放,吸引公众参与科研创新的一种社会化协作模式,需要大量志愿者参与并收集数据。在许多研究中,收集足够的数据开发训练经验模型的经济成本非常高,而利用公众志愿者参与项目的数据收集工作是在节省项目人力、物力资源的情况下,增加了采样工作的范围和频率,较为适用。随着现代技术设备、互联网的发展和社交媒体的普及,利用众包技术对果园信息采集已经成为可能。“公民科学”则是在“众包”技术的支撑下,让非专业的普通公民在专业科学家指导下进行参与,在项目开发、数据收集或分析中发挥作用。众包最早出现于互联网领域,近年来在农业领域逐渐得到应用,包括聚焦于农业土地系统信息的、用于生物多样性信息收集的 Biotracks 等。通过众包,可以低成本、大范围采集果园信息,从而支持果园精准管理。本节介绍了众包技术的发展过程,基于众包技术的果园信息采集、众包式信息采集的意义，以及众包技术在果园信息采集中面临的问题和挑战。

3.6.1　众包技术的发展

2006年，Jeff Howe在*Wired*杂志上首次提出并定义“众包”的概念。如今，互联网技术的普及促进“众包”从一种科学研究的非正式的边缘化组织形式逐渐成为主流科研活动中的正式参与行为。英国剑桥大学的Gowers通过“众包”的方式成功证明了一个数学定理，并以集体署名的形式发表在期刊上。在一些科学研究方向中，利用众包技术能大大加快项目开展速度。

在农业背景下，众包技术已经在长期监测计划、作物病虫害管理（https://plantvillage.psu.edu/）、农业实践和土地管理等领域取得较大进展。虽然我国在农业上的“众包”实践多集中在对收集数据利用的实验阶段，但随着互联网和信息技术的高速发展、科研成果向实际应用的不断转移、高等教育普及度和公民科学素养的不断提升，都为我国众包技术的发展和农业领域的实践提供了良好的条件。

众包项目在农业领域的推广宣传不仅依赖于政府机构和科研机构的支持，它的顺利实施还依赖于信息收集工具和技术的跟进。具有实用性、易用性和易获取性的智能手机内置传感器在我国传统农业向现代化农业转型的过程中提供了无限可能。具有内置传感器的智能手机相当于一个移动的传感器，能够实现对观测结果的实时验证和传输的功能。现在，手机在农民中的普及率越来越高，智能手机在农业现代化生产中发挥作用的同时，也越来越多地应用到众包项目中。目前智能手机上搭载的摄像头、麦克风、记录软件、地理信息和全球定位系统等已经能在农业管理中创建各种应用实践，如疾病检测诊断、病虫害防治、环境监测等特定农业活动和高效灌溉调度应用程序等。

3.6.2　基于众包技术的果园信息采集

eFarm应用程序可以作为一个统一的传感工具观察来自田间的及时信息，如作物覆盖情况、作物生长状况等。它能够提供丰富和管理良好的地面事实。这些地面真实信息能用于验证基于图像的土地覆盖制图结果，也有助于提升传统农业遥感的数据融合、传输、计算和解释能力。

在eFarm应用程序框架的基础上，基于众包技术的果园信息采集系统可以被设计为以智能手机上的数据采集App为代表的人地一体化数据传输系统，可以将农业和地理相结合，并允许志愿者提供实时、有地理位置的果园果树信息，以整合到从高分辨率遥感图像中获得的底图中。果园的管理比农户在土地上的行为更有组织和规范，因此在eFarm应用程序收集的带有地理信息的地块数据和农户信息基础上，果园信息采集系统还会收集果农活动、果园果树和果实的生长状况等信息。

3.6.2.1　果园信息采集系统框架

果园信息采集系统的框架由三部分构成：收集果园信息的移动传感器（安装在智能手

机 App 中);用于存储、传输数据的数据中心;用于分析数据的分析工具。主要功能包括信息可视化(底图和对象属性)、信息采集(果树和果农)、数据存储和分析。eFarm 系统的概况参见图 3.2。

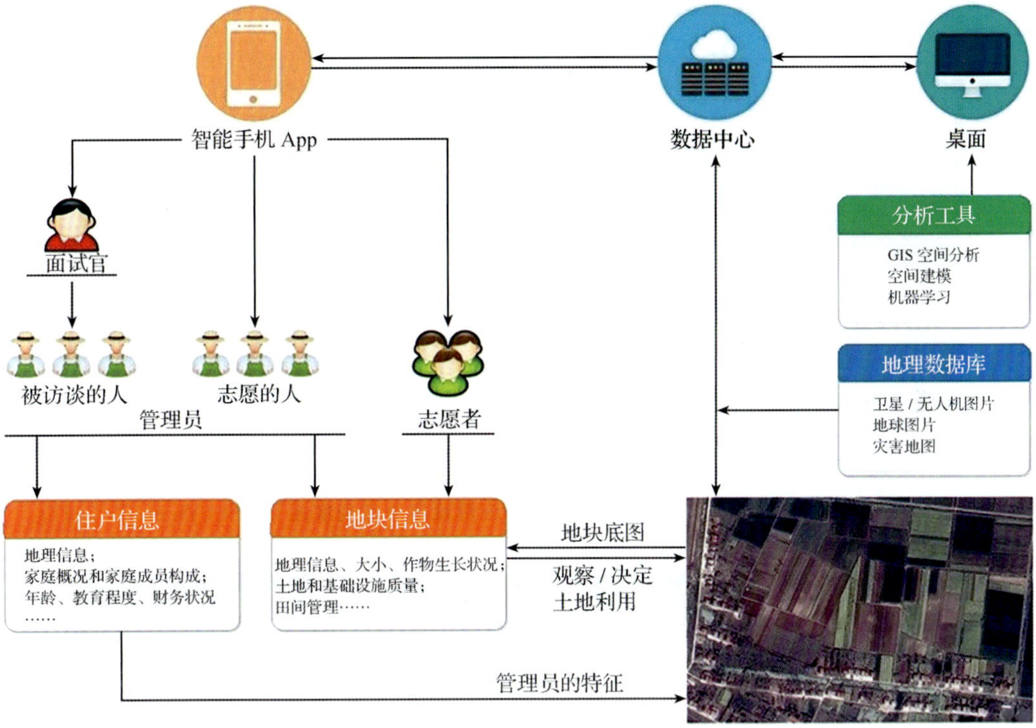

图 3.2　eFarm 系统的概况(Yu et al.,2017)

(图示底图来自中国中部潜江市农业区;橙色标签部分表示的是智能手机 App 的工作原理;蓝色标签部分表现数据在不同平台之间的交换过程;绿色标记部分显示了分析综合农业土地系统信息的方法)

3.6.2.2　信息采集过程

基于众包技术的果园信息采集系统的采集过程为:果农自愿报告果园内的果树生长情况并提供详细的位置信息、实时照片和描述;在有其他数据信息支持和专家知识交互的桌面系统上诊断地面报告后,诊断结果将通过信息推送渠道使农民立即获得相关建议(如喷洒农药、施肥量等)。这种信息推送机制也适用于田间灾害预警和作物产量预测。

3.6.2.3　图层管理

在观察果园的综合信息时,需要将高分辨率的、清晰可见的和有地理参考的图像作为底图并可视化到界面端。这些底图通常是在应用程序编程接口(application programming interface,API)使用的外部底图和图像。当这类影像不足时,还能及时从农业遥感系统中使用合适的无人机影像来替代。底图可视化能方便用户通过互联网查看、自由切换、显示和放大/缩小这些处理好的底图。eFarm 应用程序中对地块的管理参见图 3.3 和图 3.4。

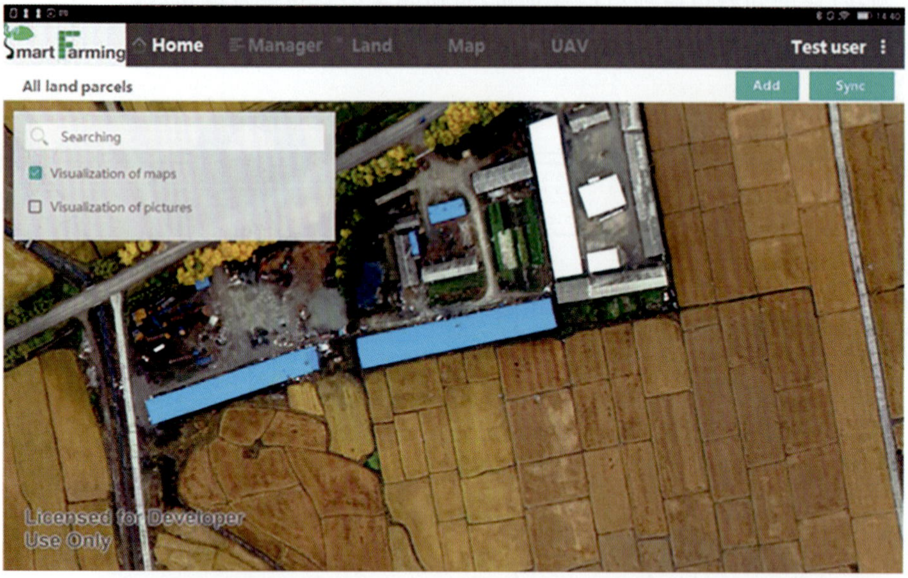

图 3.3　根据实时获取的无人机图像，在 eFarm 应用程序中实现底图可视化（Yu et al.，2017）

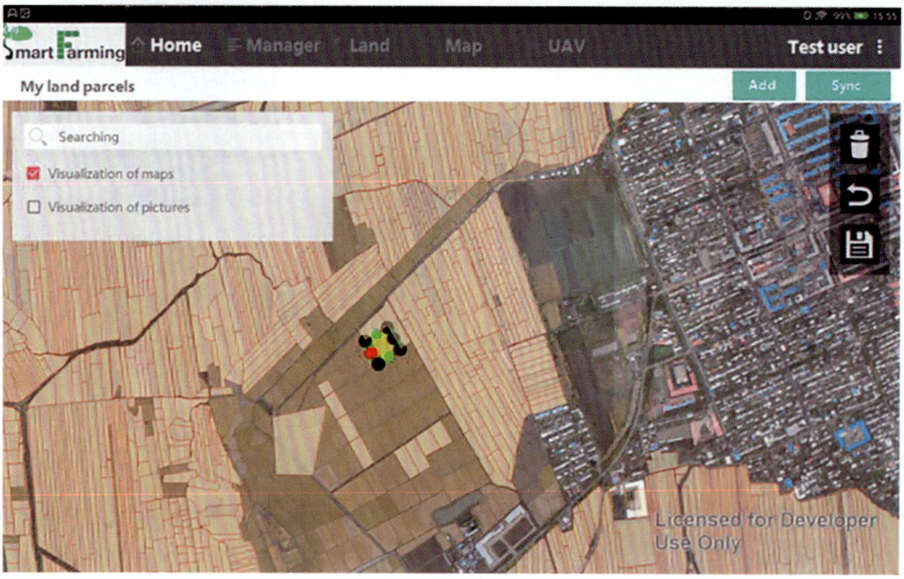

图 3.4　手动绘制创建地块多边形（Yu et al.，2017）

3.6.2.4　用户管理

利用众包技术的果园信息采集系统的用户通常是信息采集者（果农和志愿者）和管理员。eFarm 应用程序的用户类型参见图 3.2。每个用户在注册时即获得一个唯一 ID，该 ID 将用于建立果农和管理员、志愿者之间的联系。

(1)果农　是果园信息采集系统的重要使用者。果农扮演移动传感器的角色,这类用户能根据自身需求或管理员的要求采集果园间果树和果实的信息。果农也是最终决策的实施者,他们对果园的使用活动能直接影响所管理果园的产量和质量。管理员要组织果农用户,并且与果农用户保持长期的信息反馈。因此果园采集系统中还需存储每个果农用户的属性特征,如姓名、年龄、职业等。

(2)管理员　每位管理员可以管理多位果农用户,每位果农用户可以管理多片果园。由于受教育程度和激励的欠缺可能无法让果农用户自愿使用果园信息采集系统并主动报告果园活动,因此管理员的跟进是很重要的。

(3)志愿者　是主动在程序中上传他们观察到果园信息的用户。志愿者用户的存在相当于扩大了移动传感器的数量,进一步扩大众包的覆盖范围。

3.6.2.5　轨迹管理

轨迹管理能记录果农在果园中的采集路线,也能在确定信息采集位置后帮助果农规划采集路线并导航。轨迹可视化能避免漏采或者重复采集。一般来说,轨迹管理支持对轨迹的修改、删除和分享操作。

3.6.2.6　数据采集

数据采集功能是果园信息采集的核心,通常有两种方式:一种是由用户基于自己的知识填写相关表单,一种是利用人工智能自动识别采集信息。由于众包项目是通过不具有专家知识的志愿者用户采集数据,且采集系统能够自动获取拍摄照片时的地理位置,因此利用手机拍照的方式去自动识别收集的果园信息是较好的选择。

3.6.3　众包式信息采集的意义

3.6.3.1　弥补传统调查统计数据的不足

传统的调查方法在一些科研项目中的作用是有限的。传统的入户调查要求被调查者回忆过去的事件,当回忆周期较长时,数据的不可靠性较高。也有许多研究试图通过调查和统计数据来了解土地,然而人与土地之间的联系通常很弱。例如,社会调查能够获取人类的土地利用活动,很少有社会调查关注土地的位置和土地利用活动的空间分配。此外,统计数据只能代表行政层面上的土地利用及其相关人类活动的总和。这就导致研究人员难以合理解释土地管理者所做的决定如何改变土地的状况,以及土地管理者如何决定土地上的变化。因此,单靠调查统计数据并不能很好地解释与农业农村有关的科学问题。

3.6.3.2　弥补遥感、物联网获取信息的不足

遥感技术、物联网技术等在农业中发挥着重要作用。遥感技术已有效地感知农业土地系统的生物物理特征,涵盖了从土地覆盖(即农田分布)到作物参数(如作物物候、生物

量和产量)的广泛观测以及土壤水分和干旱的估算。由于卫星图像可能无法提供具有适当分辨率、准确的地理定位和专门的生物参数的充分信息,传感器物联网设备的布设价格昂贵,往往难以满足在广泛地理空间内进行长期数据精准采集的需求,并且传统的由专家团队完成的农业数据收集工作往往受经费和人员的限制,因此很难实现大范围的长期数据收集,众包数据则是对以上信息的补充。大部分的众包项目实际上是长期的监测项目,能对广阔区域的众多物种进行监测,提供长时间序列的监测数据,因此一个众包项目收集到的数据往往可以用于多个研究中。

3.6.4 众包技术在果园信息采集中面临的问题和挑战

3.6.4.1 保持志愿者的参与积极性

众包项目的核心是让非专业的志愿者参与项目,所以保持果园信息采集众包志愿者的参与积极性是维持项目运行的关键。对于短期项目,可以通过一些激励手段和宣传方式在项目开展时保持众包志愿者的积极参与度。然而,果园信息采集是一个长期的监测行为。一方面,项目方可以通过频繁的互动和反馈交流来保持长期"众包"项目志愿者活跃度;另一方面,志愿者本人对项目结果有兴趣或与项目利益相关也是积极参与长期众包项目的原因。此外,果园信息采集的众包项目在实施的过程中也不能完全依赖普通的公众志愿者来收集数据,果农是果园众包项目的主要用户。与此同时,非专业志愿者在积极参与众包项目中学到知识,也帮助推广宣传项目,吸引更多公民广泛参与。由于意见主导者可以在群体中推广科学项目,众包项目组还可以在果园信息采集中通过赋权给果园管理者和农民意见主导者的方式来提高信息收集的积极性。

3.6.4.2 提高众包数据质量

高质量的数据能大大提高使用分析效率,因此众包数据是否可用主要取决于志愿者上传的数据质量。在信息采集的过程中,由于农民和非专家志愿者的年龄、教育程度、参与任务经验、受培训时长等的不同,他们存在的观察误差和采样偏差影响了信息的质量和真实性。而当非专家志愿者受到充分培训或者在专家陪同下,采集到的众包数据质量将得到明显提高。另外,针对果园的信息采集工作,可以采取更可靠、客观的方法来评价众包数据质量:将众包信息与农业遥感结果进行交叉核对,如果众包信息与遥感信息不一致,众包信息的可靠性就会很低。因此针对基于众包技术的果园信息收集,应该关注是否需要对果园中的众包志愿者进行培训、用什么方式进行培训和当某些属性或特征难以区分和衡量时,人工经验和辅以采集辨认信息的技术设备是否可靠等问题。

3.6.4.3 选择合适的众包数据分析工具

针对基于众包技术收集到的大量信息数据,如何识别、纠正非专家志愿者上传的数据偏差以及选用何种方法模型来分析、利用海量众包数据是很重要的。由于众包数据的信息来自非专家志愿者的主动上传，收集数据的内容、地理位置和采样时间受志愿者群体特征的影响，大数据集能减少样本误差的影响，提高结果精度。此外，数据集中还可能存在统计假象的现象。数据质量问题是在各个研究领域中广泛存在的问题，实现数据集和分析技术的最佳匹配也是学术界中的热门研究领域，对同一数据集的不同分析方法会产生不同的结果。

3.6.4.4 保障众包数据的安全性

众包是一种很有前景的方法，能以相对低的成本大规模分享知识和观察世界，但它也面临安全问题和隐私问题。在当今现代化工业化的农业时代，人们越来越担心如何才能更公平地利用大数据，并对农业中的大数据伦理进行探讨。最好的解决方案可能是在对数据提供者进行分析的基础上共享信息，同时对开源数据保持匿名，防止对数据的有害利用。如果一个众包科学项目涉及敏感位置或者敏感内容，为了确保敏感数据的安全，可以分别建立内部数据库和公共数据库。为防止敏感数据的误传，众包项目中对敏感数据的自动识别和屏蔽保护也是很有必要的。

3.7 案例 2：基于高维特征融合的果树精准感知

果树是果园的基础单元，果树信息是果园管理的重要参考数据。传统的人工采集果树位置信息的方式存在效率低、费时费力等缺点，如何提高果园管理的效率、降低人工作业成本已经成为急需解决的问题。

无人机遥感技术可以搭载多种传感器，从多角度获得感兴趣区的遥感信息，具有轻小灵动、操作简便、实时性强和分辨率高等特点，被广泛应用于智慧农业发展过程中。尤其是利用无人机低空遥感技术及传感技术代替传统采集果树信息的方式，高效获取并更新果树信息，为果树精准识别提供了崭新的技术手段和数据基础，也推进了果园数字化管理进程。无人机从空中俯拍果树，最先获得的是果树的冠层信息，树冠代表了图像上果树的主要信息。因此，可通过识别树冠继而定位果树的位置。

深度学习算法在计算机视觉领域取得了重大突破，在农业智慧化发展进程中，深度学习算法起到了至关重要的作用，该算法具有更强的特征提取能力，可以从复杂的图像中提取语义信息。通过模型训练获取果树位置是实现果园数字化管理的关键技术。在目标识别方面，相比于传统方法，以卷积神经网络（CNN）为代表的深度学习算法提高了识别准确性和识别效率。一些研究使用不同的卷积神经网络架构进行果树识别任务。

实际上，无人机影像拍摄过程发生抖动会造成图像质量差，光照强度和拍摄角度会产生果树阴影，还有果树的树冠颜色与其他作物具有相近的光谱和颜色特征，这三种因素均会影响果树识别的准确性。因此，如何充分利用果树的光谱与空间特征提高在复杂果园环境中果树的识别精度是当前研究中的热点。通过引入机器视觉领域最先进的 YOLOv5＋CFT 算法，在同一个深度学习框架下融合果树的光谱特征与空间特征，降低天气状况（光照、阴影)、杂草、相机成像质量等不利因素所造成的干扰,以提高果树识别精度。

3.7.1 技术路线

基于高维特征融合的果树精准感知主要技术路线共包括三部分内容:①无人机图像的采集和预处理;②生成 CHM 图像,并对 DOM 和 CHM 图像进行图像裁剪和训练样本标注;③基于跨模态融合 Transformer 算法融合果树的高维特征,利用 YOLOv5 双流主干网络检测果树。具体技术路线如图 3.5 所示。

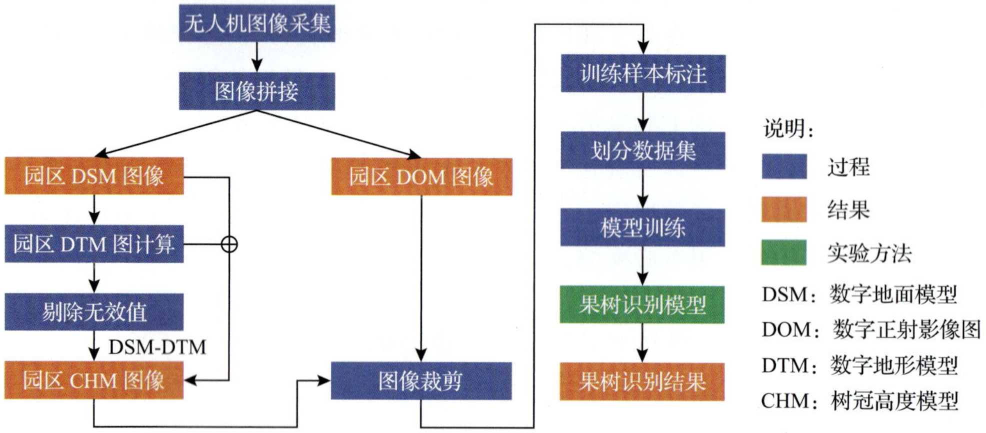

图 3.5 技术路线图

3.7.2 数据准备

3.7.2.1 图像获取与预处理

柑橘树图像来自四川省眉山市仁寿县某种植区,图像数据是由大疆创新科技有限公司生产的 DJI 精灵 Phantom 4 RTK 进行低空摄影测量获取的,航高设置为 80 m。共获得 965 张无人机图像,统一保存为 JPG 格式。该数据类型为无人机 RGB 数据,图像尺寸为 5 472 像素×3 648 像素。基于 Pix4Dmapper 软件,采用数字摄影测量技术中的航摄立体成像技术对拼接无人机影像并生成数字正射影像图(DOM)、数字表面模型(DSM)和数字地形模型(DTM)。DOM 中可以获得果树的真实颜色,即光谱特征;为了更突显果树的高程特征,利用 MATLAB 编程语言分别剔除 DSM 和 DTM 的无效值,并将两图像作差得到冠层高度模型(CHM)。图 3.6 为图像预处理后的结果。

DOM 和 CHM 原始数据集图像尺寸为 27 470 像素×31 700 像素,如图 3.7 所示,在输入模型之前,利用 Python 编程语言将原始数据集裁剪为 2 048 像素×2 048 像素的图像。为了便于统计果树数量,避免小尺寸图像边缘的果树被裁剪截断,相邻图像之间设置重叠区域,占小图像尺寸的 20%。经裁剪处理,共得到 255 张果树图像。

图 3.6　预处理后的图像

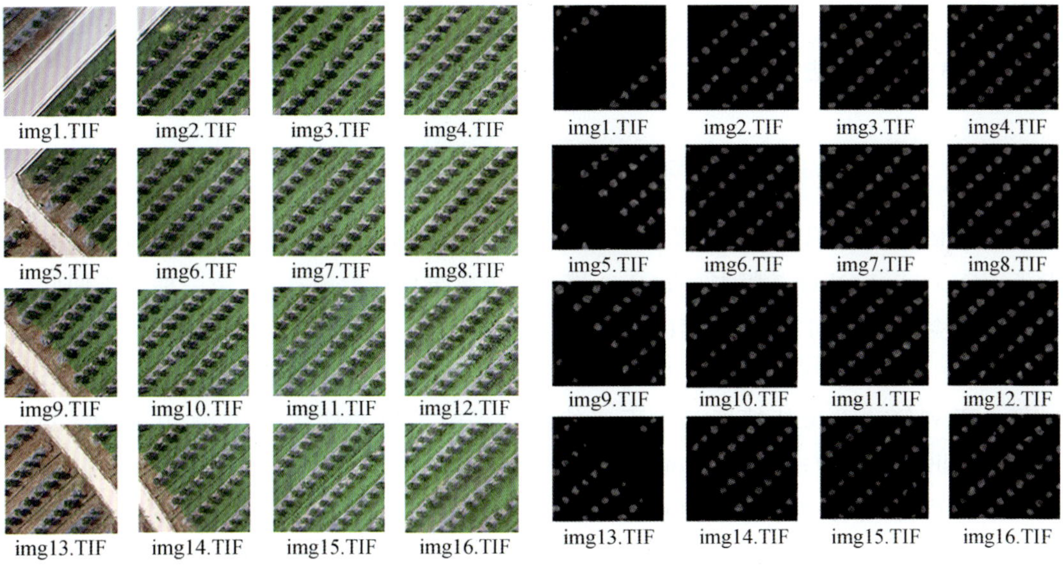

图 3.7　图像裁剪示例

3.7.2.2　数据集制作

利用 LabelImg 软件分别将 DOM 和 CHM 中的目标果树所在位置标注矩形框，类别设置为 orange tree，并在 PascalVOC 存储格式下标注信息，得到 xml 格式的标签文件，内容包括目标类别及矩形框左上角和右下角的像素坐标值。图 3.8 为制作样本标签的界面。

图 3.8　制作样本标签的界面

3.7.3　主要方法

3.7.3.1　YOLOv5 双流主干网络

Redmon 等于 2015 年首次提出 YOLO(you only look once,YOLO)模型,并陆续开发了 YOLOv2、YOLOv3 版本。YOLO 模型属于单级目标检测算法,是一种基于回归分析的目标检测模型,可直接获取目标的类别和位置信息。随着 YOLO 系列的不断进化发展,2020 年出现了 YOLOv4 和 YOLOv5 算法。相比于 R-CNN 系列目标检测算法,YOLO 系列算法在保持精度基本不变的同时提高了模型检测速度,尤其是由 Glenn Jocher 提出的 YOLOv5 算法,相比于同类算法,有着较高的检测速度和检测精度。YOLOv5 网络可分为四种网络模型,分别为 YOLOv5s、YOLOv5m、YOLOv5l 和 YOLOv5x 模型,它们的网络的宽度和深度逐渐增加。其中,YOLOv5s 的网络宽度和高度最小,更适合在实际场景中部署。YOLOv5x 的参数最多,尺寸最大,训练过程比较久。本文方法是在 YOLOv5s 模型上进行改进的。

原始的 YOLOv5 算法只能读取三通道的图像,本文方法将 YOLOv5 特征提取网络设计为双流主干用于同时读取 DOM 图像的光谱特征和 CHM 图像的空间特征,然后结合 CFT 模块构成跨模态融合主干网络以促进图像内和图像间的特征融合和信息交互。如图 3.9 所示,本文方法中的 YOLOv5 模型架构由输入层(input layer)、双流主干网络(two streams backbone)、颈部(neck)、预测层(prediction)四部分组成。

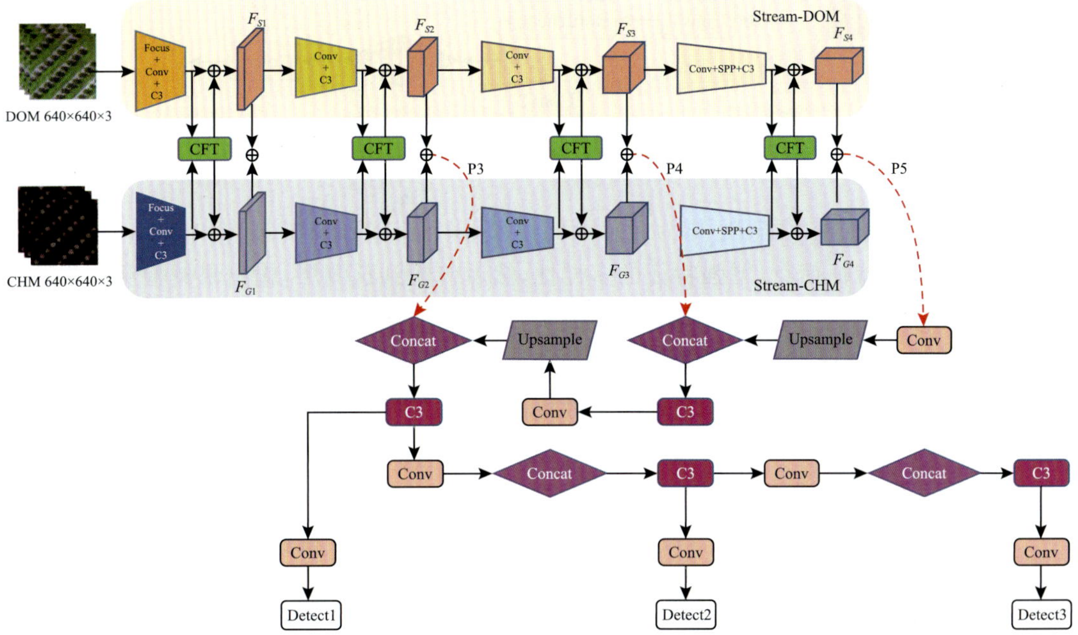

图 3.9　YOLOv5 双流主干网络

(1)输入层　YOLOv5 应用了与 YOLOv4 相同的 Mosaic 数据增强方式,并在代码中新增了自适应锚框计算功能,可以在模型训练时自动计算不同训练集中目标的最佳锚框值,根据计算锚框的效果选择是否使用此功能。在本文中,将原始数据集的尺寸统一缩放到 640 像素×640 像素大小,输入网络模型中,从而提高模型检测效率。

(2)双流主干网络　分别在 Stream-DOM 和 Stream-CHM 双流主干上同时提取图像中果树的特征。YOLOv5 算法相比于 YOLOv4 算法增加了 Focus 模块,主要作用是对输入图像进入主干网络之前进行切片操作,如图 3.10 所示,640 像素×640 像素×3 通道的图像经过切片后将得到 320 像素×320 像素×12 通道的特征图,图像由原来的 3 通道扩充为 12 通道,且图像信息没有丢失。为了模型结构更精简,减少计算量,使用 C3 模块替换 BottleneckCSP 模块,图 3.11 中 C3 模块结构只有 3 个 Conv 模块,可以减少参数。Conv 模块中包括卷积、批量归一化(BN)和激活函数操作,使用 SiLU 函数作为 YOLOv5 模型的激活函数。该函数等同于当 $\beta=1$ 时的 Swish 激活函数,具有无上界有下界、平滑、非单调的特性。在空间金字塔池化 SPP 中常采用最大池化进行多尺度特征融合。

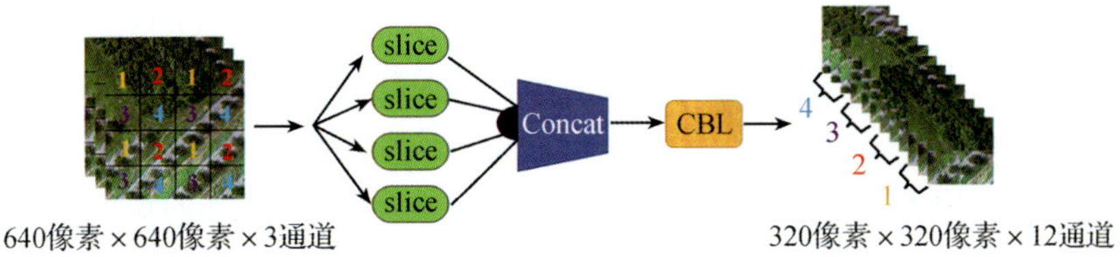

图 3.10　Focus 模块切片操作

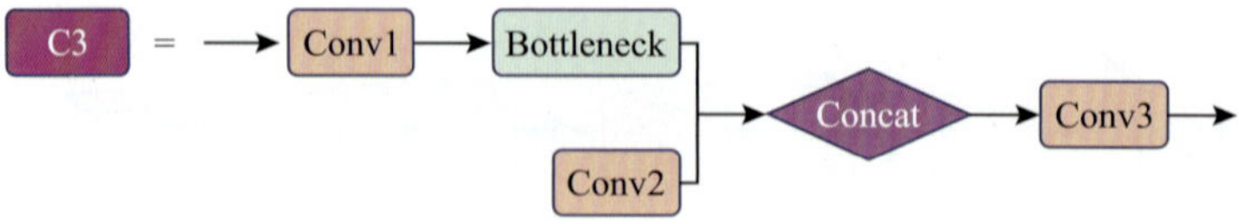

图 3.11　C3 模块结构

(3)颈部　特征金字塔 P_i 作为此部分的输入，采用 FPN-PAN 结构和 PANet 融合不同尺寸特征图的特征信息，增强特征的多样性，然后传输到预测层，输出果树检测结果。

(4)预测层　YOLOv5 使用 CIoU 损失函数，同时考虑了目标框的重叠面积、中心点距离和长宽比，且具有较快的收敛速度。在后处理阶段使用加权非极大值抑制方式筛选目标框，根据光谱特征和空间特征预测图像特征，获得果树的目标框。

3.7.3.2　跨模态融合 Transformer 算法

在双流主干网络的合适位置嵌入跨模态融合 Transformer 模块，将经过 CFT 模块融合之后的特征图分别输入各自的主干网络进行卷积操作，得到融合后的特征金字塔 P_i。图 3.12 为用于高维特征融合的 CFT 模块结构图。

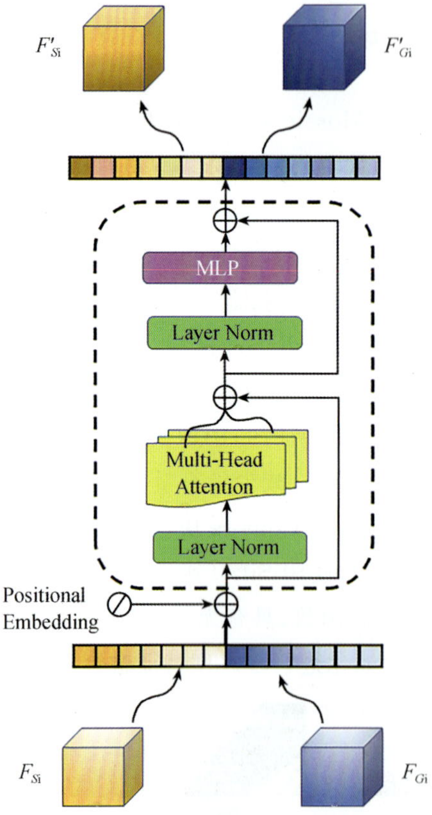

图 3.12　CFT 模块结构图

DOM 和 CHM 图像通过卷积得到的特征图分别表示为 $F_S=\boldsymbol{R}^{C\times H\times W}$ 和 $F_G=\boldsymbol{R}^{C\times H\times W}$，分别在 YOLOv5 双流主干网络中 C3 模块提取特征后的三处位置嵌入 CFT 融合模块，位置嵌入的方式可以使训练中的模型区分不同特征之间的信息。输入 Transformer 的样本序列特征，表示为 $X\in R^{I\times D}$，其中 I 为输入样本个数(序列长度)，D 是单个样本维度。使用线性投影得到自注意力机制中三个重要因素 Query、Key 和 Value(简称 Q、K 和 V)。考虑计算机的算力，采用全局平均池化法采集合适的分辨率的特征图，并输入到 Transformer 中，通过双线性插值将有关数据分别传输到 YOLOv5 双流主干中。利用 Transformer 中的自注意力机制以学习 DOM 和 CHM 图像之间潜在的关联信息，即对输入的特征图位置进行相关矩阵加权计算，实现图像内与图像间的高维特征融合，相关矩阵的说明见图 3.13。

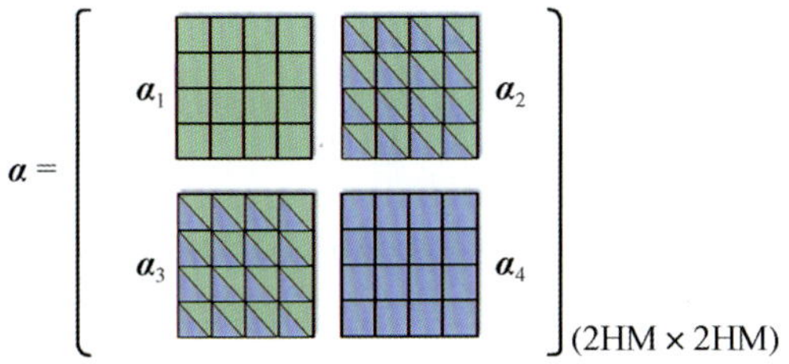

图 3.13 相关矩阵的说明

$\boldsymbol{\alpha}_1$、$\boldsymbol{\alpha}_2$、$\boldsymbol{\alpha}_3$ 和 $\boldsymbol{\alpha}_4$ 代表图像矩阵，每个矩阵的行和列均为 H 和 W。$\boldsymbol{\alpha}_1$ 表示 DOM 图像内特征矩阵，$\boldsymbol{\alpha}_2$ 和 $\boldsymbol{\alpha}_3$ 表示 DOM 和 CHM 图像间的特征矩阵，$\boldsymbol{\alpha}_4$ 表示 CHM 图像内特征矩阵。

3.7.3.3 模型训练

利用 YOLOv5s 模型作为预训练权重对模型进行初始化，本案例的初始学习率设置为 0.01，输入图像的宽和高要求必须为 32 的倍数，这里将 img-size 设置为 640，训练批次大小(batch size)设置为 8，权值衰减系数(weight_decay)为 0.0005，为使模型对数据具有一定的先验知识，模型收敛效果更佳，在模型训练开始时对前 3 个 epoch 进行 Warm up，先使用较小的学习率进行训练，之后再使用预先设置的学习率完成训练。动量(momentum)值为 0.937，关于训练轮次的确定，并不是次数越多模型效果越好，过多的训练次数会出现过拟合现象，不足的训练次数会出现欠拟合现象，因此通过多次实验确定本模型训练轮次，设置为 400 轮最佳，并保存最佳的训练权重文件。利用 TensorBoard 工具实时监测模型训练过程并显示各项性能指标。

损失曲线及训练过程中验证集的各项性能指标见图 3.14。由损失曲线可知在训练轮次为 200 轮左右，验证损失曲线趋于平稳且不再降低，说明模型在此时已经达到拟合，综合训练过程中验证集的精确率 P、召回率 R 和 AP(IOU 阈值设定为 0.5)值，得到最佳的模型训练权重，此时 $P=96.0\%$，$R=97.4\%$，$AP=99.1\%$。

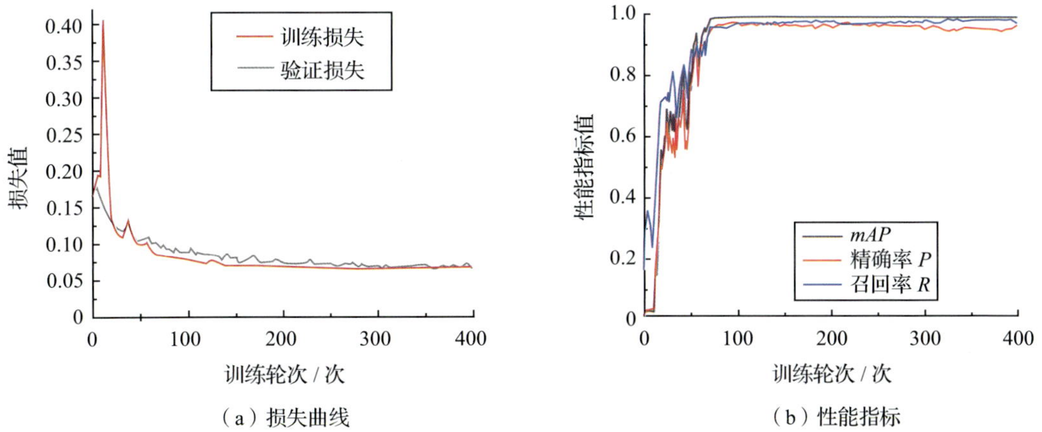

图 3.14 损失曲线及训练过程中验证集的各项性能指标

将255张图像数据按照6∶2∶2的比例划分为训练集、验证集和测试集，详细情况见表3.2。为了验证本文方法的有效性，并实现果树准确识别，基于三种实验思路，设计了六组实验，如表3.3所示。实验一是利用原始YOLOv5算法检测只有光谱特征的DOM图像中的果树；实验二是利用原始YOLOv5算法检测空间特征显著的CHM图像；实验三是基于本文方法，融合DOM图像和CHM两种图像的光谱特征和空间特征并检测图像中的果树。

在训练集、验证集和测试集中分别随机选取10%的图像，并在每张图像中随机选取15%的果树数量，使用PhotoShop软件去掉DOM图像和CHM图像中的目标果树，得到光谱信息和空间信息受损的果树图像。再利用前三组实验的思路进行实验四、实验五和实验六，识别信息受损图像中的果树。

表3.2 数据集划分情况

项目	图像/张	果树/棵
训练集	153	4 450
验证集	51	1 342
测试集	51	1 329

表3.3 实验设计表

实验序号	实验方法	数据类型	特征信息
实验一	YOLOv5	DOM	光谱特征
实验二	YOLOv5	CHM	空间特征
实验三	YOLOv5+CFT	DOM+CHM	融合光谱和空间特征
实验四	YOLOv5	DOM	光谱信息受损
实验五	YOLOv5	DOM	空间信息受损
实验六	YOLOv5+CFT	DOM+CHM	光谱信息/空间信息受损

3.7.4 光谱信息完整的果树感知

利用训练得到的最佳权重，在测试集上进行测试，三种实验方法在测试集下的*P-R*曲线和*F*1变化曲线如图3.15所示，可以直观地看出本文方法具有较好的性能。三种实验方法的精确率*P*、召回率*R*、*F*1值、*AP*值以及果树的检测数量如表3.4所示。在检测精度方面，本案例实验方法的精确率*P*为98.7%，召回率*R*为97.0%，*F*1值为97.8%，IOU阈值为0.5，*AP*值为99.4%，四种模型评价指标均高于其他两种对比实验。实验方法与YOLOv5算法识别DOM图像中的果树实验相比，精确率提高了9.4%，召回率提高了1%，*F*1值提高了5.3%，*AP*值提高了2.8%。本文实验方法与YOLOv5算法识别CHM图像中的果树实验相比，精确率提高了4.2%，召回率提高了2.5%，*F*1值提高了

3.3%，AP 值提高了 1.7%。总体而言，采用本文实验方法融合高维特征对果树的检测性能优于原始 YOLOv5 在单一特征图像中对果树的检测性能。

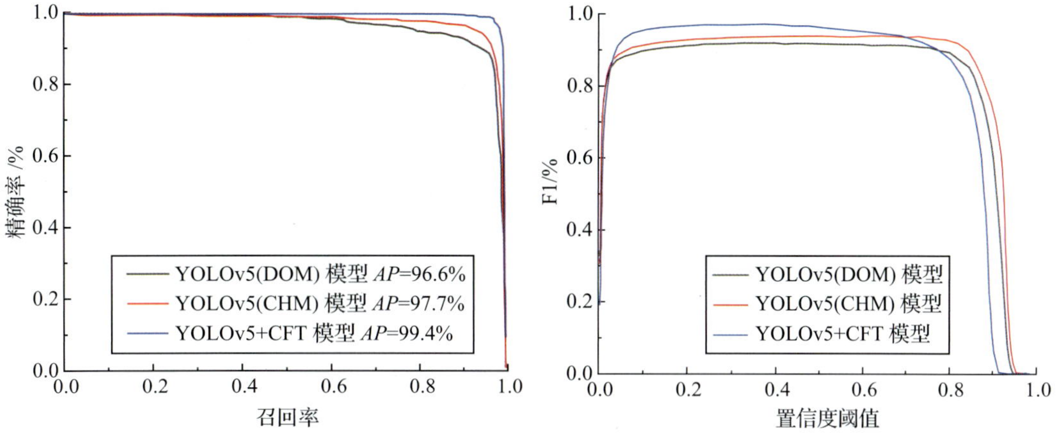

图 3.15　测试集下 P-R 曲线和 F1 曲线

表 3.4　实验一、实验二、实验三在测试集上的果树识别结果

实验序号	检测算法	数据类型	P/%	R/%	$F1$/%	AP/%
实验一	YOLOv5	DOM	89.3	96.0	92.5	96.6
实验二	YOLOv5	CHM	94.5	94.5	94.5	97.7
实验三	YOLOv5＋CFT	DOM＋CHM	98.7	97.0	97.8	99.4

DOM 图像中果树识别结果如图 3.16 所示，在 DOM 图像中主要存在光谱信息，其他作物（如杂草）与果树冠层的颜色特征相近，对准确识别果树造成了干扰，场景一图像结果中 YOLOv5 模型将果树附近的杂草误识别为果树，场景二和场景三图像中存在树冠与杂草混淆的现象，YOLOv5 模型不能正常识别出被杂草干扰的果树。针对这三种果树图像，YOLOv5 模型只凭果树的光谱信息存在误识别和漏识别现象，而本文方法借助 CHM 图像中的高程信息可以准确识别出 DOM 图像中的果树。

如图 3.17 所示，场景一图像中果树种植临近长有杂草的土坡，由于高程特征明显的 CHM 图像中呈现出了土坡上杂草的分布，YOLOv5 模型识别此场景下的果树时存在漏检现象。场景二图像中其他作物的高度与果树相近，且分布在果树相邻位置，相邻的冠层产生了连枝，YOLOv5 算法并没有准确识别出冠层连枝的果树。场景三图像处于影像的边缘，图像质量比较差，YOLOv5 模型只依据果树的高程特征并不能完全识别果树。针对以上三组图像问题，本文方法融合果树的高程特征和光谱特征可以准确识别 CHM 图像中的果树。

综上可知，本文方法能够较好地应用于复杂环境下的果树检测，且性能优于原始的 YOLOv5 模型，尤其在有杂草干扰和成像质量不好的图像中检测果树，本文方法效果明显，具有一定的优势。

图 3.16　DOM 图像中果树识别结果

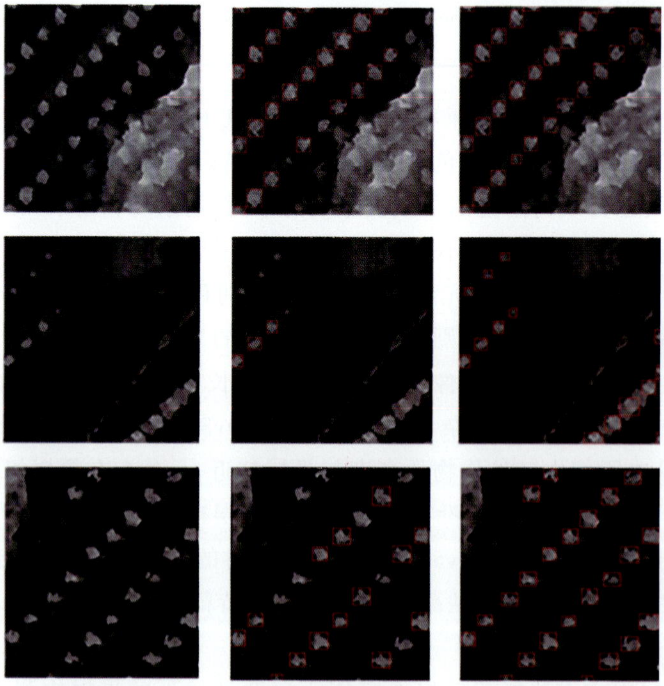

图 3.17　CHM 图像中果树识别结果

3.7.5 光谱信息受损的果树感知

为了更突出该方法融合策略的有效性，分别去除 DOM 和 CHM 图像上的若干棵果树，得到光谱信息和空间信息受损的果树图像。如表 3.5 所示，在信息受损图像中识别果树得到的各项精度指标与实验一、二、三的指标值相近。

表 3.5 实验四、五、六在测试集上的果树识别结果

实验	检测算法	数据类型	$P/\%$	$R/\%$	$F1/\%$	$AP/\%$
实验四	YOLOv5	DOM(PS)	92.9	92.0	92.4	96.2
实验五	YOLOv5	CHM(PS)	96.9	94.7	95.8	98.6
实验六	YOLOv5+CFT	DOM(PS)+CHM(PS)	98.0	97.6	97.8	99.3

基于本文方法和原始的 YOLOv5 算法分别检测信息受损图像中的果树。实验结果如图 3.18 所示。当果树的光谱信息受损时，基于 YOLOv5 算法不能识别出光谱信息受损的果树，而基于本文方法，依据空间信息可以准确识别受损的果树位置；反之，当果树的空间信息受损时，基于 YOLOv5 算法不能识别出空间信息受损的果树，而基于本文方法，依据图像的光谱信息可以准确地识别出受损果树的位置。以上实验体现出本文方法融合策略的有效性。

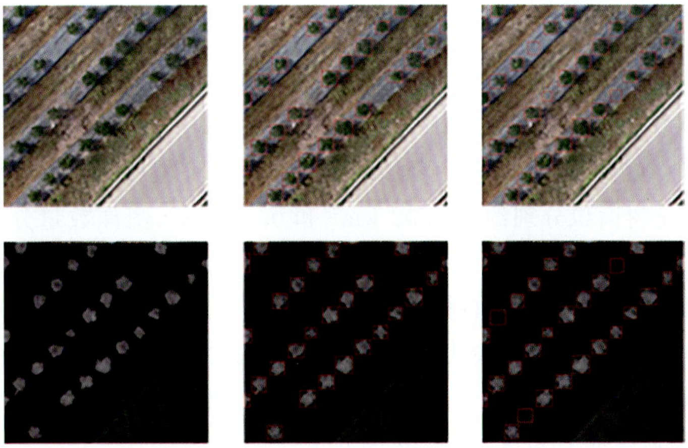

实验图像　　YOLOv5　　YOLOv5+CFT

图 3.18 验证性实验结果图

3.8 案例 3：基于低空遥感的果树冠层信息提取方法研究

目前果园管理普遍存在对劳动力的依赖程度较高、人工成本较大、效率较低、缺乏科技支撑等问题，果园精准化管理水平普遍较低。果树冠层信息的准确提取对于果园的精准管理至关重要。果树冠层信息能够在很大程度上反映果树的生长状况,在了解果树的生长状况后,果园管理者才能根据实际情况做出相应决策,科学合理地种植果树,包括果树修剪、水肥灌溉和病害诊断等,对于精准果园的发展具有重大意义。

由于无人机机动灵活、分辨率高、成本低廉的特点,近年来已被广泛应用于农业生产和监测过程中,已成为获取作物生长信息的有效手段。近年来,深度学习技术的快速发展,使得越来越多的学者利用其完成图像分类与识别、目标检测以及图像分割等多种计算机视觉领域任务,并且取得了非常不错的进展。在图像分割方面,基于深度学习技术的图像分割方法主要有语义分割和实例分割两种。语义分割是为图像中的每个像素分配一个预先定义好的表示其语义知识的类别标签,而实例分割相比语义分割还需区别同类别物体的不同实例。鉴于实例分割的这种特性,结合该研究任务的需要,文章选用实例分割方法来对果园果树的冠层进行分割。

在该案例中,以苹果树和桃树两种果树为研究对象,首先,基于 Mask R-CNN 实例分割模型将果树冠层从无人机采集的果园遥感图像中分割出来;其次,在单颗果树冠层分割的基础上,对果树位置、冠层面积和果树冠幅这些信息进行提取。

3.8.1 数据采集与数据集制作

实验果园图像采集地点位于陕西省宝鸡市扶风县。实验采集设备为 DJI 精灵 Phantom 4 RTK 无人机搭配 2 000 万像素 CMOS 传感器,获取高清目标影像,图像分辨率为 5 472 像素×3 648 像素。

设置无人机飞行高度 30 m,飞行速度 2.0 m/s,航向重叠率 85%,旁向重叠率 80%。图像采集时间为 2021 年 7 月 4 日和 8 月 2 日,采集时间均为每日 12:00—15:00。在该实验中,选择不同种植情况的果园进行数据的采集,包括种植密集和种植稀疏两种情况。采集的苹果树和桃树面积分别约为 0.03 km^2 和 0.02 km^2,图像数量分别为 1 069 幅和 609 幅。

由于无人机拍摄图像中果树目标太多,数据标签制作较为困难。因此选用 168 张苹果园图像和 132 张桃园图像,总共 300 张图像样本。为实现果树分割网络模型的训练,首先需要完成图像数据标签的制作。采用 Labelme 图像标注工具对果树图像样本进行分割掩码标注,标注后生成 json 文件,将该 json 文件转换为 24 位灰度图作为图像样本的标签。标注后的果树掩码图像如图 3.19 所示。

将原始图像及其掩码图像裁剪成均匀的 6 张小图,并对裁剪后的数据统一缩放为 102 像素×1 024 像素,由于数据量样本过少,因此对数据集进行随机在线增强处理,通过对数据集进行以下预处理操作:随机水平、垂直翻转,在(−10°~10°)之间随机旋转,按输入长宽的 0.9 倍随机裁剪,随机改变亮度、对比度和图像饱和度一系列操作,改善训练模型时由于样本数据过少可能导致的过拟合问题。最后按照 8∶2 的比例进行训练集、测试集的划分。

图 3.19　果树掩码图

3.8.2　Mask R-CNN 果树冠层分割模型

Mask R-CNN 是在 Faster R-CNN 基础上发展而来，在其基础上增加 RoI Align 以及全卷积网络（fully convolutional network，FCN），Mask R-CNN 将分类预测和掩码（mask）预测拆分为网络的两个分支，分类预测分支与 Faster R-CNN 相同，对兴趣区域给出预测，产生类别标签以及矩形框坐标输出，而掩码预测分支产生的每个二值掩码依赖分类预测结果，并基于此结果分割出目标物体，其网络架构模型如图 3.20 所示。

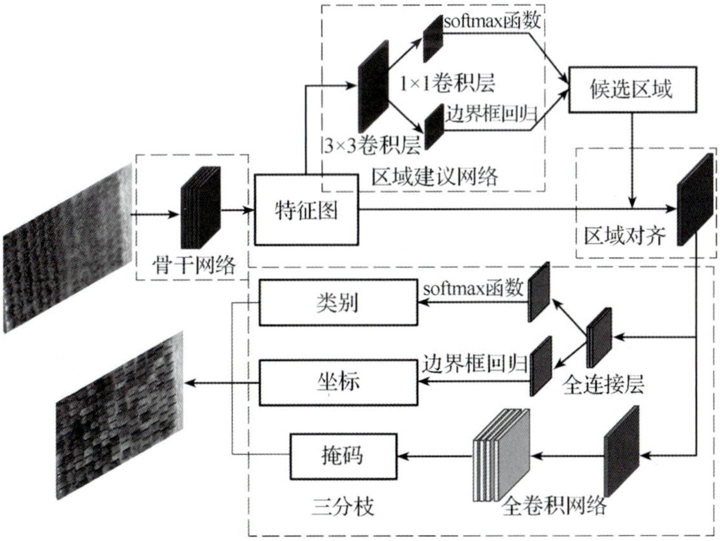

图 3.20　Mask R-CNN 网络结构模型

当在网络中输入图像时，系统会通过深度卷积网络完成两个任务，第一个任务是快速区域卷积神经网络（Faster R-CNN）的区域建议网络（RPN），主要实现候选区域；第二个任务是目标检测。先前的研究将原来的区域池化（RoI Pool）改为区域对齐（RoI Align），主要原因是执行分割操作是基于像素进行的，而 Faster R-CNN 在对图像进行 RoI Pool

时，有两次量化过程，这中间出现像素的输入与输出没有一一对应。RoI Align 直接将特征地图划分成 m×m 的单元格，然后采用双线性插值就可以保证池化过程中像素在输入前后的一一对应关系。第二点改进就是并行添加了第三个分割掩码的分支，掩码分支是应用到每一个 ROI 上的一个小型全卷积网络(FCN)，以类似像素到像素(pix2pix)的方式预测分割掩码。

该实验在 Linux 系统环境(Ubuntu20.04)下进行，所用到的显卡为 NVIDIA RTX 3090，显存 24G，CPU 型号为 Intel (R) Core TM i9-11900K @ 3.50GHz×16，所用到的实例分割平台为 detectron2，基于 Pytorch (python 3.7，pytorch1.7.1 torchvision0.8.2) 框架。模型训练时，设置 batchSize 为 2、epoch 为 50、初始学习率为 0.002，在迭代 500 次之前，学习率按线性增长，设置权重衰减为 0.000 1，迭代至 3 000 次时进行学习率衰减，衰减倍数为 0.1。

为了验证模型检测和分割结果的准确性，使用交并比 IoU (Intersection over Union) 作为该文模型检测分割树冠正确与否的依据。分别设置 IoU 阈值为 0.5 和 0.75，即当 IoU≥ 0.5 或 0.75 时标记为正确检测的结果，当 IoU<0.5 或 0.75 时标记为错误检测的结果，IoU 的计算公式为：

$$IoU=\frac{Target\cap Prediction}{Target\cup Prediction}$$

式中：*Target* 表示树冠真实的像素区域；*Prediction* 表示预测的树冠像素区域。

此外，采用精准率(Precision)和召回率(Recall)两个指标对该文模型的检测与分割性能进行评估，指标数数值越大，说明模型的性能越好，检测和分割的结果越准确。精准率和召回率的计算公式为：

$$Precision=\frac{TP}{TP+FP}$$

$$Reall=\frac{TP}{TP+FN}$$

式中：*TP* 表示预测结果为正真实结果也为正的情况 (真阳性)；*FP* 表示预测结果为正而真实结果为负的情况 (假阳性)；*FN* 表示预测结果为负而真实结果为正的情况(假阴性)。

3.8.3 结果与分析

该研究利用实例分割模型 Mask R-CNN 对由无人机遥感采集的果园图像进行分割，将果园中果树冠层逐一分割出来。采用 COCO 数据集评估指标进行测试，表 3.6 显示了实例分割模型 Mask R-CNN 的分割性能。从表 3.6 中可以看出，当交并比为 0.5 时，模型检测分割结果最优，测试集语义分割精确度为 66.3%，目标检测精确度达到 63.9%。相较于交并比为 0.75 时，语义分割精确度和目标检测精确度分别提高了 39.8 个百分点和 42.4 个百分点。其中，Precision 表示 IoU 从 0.5～0.95 每变化 0.05 测试一次取得的结果，然后求这 10 次测试结果的平均值作为最终的 Precision；Precision（IoU＝0.5），表示 IoU＞0.5 的预测精度；Precision（IoU＝0.75），表示 IoU＞0.75 的预测精度；Recall（max＝10），表示最多检测 10 个物体的召回率；Recall（max＝100），表示最多检测 100 个物体的召回率。

表 3.6　Mask R-CNN 果树冠层测试　　%

结果	Precision	Precision（IoU＝0.5）	Precision（IoU＝0.75）	Recall（max＝10）	Recall（max＝100）
语义分割	32.4	66.3	26.5	5.5	37.8
目标检测	39.9	63.9	21.5	5.4	35.1

此外，采用果园的正射影像作为测试数据，果树冠层分割如图 3.21 所示。从冠层分割图中可以看出，不论是苹果园还是桃园，对于冠层位置，Mask R-CNN 实例分割模型均有很好的预测结果，能够较好地提取树冠轮廓的边缘信息。然而也存在部分漏分割和过分割问题，图 3.21 中黄色虚线椭圆框表示漏分割，红色虚线椭圆框表示过分割。分析原因发现，当果树冠层重叠交叉严重或混乱时会导致模型漏分割，当果树冠层重叠一致时会导致模型过分割。从整体上看，模型还是有着很好的分割效果。

（a）苹果果园树冠层分割结果　　（b）桃园果树冠层分割结果

图 3.21　Mask R-CNN 果树冠层分割

1. 冠层位置提取结果与可视化

由于通过 Mask R-CNN 算法检测到的果树是按照像素坐标系进行标记的，不具有地理信息，无法直观显示实际冠层位置信息。因此首先需要对果树冠层检测矩形框进行坐标转化。为了将检测结果标注在题图中，将图像坐标系中的坐标转化为 WGS-84 坐标系坐标。而后使用 UTM zone 49N（EPSG 32469）投影方式对地理坐标进行投影。再使用 Python 中 GDAL 包来进行 shapefile 矢量文件的生成，其本质是利用开放地理空间信息联盟（open geospatial consortium，OGC）地理标准的坐标字符串来生成 shapefile。在生成矢量文件时，需要为其添加一个字段来记录通过深度学习算法检测出的果树编号，以便后续计算。最后选择整形（integer）数据存储所检测出的果树标号，按照算法检测结果读取每个检测矩形框的顶点坐标，将该坐标经过 WGS-84 坐标系转化后，最终批量生成具有地理信息的矢量文件从而得出冠层位置信息，如图 3.22 所示。

要求较高，同时较大的模型体积也使得无法适用于硬件资源相对受限的作业平台，导致多数检测模型算法难以部署到边缘设备上进行使用。而当前果实检测工作存在以下两个问题：①模型计算量大，运行速度慢。果实检测模型多数依赖卷积神经网络进行特征提取，而一些较大型特征提取网络导致计算量大，在计算能力弱、内存带宽小的边缘设备上难以达到实时运行要求。②小目标果实检测精度低。根据小目标物体的相对定义方式，当目标尺寸的长宽小于原图像尺寸的 10%时，即可认为是小目标物体；而在拍摄获取的果实图像中，柑橘果实多数呈现为小目标物体，目标尺度小且包含特征少，导致果实检测难度大。

针对以上提出的两点问题，通过改进 YOLOv3 模型，提出了一种轻量化小目标果实检测模型 RegNet-YOLOv3，能够实现在保持较高检测精度的同时，减少模型计算量，降低模型资源占用的目标，满足果园作业平台对于轻量化目标检测模型的需求。该研究的主要贡献有：①基于 RegNet 网络中 X_Block 模块，设计并搭建了一种轻量化特征提取网络，有效降低模型参数计算量。②通过 Mosaic 数据增强方法和添加浅层网络检测分支方法，对模型的小目标检测性能进行优化。

3.9.1 轻量化小目标果实感知模型

通过改进 YOLOv3 模型，设计并实现一种轻量化小目标果实检测模型 RegNet-YOLOv3，如图 3.23 所示，结构设计主要有两点：①基于 RegNet 网络中 X_Block 模块设计轻量化特征提取网络，减少模型参数计算量。②去除原 YOLOv3 模型中下采样率为 32 的深层网络检测分支，在下采样率为 4 的网络层中添加浅层检测分支，最终模型分别在下采样率为 4、8 和 16 的输出特征图中进行检测，并沿用 FPN 网络结构，提高模型对小目标果实的检测能力。

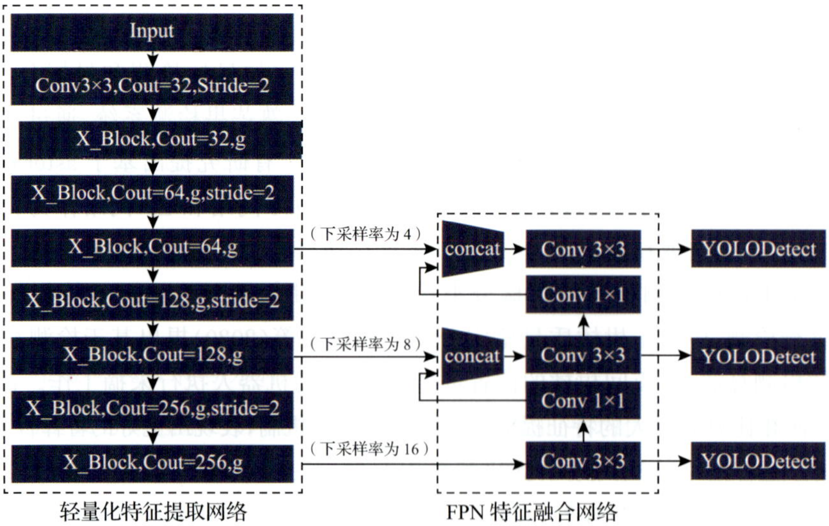

图 3.23 模型 RegNet-YOLOv3 网络结构

Cout 为层输出通道数，g 为分组卷积分组数，stride 为卷积步长

3.9.1.1 轻量化特征提取网络设计

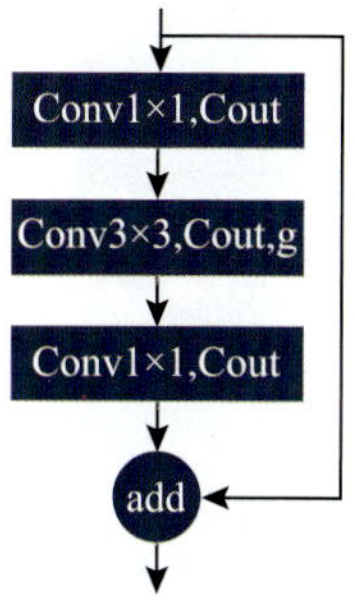

图 3.24 X_Block 模块结构

Cout 为层输出通道数，
g 为分组卷积分组数

原 YOLOv3 中特征提取网络 Darknet53 网络层数深、计算量大，导致模型在边缘设备上运行速度较慢。该文基于 RegNet 网络中 X_Block 模块，对原 YOLOv3 中特征提取网络进行轻量化设计并重新搭建。由于目标果实多数为小目标物体，不需要过深的网络层数提供大的感受野，网络层数设计为 8 层。X_Block 模块结构如图 3.24 所示，该模块中含有 2 个 1×1 卷积和 1 个 3×3 卷积，同时具有 3 个网络激活层，相比单个卷积层与激活层连接，X_Block 模块加深了网络深度，在提高网络拟合能力的同时，浅层网络也具有更好的特征提取能力。不同于标准卷积使用多个与输入数据相同深度的卷积核求和的过程，X_Block 模块中采用分组卷积的方法。该方法对输入的特征图通道进行分组，每个卷积核也相应进行分组，最后在对应的组内进行卷积操作。分组卷积最终输出数据的维度与标准卷积输出的数据维度相同，但计算量会因为这种分组卷积方式的卷积操作而大幅度减少。因此，分组卷积的主要功能是减少模型的参数量，从而加快计算速度。

3.9.1.2 小目标检测算法优化设计

针对果园中多数果实为小目标物体，研究主要通过两种方法对模型小目标检测性能进行优化：Mosaic 数据增强方法；添加浅层网络检测分支。

本案例应用 Mosaic 数据增强方法提升网络模型多尺度学习能力。Mosaic 数据增强方法通过读取数据集中 4 张图片，对每张图片进行翻转、缩放、色域变换等操作，并按照不同方向与位置将这 4 张图片拼接合成一张图，输入网络进行训练，如图 3.25 所示。由于图像采集过程中拍摄距离等参数的不同，果实呈现不同尺度特征，合成后的图片融合了多种尺度的果实特征信息，并丰富了目标果实背景信息，有利于提升模型多尺度学习能力。同时，采集图片中多数果实呈现为小目标物体，对样本图片进行拼接合成，间接地增加了小目标样本数据量，增强了模型对小目标果实的检测能力。

由于小目标的检测主要在浅层网络层中进行，而浅层网络拟合能力较弱且网络层特征图缺乏高级语义特征，使得小目标检测能力较弱。该文采用添加浅层网络检测分支的方法，提升网络对小目标的检测能力。

3.9.2 数据与方法

3.9.2.1 图像数据获取与处理

实验图像数据采集点位于中国四川省某柑橘果园区。数据采集设备使用 DJI osmoaction 相机（大疆创新科技有限公司），共采集 615 幅柑橘图像，包括顺光、逆光、密集

图 3.25　Mosaic 数据增强方法效果

小目标、遮挡目标等多种果实场景，并对数据集图片按照 8∶2 的比例随机切分为训练数据和测试数据。相机拍摄要求采集到的每帧图像垂直方向必须覆盖果树顶端和底端，以保证能够采集到垂直方向上每个果实，并且每帧图像最多只包含一棵果树全貌，以保证果实在图像中的尺度不会太小。同时，运用相关标注工具对图片中的柑橘果实进行标注，获取并记录每个柑橘标注框的坐标信息，即标注框的左上角和右下角 2 个点的 x、y 坐标信息。

3.9.2.2　实验软硬件环境

该研究实验运用深度学习框架进行模型训练和测试。在计算机平台上训练网络，使用的计算机硬件配置为 Intel Core i7-6700 CPU 处理器（8 GB 内存），GeForce GTX1060GPU 显卡（6 GB 显存），操作系统为 Ubuntu18.4 系统，使用 Python3.6.9 编程语言在 Pytorch1.5 深度学习框架下实现网络模型的构建、训练和验证。将训练好的网络模型在 Jetson TX2 nano 平台进行部署，该平台硬件配置为四核 Cortex-A57 CPU 处理器（4 GB 内存），maxwell 架构 GPU（具有 128CUDA 单元），操作系统为 Ubuntu18.4 系统，Python 版本为 3.7，且应用 Pytorch1.0 版本的深度学习框架。

3.9.2.3 模型训练

网络模型在带有GPU的计算机硬件环境下进行训练，以提高模型训练的收敛速度。采用带动量因子的小批次随机梯度下降法(stochastic gradient descent，SGD)来训练网络。其中，动量因子设置为固定值0.9，权值衰减(Decay)设置为0.000 5，每一批量图像样本数量设置为4。初始学习率为0.01，使用余弦退火函数调整学习率，前期使用较大的学习率有助于网络快速收敛，后期使用较小学习率使网络更加稳定，获取最优解。实验中使用GIOU回归计算边框损失，使用BCE损失计算置信度损失，单分类中目标分类损失恒为0，将边框回归损失、置信度损失和目标分类损失三者损失函数相加作为总损失函数。

3.9.2.4 实验结果和性能评价

果实目标检测模型RegNet-YOLOv3的检测精度决定着果园作业平台中果实工作的质量，较快的网络推理速度代表着模型能够在更短时间内处理更多的数据，更容易移植到硬件资源有限的果园作业平台中，满足果园作业的需求。该文主要从模型的平均检测精度、召回率和网络推理时间三个方面来对果实目标检测模型RegNet-YOLOv3进行评价。

该文实验主要对果实目标检测模型RegNet-YOLOv3进行三个方面比较：①不同轻量化特征提取网络之间的性能比较；②优化后的小目标检测性能比较；③与其他经典算法模型的性能比较。

3.9.3 轻量化网络性能对比

本案例对YOLOv3模型进行轻量化设计，分别基于MobileNet、ShuffleNet和RegNet模型搭建轻量化果实目标检测模型MobileNet-YOLOv3、ShuffleNet-YOLOv3和Regnet-YOLOv3网络，并分别在边缘设备Jetson TX2 nano上进行实验测试和结果比较。从表3.6数据可知，RegNet-YOLOv3网络的平均精度值和召回率均优于其他两类网络模型。其中，召回率方面分别比MobileNet-YOLOv3和ShuffleNet-YOLOv3高2.6%、2.6%，在平均检测精度方面分别比MobileNet-YOLOv3和ShuffleNet-YOLOv3高0.9%、3.0%。

由表3.9测试结果可以看出，MobileNet-YOLOv3模型整体速度较慢，因为MobileNet模型中采用深度可分离卷积方法，特征图通道的卷积次数增加导致内存访问的时间消耗增加；ShuffleNet-YOLOv3模型精度较低，因为ShuffleNet模型中将特征图通道分为两部分，一部分用来提取特征，另一部分用来做残差连接，有效的特征提取通道数减少导致模型精度较低；RegNet模型中使用分组卷积减少网络计算量同时降低网络计算耗时，达到较高精度和速度，所以RegNet-YOLOv3模型整体上精度和速度较为均衡，适合在边缘设备上进行部署。

表 3.9 不同轻量化网络检测结果对比

模型	平均检测精度/%	召回率/%	网络推理速度/ms
MobileNet-YOLOv3	94.2	89.0	172
ShuffleNet-YOLOv3	92.1	89.0	89
RegNet-YOLOv3	95.1	91.6	108

3.9.4 小目标检测性能优化对比

基于设计的轻量化果实检测模型 RegNet-YOLOv3,对 RegNet-YOLOv3 模型的小目标检测性能进行优化,并在边缘设备 Jetson TX2 nano 上进行测试。因为小目标的检测主要在网络浅层中进行,所以通过去除原 YOLOv3 中下采样率为 32 的深层网络检测分支,添加下采样率为 4 的浅层网络检测分支的方法,提升模型小目标检测能力。实验结果如表 3.10 所示,通过添加浅层网络检测分支,RegNet-YOLOv3 模型平均检测精度和召回率值分别达到 96.0%和 95.3%,仅在增加少量的计算时间基础上,模型性能就得到了较大的提升。

表 3.10 小目标检测性能优化结果对比

模型	添加浅层网络检测分支	平均检测精度/%	召回率/%	网络推理速度/ms
RegNet-YOLOv3	否	95.1	91.6	108
	是	96.0	95.3	130

3.9.5 与其他经典模型比较

基于原 YOLOv3 网络模型,利用 RegNet 网络中 X_Block 模块搭建轻量化特征提取网络,并加入浅层网络检测分支,实现精度高、速度快的轻量化果实检测模型 RegNet-YOLOv3,并和其他模型进行了比较。在柑橘果实检测任务中,YOLOv3 模型网络较大,精度高但网络推理速度慢;Tiny-YOLOv3 特征提取网络浅,网络推理速度快但精度较低;该文提出的 RegNet-YOLOv3 网络模型,在边缘设备 Jetson TX2 nano 计算耗时为 122 ms,检测精度为 96.0%,整体上速度和精度都较为均衡,可部署在边缘设备 TX2 nano 中应用于果园作业平台果实检测工作。

3.9.6 结论与讨论

针对果园中柑橘果实的检测任务,该研究设计并实现了一种基于边缘设备 Jetson TX2 nano 的柑橘果实检测模型 RegNet-YOLOv3。该模型采用 RegNet 模型中 X_Block 模块,构建轻量级特征提取网络,有效提高模型在边缘设备上的运行速度;并针对果园中柑橘果实小目标特点,提出采用 Mosaic 数据增强方法提升模型多尺度学习能力,并通过加入浅层网络检测分支，优化模型小尺度目标果实的检测性能，实现高精度果实检测。该研究实验结果表明，RegNet-YOLOv3 模型能够很好分辨出图像中前景目标果实，并能够在边缘设备 Jetson TX2 nano 上实时运行检测，平均检测精度和模型推理速度分别为 96.0%和 122 ms，证明该模型能够很好地在户外果园移动作业平台上进行部署和使用。

在未来的研究工作中，该研究团队将继续改进模型并应用到各种不同类别的果园工作中。在检测方面，进一步分析不同场景中果实生长状态和图像特征，优化模型以提升果实检测性能和模型泛化能力。在模型轻量化设计方面，将继续研究并设计轻量化网络模块，简化模型结构来减少计算参数量，实现更快模型检测速度，以适配果园中不同的工作需求，提高果园整体工作效率。

3.10 案例5：苹果风味品质无损感知方法

果实风味品质是果实品质分级和提高果品竞争力的重要内容。传统检测一般采取化学检测法和色谱检测法，对产品破坏性大，并且与其他技术兼容性差。采用乙烯检测代表果实气味（香味）特征，采用可溶性固形物（soluble solids content，SSC）综合反映果实口感，乙烯和 SSC 从两个独立的维度来共同反映果实的风味品质特征，为快速无损获取果实风味品质提供了新的思路。

3.10.1 苹果果实的风味品质及获取方法

苹果品质，尤其是风味品质，是果农和消费者最关心的问题。苹果的风味品质主要包括味道（糖、酸）和气味（香气物质）。不同风味品质参数有各自的分级标准和检测技术。对于果实的味道，大多通过化学方法或液相色谱法检测，这类方法通常需要不同的预处理，程序复杂且耗时。除糖度和酸度外，可溶性固形物也是常用于衡量果实味道的指标，SSC 由糖类、有机酸和无机盐组成，一定程度上综合代表了苹果果实的味道信息。因为 SSC 通过光谱检测手段可以快速无损获得，所以 SSC 也成为苹果品质分级的重要参考指标。

苹果果实的气味信息通过气相色谱/质谱技术分析获得，苹果果实释放出挥发性有机化合物（volatile organic compounds，VOCs）有 300 多种，包括酯类、醇类、醛类、酮类和醚类，其中酯类占 78%～92%，醇类占 6%～16%，此外还包括其他挥发性组分。苹果 VOCs 组分中，仅有 20～40 种含量超过其味感阈值的物质对果实的香味起作用。香气阈值指嗅觉器官感觉到气味时的嗅感物质的最低浓度，如苹果中最主要的香气代表物质乙酸己酯的香味阈值为 2 ug/kg。香气值（香气物质浓度与香气阈值的比值）是评价食品香气特性的依据，香气值越大，表明该成分对果实香气贡献的作用越大。不同苹果品种产生的 VOCs 种类和含量不同，因此产生的香气也不同，但乙酸己酯、1-己醇和（*E*）-2-己烯醛是多种苹果品种的共有特征香气成分，其中乙酸己酯占比最高。苹果果皮香气比较浓郁和丰富，果肉则主要提供背景香气化合物。根据苹果产生的酯类和醇类的含量和种类不同，苹果分为酯香型和醇香型。这就意味着对于不同品种、不同产地、不同管理、不同收获期的苹果果实，其香气成分是不同的，同一香气成分浓度也不同。以富士苹果主要产区山东栖霞和新疆阿克苏地区为例，其果实释放的挥发性物质分别为73种和86种，各自筛选其主要成分约40种。从其种类上看，其挥发性物质的浓度和占比也是各不相同的，具体分析，不同果皮（条纹/片红）、不同套袋管理措施（套袋/不套袋）和不同SSC含量（≥15°Brix/＜15°Brix）的富士苹果果实的挥发性物质成分和浓度均不相同（图3.26）。

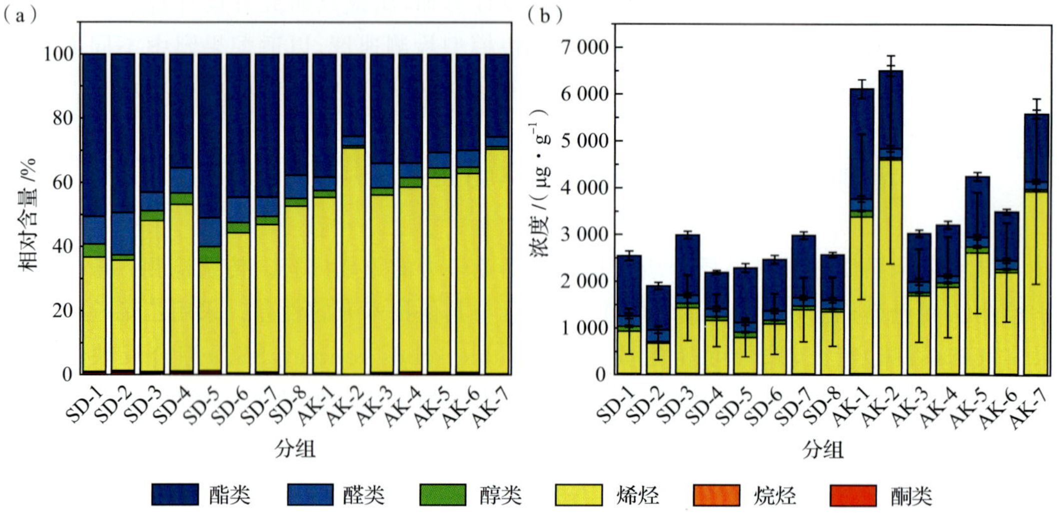

注：SD为山东富士苹果果实，AK为新疆富士苹果果实；
1为条纹/不套袋/高SSC果实，2为条纹/不套袋/低SSC果实，3为条纹/套袋/高SSC果实，
4为条纹/套袋/低SSC果实，5为片红/不套袋/高SSC果实，6为片红/不套袋/低SSC果实，
7为片红/套袋/高SSC果实，8为片红/套袋/低SSC果实。

图3.26　不同产地、果皮类型、套袋管理和糖度的富士苹果果实释放的挥发性物质不同

从其体现的主要香气特征看，酯类物质是其主要构成成分，新疆富士苹果果实比山东果实表现出更强烈的酯香味，不同皮肤和套袋管理的富士苹果具有不同的香味构成（图3.27）。而不同的酯类物质也表现出不同的气味特征，如2-甲基-丁酸己酯表现出水果和梨的气味特征，2-甲基-1-丁醇乙酸酯表现香蕉和苹果气味，己酸己酯呈现青草和苹果气味，乙酸己酯和丁酸丁酯呈现苹果果味，乙酸丁酯表现梨气味，2-甲基丁酸丁酯表现香蕉气味，各种酯类物质综合构成了富士果实的香气特征。总体来看，新疆富士苹果果实体现出青草味和梨香味，而山东富士苹果果实体现为香蕉和苹果混合香味。苹果果实的香气特征主要采用萃取-质谱联用方法检测，但由于果皮具有屏障功能，一般需要对苹果果实进行粉碎预处理后才能充分获得果肉香气，检测程序烦琐。

3.10.2　乙烯反映果实香味品质

在苹果果实释放的气体中，除了挥发性有机化合物，还有成熟信号乙烯和呼吸作用产生的二氧化碳。其中，乙烯对于植物生长发育过程和果实成熟软化具有重要作用。苹果

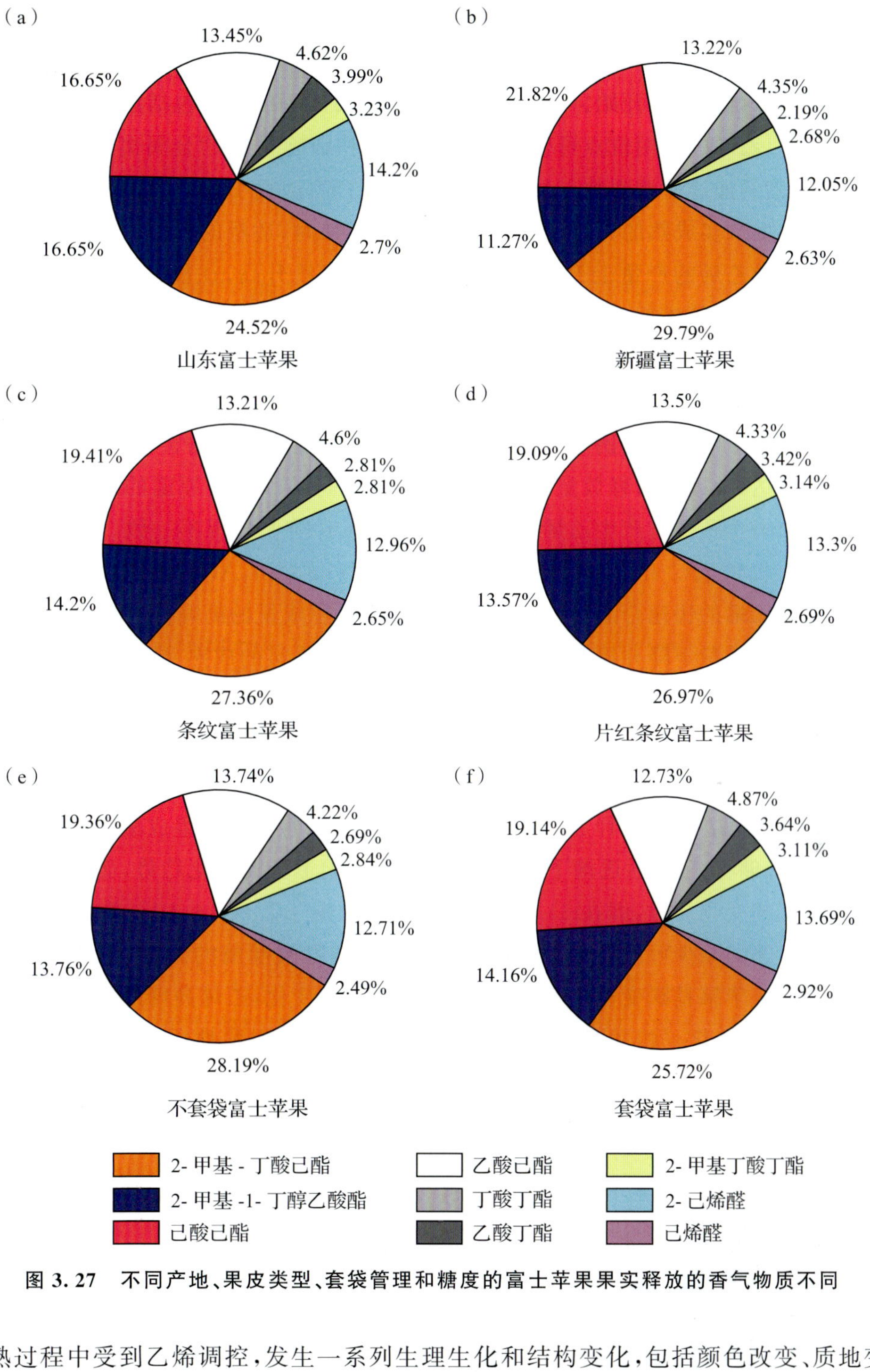

图3.27　不同产地、果皮类型、套袋管理和糖度的富士苹果果实释放的香气物质不同

在成熟过程中受到乙烯调控，发生一系列生理生化和结构变化，包括颜色改变、质地变软、淀粉水解，形成特殊风味、香气。乙烯促进果实呼吸，通过调节基因表达来实现对果实衰老的促进作用。人们往往根据果实是否出现乙烯高峰来划分跃变型果实和非跃变型果实。苹果呼吸高峰与乙烯释放高峰同时出现或稍晚于乙烯释放高峰出现。苹果在进入成熟阶段时呼吸强度逐渐下降；完全成熟时，呼吸强度急剧上升，出现一个峰值，即呼吸跃变。对于呼吸跃变型果实，呼吸跃变的出现标志着果实的完全成熟，同时也表明果实内贮藏物质的强烈水解作用的开始。影响呼吸作用最重要的环境因素包括温度、湿度、空气成分、乙烯浓度。乙烯的作用位点可能在某些细胞膜和细胞质膜的金属离子（Cu^{2+}）上，受乙烯作用后，膜的通透性增强物与酶的分隔状态被打破，因而引起呼吸代谢增强。乙烯是影响呼吸跃变型果实成熟的关键激素，跃变型果实成熟时，适量的外源乙烯能够启动大量自我催化的内源乙烯的产量上升。内源乙烯产量的突然升高，往往认为是果实色泽、质地、风味和香味物质等生理生化指标开始发生不可逆变化的标志，因而乙烯是跃变型果实成熟的启动、调节的关键因子。对于非跃变型果实，乙烯从分子水平参与其成熟衰老过程，并参与叶绿素降解和类胡萝卜素的合成。乙烯在植物对生物的、非生物的应激反应中发挥着重要作用。机械伤能诱导乙烯的合成，采后果蔬遭受机械伤害，能诱导乙烯合成关键酶基因的表达，提高乙烯释放量，激活防御反应，提高伤口对病原菌的抵抗力。伤害诱导产生乙烯和果实跃变时产生乙烯是相对独立的，在时间上表现不一致。果蔬伤害首先诱导氨基环丙烷羧酸(l-aminocyclopropane-l-carboxylic acid，ACC)氧化酶活性增加，进而导致伤诱导乙烯的快速合成，并在 12 h 内达到乙烯生成量的高峰，随后因 ACC 氧化酶活性下降乙烯生成量下降并逐渐恢复至原来水平，加快果实的成熟、软化和衰老进程。因此，乙烯是苹果果实重要的成熟信号及品质指示剂。

基于此，以山东栖霞富士苹果为例，将果实在温度 4 ℃和相对湿度 75%条件下进行贮藏，对贮藏期 42 d 内的乙烯和挥发性化合物进行了同步动态监测(图 3.28)。研究结果可以发现，在贮藏期内，果实释放的挥发性有机化合物和香气重要组成酯类物质的浓度均表现出先增大、储存 14 d 后逐渐下降、35 d 后又有小幅上升的变化趋势，而乙烯释放浓度也呈现出相同的变化规律，但在 35 d 后持续下降。低温下贮藏 14 d 后，酯类的标准峰面积急剧下降。酯的减少可能是由于贮藏环境的影响或羧酸酯酶的影响，它们将酯分解为相应的酸和醇。苹果是跃变型果实，其呼吸速率随乙烯变化，乙烯高峰的出现标志着果实从成熟到衰老的变化。相关性分析表明，乙烯释放量与挥发性香气成分总峰面积的

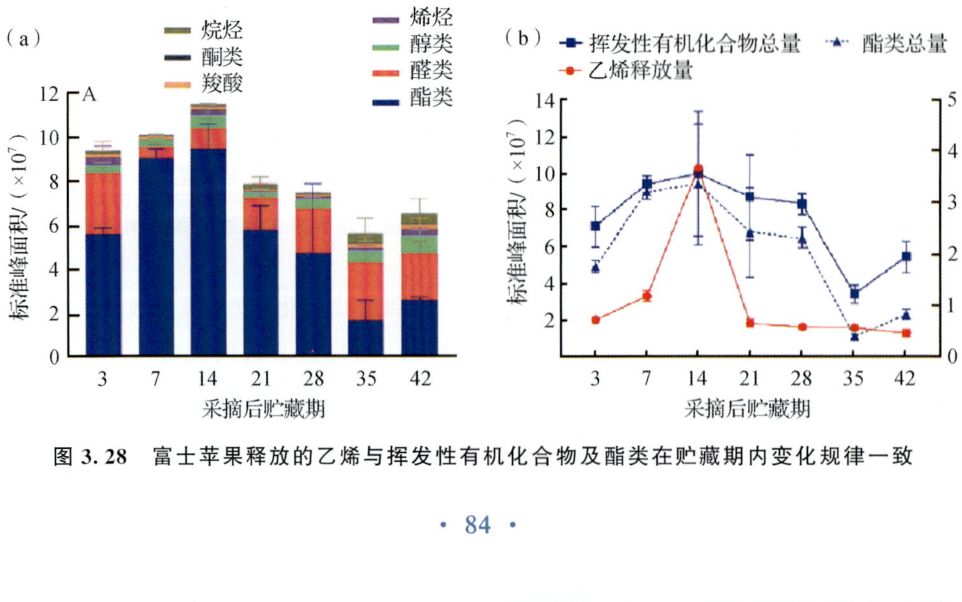

图 3.28　富士苹果释放的乙烯与挥发性有机化合物及酯类在贮藏期内变化规律一致

Pearson 相关系数为 0.79($p<0.05$),即显著相关。因此,可以用乙烯释放量代替挥发性物质从而反映果实的香气特征。

在贮藏期内,乙烯的这种先增大后降低的变化规律得到进一步验证。对新疆和山东两地富士苹果在贮藏期内的乙烯释放量进行了并行动态监测(图 3.29)。总体上看,在整个贮藏期,乙烯表现出先增大后缓慢减低而后迅速降低的变化规律,具有一个峰值点和一个拐点,峰值点的出现时间与前期研究结果相似,出现在贮藏期后第 10 天,峰值后的下降可能代表果实进入软化阶段。前期研究中,拐点并未出现,而将贮藏期从 42 d 延长为 65 d 后,拐点出现于 40～50 d 之间,随后乙烯浓度迅速下降表明果实进入衰老阶段,因此乙烯也被称为衰老因子。

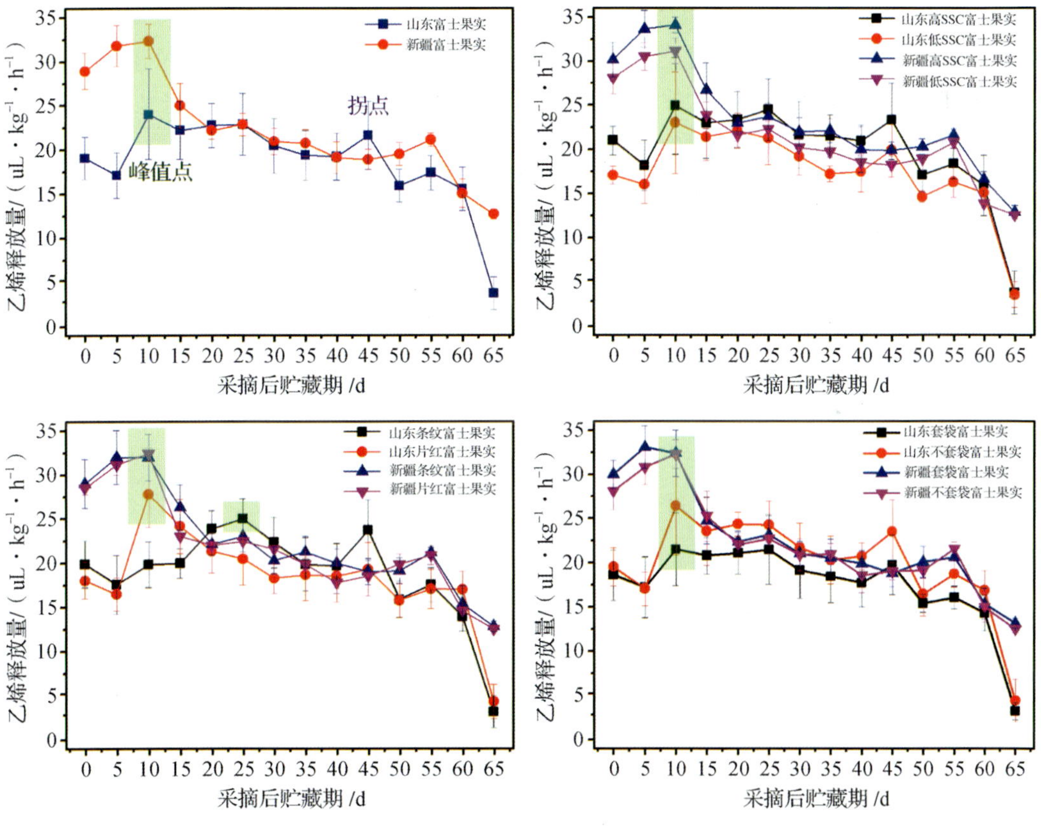

图 3.29　65 d 贮藏期内富士苹果释放的乙烯变化规律

乙烯浓度主要受产地影响。新疆富士苹果的乙烯释放量高于山东富士苹果,不同地区为苹果的生长提供了不同的环境和农艺条件,包括光照、温度、湿度、风、土壤、灌溉、营养等,从而形成了不同的苹果果实品质特征。而果皮特征和套袋管理对乙烯释放量影响并不显著。乙烯检测技术多样,如色谱技术、光声光谱方法、非扩散红外光谱方法、电催化传感器和化学传感器方法。因此,单一的乙烯检测取代多组分的香气物质,大大降低了检测复杂度,无损检测实现手段也更加多样化。

3.10.3 乙烯和 SSC 快速反映果实风味品质

富士苹果风味特征由味道和气味组成。以山东和新疆两地的富士苹果果实为例，采用 SSC 指标来分析富士果实的味道在贮藏期的变化情况(图 3.30)。

山东富士苹果的 SSC 相对均匀，高 SSC 和低 SSC 果实的 SSC 分别集中在 14°Brix 和 16°Brix。片红富士苹果的 SSC 略高于条纹富士苹果，在贮藏过程中，SSC 轻微变化，大多数样品在贮藏后期表现出略微下降的趋势，主要由于果实淀粉的转化。与山东样品相比，新疆样品的 SSC 差异较大，高 SSC 果实集中在 6°Brix，而低糖度样品分散在 13～15°Brix。值得注意的是，不套袋片红果实具有最高 SSC。总体来说，新疆富士苹果在高 SSC 上表现出轻微优势，但在低 SSC 水果上具有明显劣势(SSC 平均值为 11.3°Brix)，新疆地区的地理位置为果实提供了良好的光合作用和温度条件，有利于果实中糖分的积累，但新疆地区采取对果树进行部分套袋的措施，套袋的果实多位于果树下端光照条件不好的位置，从而导致果实糖度较低。相比之下，山东富士果实的 SSC 最高(15.28°Brix)，高于新疆富士果实 0.87°Brix。因此，SSC 优异的稳定性可能掩盖了苹果果实的真实品质，仅仅从 SSC 指标，很难在贮藏期上对果实的品质进行鉴别。

而乙烯在果实贮藏期内呈现“一峰一拐点”的动态变化规律，分别代表着果实的成熟、软化和衰老。因此，乙烯可以发挥在苹果贮藏过程中新鲜度的时间指示作用。文献报道也有将苹果果实释放的乙烯和香气用于新鲜度测定。山东富士果实和新疆富士果实的 SSC 与乙烯的 Pearson 相关系数分别为 0.007 和 0.008($p<0.05$)，表现为显著的不相关性。因此，SSC 和乙烯显著不相关性可以从两个独立的维度来评估苹果果实的风味品质。乙烯指标的加入，可以更好地发挥 SSC 的作用，获得高甜度、成熟且新鲜的苹果果实。

分别以两地富士苹果样品的乙烯释放浓度和 SSC 为 x 轴和 y 轴，提取所有收获样品的信息(图 3.31)。对于乙烯的释放，乙烯浓度越高，果实状态越好，低浓度乙烯代表果实成熟度不足或过成熟。从图 3.29 的结果和分析来看，富士苹果果实在贮藏(约 45 d)前期处于早熟期和成熟期，果实品质良好，乙烯浓度至少为 20 $\mu L \cdot kg^{-1} \cdot h^{-1}$。而在此之后，果实进入衰老阶段，果实品质迅速下降。SSC 越高，水果越甜。中国国家行业标准(NY/T 2316—2023)定义 14～17°Brix 和超过 17°Brix 的苹果果实分别为品质高和极高水果。选择 20 $\mu L \cdot kg^{-1} \cdot h^{-1}$ 和 14.0°Brix 分别作为优质水果的乙烯和 SSC 分界值，图 3.31 分界标记后被分为四个象限。Ⅰ象限中，苹果果实乙烯浓度大，SSC 高，表明果实状态良好、甜度高，可评定为高品质水果。Ⅲ象限中的样品，SSC 较低、乙烯浓度低，果实可能处于衰老阶段，口感不佳。而Ⅱ象限和Ⅳ象限分别代表甜度和新鲜度优势的果实。因此，乙烯参数的加入有利于更好地实现富士苹果果实的风味品质评价。此外，乙烯和 SSC 特性都可以通过无损检测技术获得，如光谱、传感器等，并结合智能学习算法帮助简单、快速、有效地实现对苹果风味品质的高效检测。

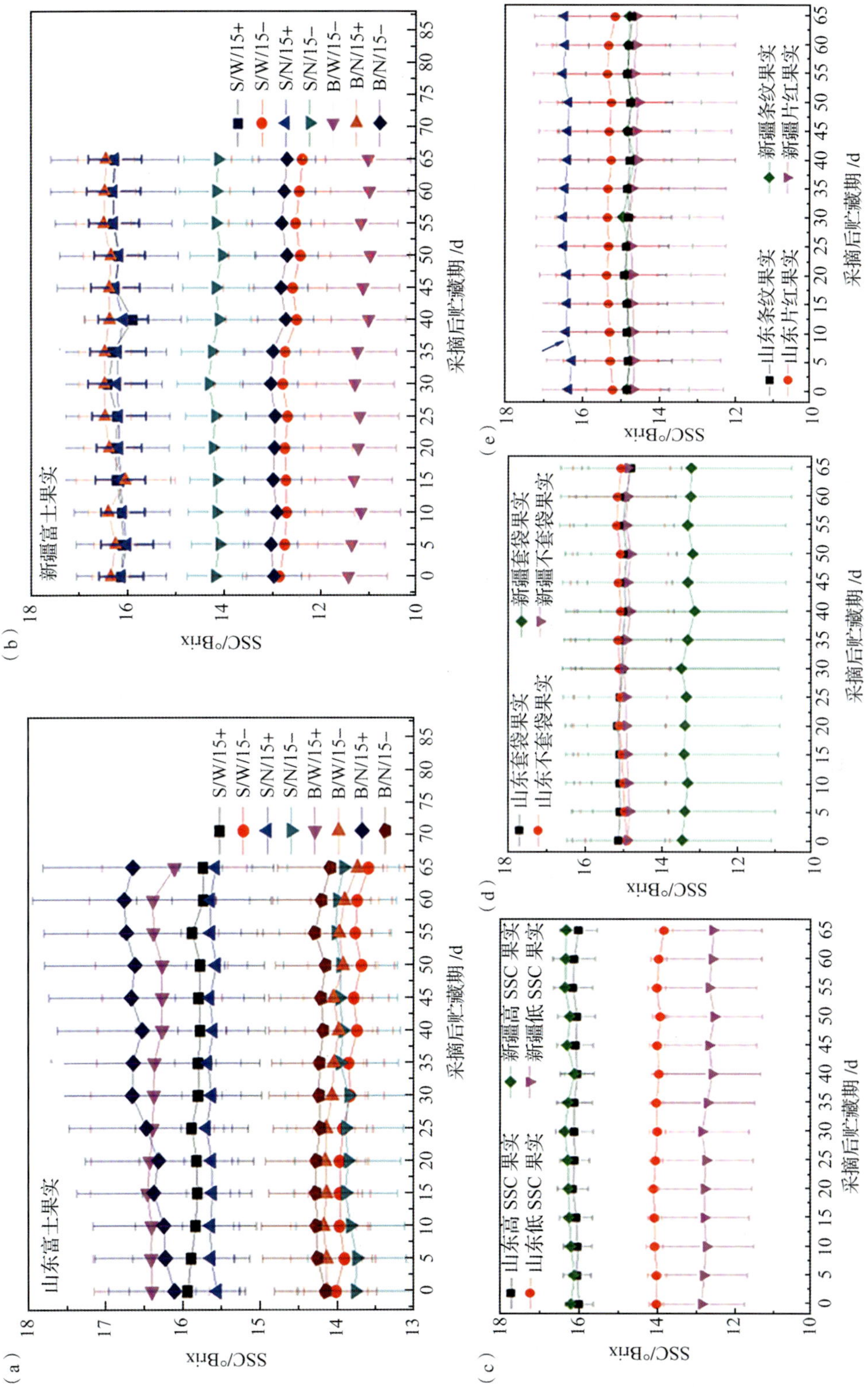

注：S 为条纹，B 为片红，W 为套袋，N 为不套袋，15+ 为 SSC≥15°Brix，15− 为 SSC≤15°Brix.

图 3.30　65 天贮藏期内富士苹果的 SSC 变化规律

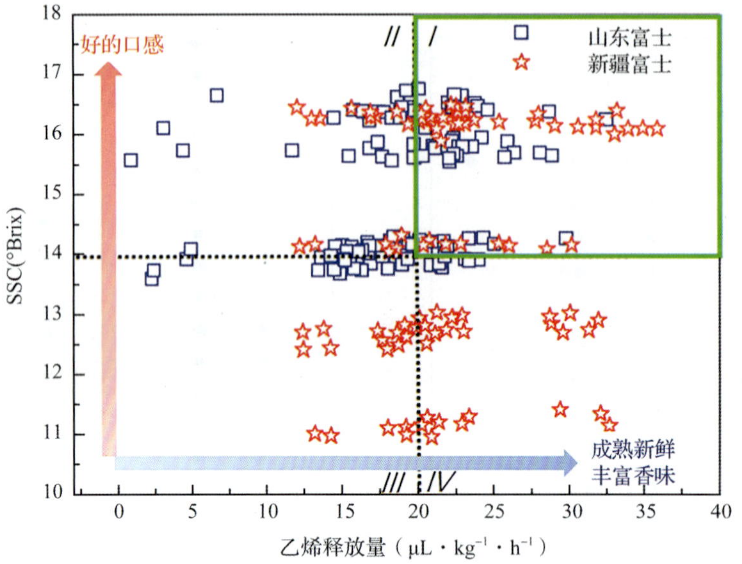

图 3.31　乙烯和 SSC 共同反映果实的风味特征

3.10.4　基于纳米材料的低功耗乙烯传感器制备与应用

乙烯传感器的常用敏感材料为金属氧化物材料，高温（170～500 ℃）或光激励可以激活乙烯与金属氧化物表面的吸附氧，从而对乙烯表现出高灵敏度。但低灵敏度和高功耗限制了其在农业方面的应用。基于能带匹配理论，构建了石墨烯/二硒化钨/钯三元纳米复合材料体系实现室温乙烯的检测。采用密度泛函理论分别计算了乙烯与石墨烯、石墨烯/二硒化钨、石墨烯/钯、石墨烯/二硒化钨/钯的吸附能，如表 3.11 所示。四种敏感体系的吸附能均为负值，说明该体系可以实现室温下对乙烯的检测。对石墨烯进行二元或三元复合后，吸附能有所提升，尤其是三元复合后吸附能提升了近 5.5 倍。

表 3.11　乙烯与石墨烯敏感材料体系吸附能

吸附体系	吸附能/eV	吸附体系	吸附能/eV
乙烯-石墨烯	−0.14	乙烯-石墨烯/二硒化钨	−0.19
乙烯-石墨烯/钯	−0.17	乙烯-石墨烯/二硒化钨/钯	−0.78

由于石墨烯及二硒化钨均带负电荷，基于静电力作用，在叉指电极上构建了石墨烯、二硒化钨、钯二元或三元纳米复合自组装薄膜，并在室温条件下对乙烯气体进行了气敏性能测试（图 3.32）。测试结果与吸附能计算结果一致，石墨烯基复合纳米材料体系在室温下对乙烯具有响应，其中，石墨烯材料响应最低，石墨烯/钯其次，石墨烯/二硒化钨次之，石墨烯/二硒化钨/钯对乙烯响应最明显（约为石墨烯的 11 倍）。石墨烯和二硒化钨均为

二维材料，其层状结构为气体吸附提供了丰富吸附位；金属钯的加入，发挥掺杂作用，加速了乙烯分子与敏感材料之间的电子转移过程。石墨烯、二硒化钨与钯形成的异质结构，扩宽了耗尽层宽度，进一步促进电子转移过程。此外，乙烯、钯、二硒化钨、石墨烯的费米能级逐渐下降，电子从乙烯逐级向下传递，降低了乙烯与石墨烯的接触势垒。因此，整个电子交换和转移过程更加容易发生，也说明基于能带匹配的敏感材料体系设计可以实现室温农业气体的检测，解决现有常用技术高功耗的问题。二维材料具有低电子噪声特性，可对气体快速发生响应，在测试过程中也发现了石墨烯基复合纳米材料体系对乙烯的快速响应特征，以 10 ppm 乙烯响应为例，石墨烯/二硒化钨/钯三元纳米复合薄膜器件对乙烯的响应时间（电阻变化率 90%所需时间）与恢复时间分别为 33 s 和 13 s，可完全满足农业实际应用中对果实乙烯的快速检测需求。

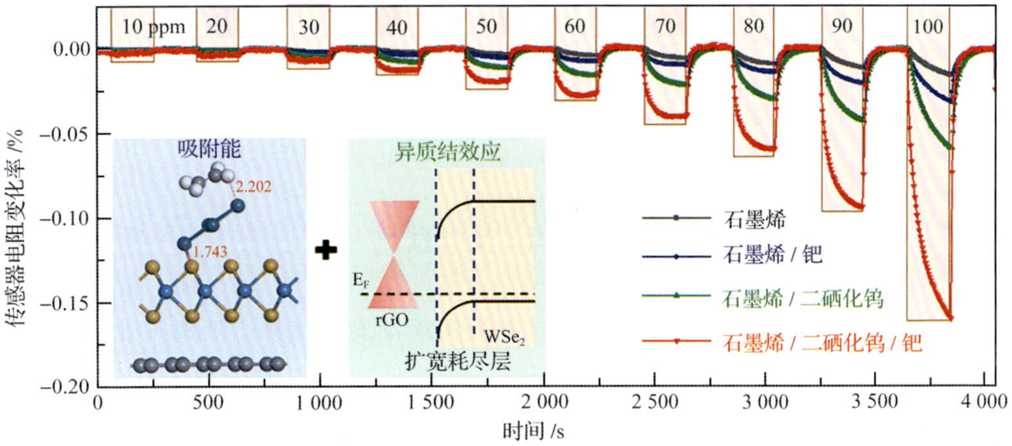

图 3.32　石墨烯复合材料在室温下对乙烯敏感性能

乙烯检测适用苹果、香蕉等跃变型果实。采集了不同成熟阶段（不熟、轻熟、成熟、过熟）的香蕉释放气体，同时采用石墨烯基乙烯传感器和色谱-质谱联用方法对采集样品的乙烯信息进行了测试对比（图 3.33）。在香蕉果实从不熟变化到过熟过程中，乙烯传感器检测到的信号是先增大最后变小的，色谱检测结果也是类似结果，乙烯峰面积先增大，在过熟阶段减小。相同的变化趋势说明了乙烯传感器的性能可靠性。因此，基于新型纳米材料的乙烯传感器的研发可广泛应用于苹果、香蕉等跃变型果实的成熟度、风味品质等的快速、无损检测。

本案例主要介绍了富士苹果的风味品质及检测方法，在风味品质分析的基础上提出了乙烯作为跃变型果实香气特征替代指标的解决思路，并提出了乙烯与可溶性固形物共检来快速实现果实风味品质检测。而对于乙烯检测来说，基于纳米材料的室温低功耗乙烯传感器可以代替传统方法实现其快速无损检测，未来可在富士苹果等跃变型果实检测中广泛应用。

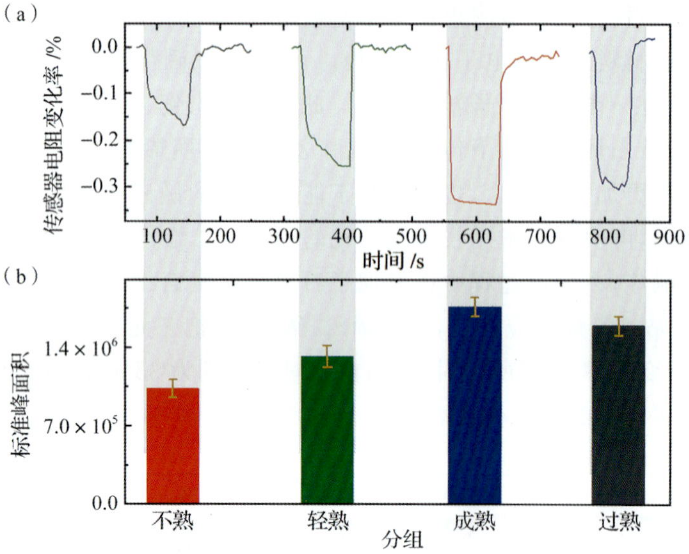

图 3.33 石墨烯基乙烯传感器与色谱检测结果对比

参考文献

鲍官军,计时鸣,张利,等.CAN 总线技术、系统实现及发展趋势.浙江工业大学学报,2003(1):60-63,68.

陈日强,李长春,杨贵军,等.无人机机载激光雷达提取果树单木树冠信息.农业工程学报,2020,36(22):50-59.

成芳,吴文秀,何涵,等.柑橘采摘机器人的目标识别定位方法研究.科技资讯,2019,17(11):30-31.

金保华,殷长魁,张卫正,等.基于机器视觉的苹果园果实识别研究综述.郑州轻工业学院学报(自然科学版),2019,34(2):71-81.

李道亮.无人农场——未来农业的新模式.北京:机械工业出版社,2020.

李道亮.物联网与智慧农业.农业工程,2012,2(1):1-7.

李寒.基于机器视觉的目标检测在精细农业中的关键技术研究:博士论文.北京:中国农业大学,2014.

林元乖,龙顺宇,杨伟.基于物联网技术的智能农业应用系统.物联网技术,2013(3):71-74.

申格,吴文斌,史云,等.我国智慧农业研究和应用最新进展分析.中国农业信息,2018,30(2):1-14.

佟彩,吴秋兰,刘琛,等.基于 3S 技术的智慧农业研究进展.山东农业大学学报(自然科学版),2015,46(6):856-860.

吴文斌，史云，段玉林，等．天空地遥感大数据赋能果园生产精准管理．中国农业信息，2019，31(4)：1-9.

熊俊涛，郑镇辉，梁嘉恩，等．基于改进YOLOv3网络的夜间环境柑橘识别方法．农业机械学报，2020，51(4)：199-206.

薛月菊，黄宁，涂淑琴，等．未成熟芒果的改进YOLOv2识别方法．农业工程学报，2018，34(7)：173-179.

闫晓勇．基于冠层光谱的南疆盆地主栽果树树种识别有效波段选择研究：硕士论文．新疆：新疆农业大学，2014.

杨玮，李民赞，王秀．农田信息传输方式现状及研究进展．农业工程学报，2008，24(5)：297-301.

张晓朋．基于485总线和虚拟仪器的智能农业监控系统设计．计算机测量与控制，2017，25(2)：85-87.

赵坤．多功能高精控制智慧农业智能车研究应用：硕士论文．武汉：湖北大学，2016.

周国民，丘耘，樊景超，等．数字果园研究进展与发展方向．中国农业信息，2018，30(1)：10-16.

邹金秋，周清波，杨鹏，等．无线传感网获取的农田数据管理系统集成与实例分析．农业工程学报，2012，28(2)：142-147.

Gowers T, Nielsen M. Massively collaborative mathematics. Nature, 2009, 461(7266): 879-881.

Howe J. The Rise of Crowdsourcing. Wired, 2006, 14(6):176-183.

Yu Q, Tang H, Yang P, et al. eFarm: A Tool for Better Observing Agricultural Land Systems. Sensors, 2017, 17(3): 453.

第4章

果园智能监测与诊断系统

果园智能监测与诊断系统的发展将极大地提升果园管理水平。目前园艺生产管理仍凭专家经验，特别是在果园水肥施用、果树花果管理和果实成熟采摘等环节的生产中，往往依赖经验常识决策。通过果园智能监测与诊断系统研发与应用，可以定时、定点、系统地获取果园的土壤信息、微气象信息和果树生长状况信息，精准地获取果树三维形态结构，这些数据的长期积累将为果业智慧化发展提供基础支撑。此外，通过构建数值模型，量化果树生长、环境和管理措施之间的关联关系，建立知识图谱，揭示果树生长发育机理，提供果园生产知识化服务。本章聚焦“果园-果树-果实”不同层次主体对象，重点梳理了果园地形、土壤、气象等环境监测预警方式方法，阐述了果树关键表型参数、长势以及病虫害监测诊断技术方法，总结了果实检测与估产的算法模型，概述了果园生产决策系统的概念、功能和数据库，列举柑橘果园遥感识别、零数据标注果实识别以及深度学习监测果实的典型案例，为果园智能监测与诊断系统的研发应用提供参考。

4.1 果园监测与诊断

4.1.1 地形解析

果树大多是多年生植物，具有连续长期生长的特点，在选择果园园址时，地形条件是重点考虑的因素之一。因此，果园地形解析对于分析果树生长发育状态、提高果园经济效益具有重要意义。海拔作为地形解析的重要指标，其高度的差异对温度的影响较大。通常，海拔每上升 100 m，气温下降 0.6～0.7 ℃。坡度的大小对光照、温度、湿度、空气流动、水土流失和果园交通等方面有显著影响。坡向是果园选址需要考虑的又一重要因素，在有冻害的地区，西向坡和北向坡灾害发生的频率高，在坡度大、山高的情况下更是如此。如图 4.1 所示，柑橘园适宜种植在丘陵山地逆温层上方且海拔较高的地方，可有效减少高温及冻害的发生。果园建设与生产需要对地形特征进行考察与诊断，通过对果园地形进行解析，在生产过程中做到因地制宜。

果园地形解析是对果园种植环境的坡度、坡向等地理要素的解译，其科学准确的解析是统筹果园土地资源和果园生产的基本前提。目前由专业测绘人员操作三维激光扫描

图 4.1 柑橘园适宜性地形

仪、水准仪和全站仪等硬件仪器，配合专业的配套软件操作，以获得高精度的地形数据，这是主流的果园地形解析方法。然而，专业设备比较笨重、昂贵，往往需要多位专业人员配合测量，对操作技术的要求较高，在大面积果园中进行地形测绘需要耗费大量的人力、物力和财力。因此，成本低、可靠性高的地形解析方法及系统对于降低果园运营及生产成本具有重要意义。

基于多传感器信息融合的果园地形解析系统应运而生。该系统包括地形数据采集模块和解析模块，其中地形数据采集模块由处理芯片、传感器模块、可视化模块和数据存储模块组成，用以拾取与收集果园地形样本点数据。其具体计算过程是，在可视化界面中选取采样点位信息并下达采集任务，由传感器获取样本点的地形采样结果，传输至处理端，通过搭载专用解析算法，如卡尔曼滤波算法，对多传感器收集的样本点地形信息进行融合，把样本点数据视为同一类，用于训练支持向量机模型。训练结束后，把数据样本点依次传输至模型，模型根据数据的离群程度为样本点打分，依靠分值判断样本点的离群程度，值越大的离群程度越大；再通过设置阈值，遍历每一个数据样点，分值低于阈值的样本点从数据集中剔除，从而实现离群数据的滤除；最后，结合拉格朗日插值法对样本点进行插值，从而构建果园的三维地形立体模型。

4.1.2 土壤监测

果树生长都是在一定的环境中进行的，其在生长过程中会受到环境中各种因素的影响，因此土壤监测至关重要。在现有技术中，土壤监测与水质、大气监测的方法原理基本一致，通过采用合适的测定方法测定土壤土层结构及各种理化性质，如图 4.2 所示。土壤监测主要是测定土壤的土层分布、土壤类型情况及土壤中各种元素情况，例如氮、磷、钾三种基本营养要素及铁、锰、硼、砷、盐、有机质、矿物质、水分等含量值。只有保证果园具有适宜的土壤环境，才能保证果实的产量和质量。

除了对于土壤富含元素的测定之外，土壤的监测内容还包括土壤湿度、土壤温度及土壤 pH 等。土壤湿度是土壤重要的物理参数，是植物维持生命活动的基本条件，它对植物的生长、发育、净生产力等都有非常重要的意义。土壤温度可用以衡量土壤热，果树的大

图 4.2　土层结构及土壤构成元素图

部分生命活动都是在一定土壤温度范围内进行的，土壤中的许多物理、化学过程也与土壤温度密切相关。同时，土壤温度还影响着土壤水分、空气和养分的转化等。土壤温度的高低直接影响着植物根系的生长和发育，大多数土壤微生物在土壤温度为 25～37 ℃时活动最旺盛，这些微生物分解有机质能力强、速度快，而且释放的养分多。土壤温度过高或过低都会抑制土壤微生物的活动。土壤 pH 是一项十分重要的土壤质量指标。假如作物种植在不适合的土壤 pH 环境中，会抑制作物生长，以致作物死亡。土壤微生物一般最适宜的 pH 是 6.5～7.5 的中性范围，过酸或过碱都会严重抑制土壤微生物的活动，从而影响氮素及其他养分的转化和供应。大多数植物在 pH＞9.0 或 pH＜2.5 的情况下都难以生长。植物可在很大的 pH 范围内正常生长，但各种植物有自己适宜的 pH。

传统的土壤监测方法大多采用探针测定土壤相应的参数，由于没有系统化的管理与规制，操作原始，容易造成监测失准，监测效率较低。鉴于此，在果园监测与诊断系统的总体框架之内，集成了一种新型土壤监测系统，替代了传统的探针采用新型的传感器进行扫描监测，其结构简单、实现方便、作业范围广。整个土壤监测系统包括后台服务器、用户终端、土壤监测模块、无线通信模块和供电模块。核心的土壤监测模块包括中央处理器、用于监测土壤温度的温度传感探头、用于监测土壤湿度的湿度传感探头、用于监测土壤 pH 的 pH 传感探头、用于监测土壤环境的无线摄像头和用于监测土壤元素含量的检测器。

整体监测流程（图 4.3）主要包括：首先采用远程监控技术，将影响土壤肥力的四要素（温度、湿度、pH 和土壤元素）及土壤环境进行有效的数据采集，采集后的数据传输至后台服务器；然后通过后台服务器反馈至用户终端，用户在终端上即可实时查看土壤的监测情况。相较于传统的人工监测，该监测系统实现了监测结果的标准化监测与实时监测，从而有效地保证了土壤的监测效果。

4.1.3　气象灾害监测与预警

气象灾害是造成我国水果产量波动的重要因素之一，加强气象灾害实时监测，完善气象灾害监测预警，对于果园生产具有重要意义。我国地域辽阔，地势西高东低，地形复杂，

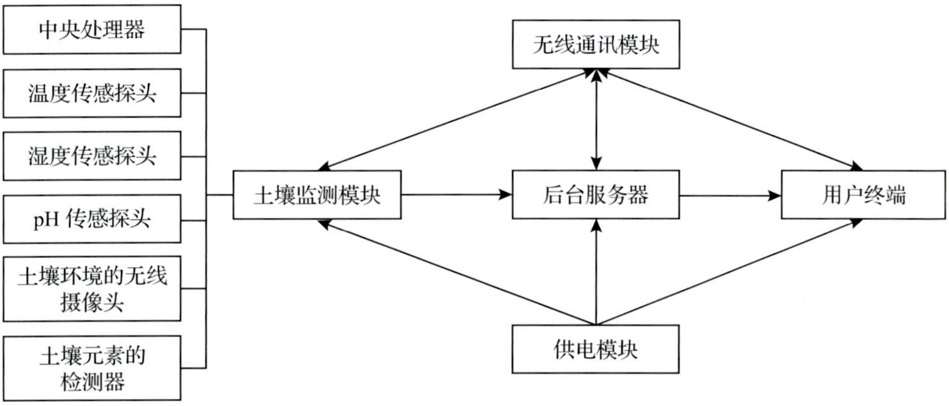

图 4.3　土壤监测模式示意图

气候多样，受冬夏季风影响，地区水热资源时空分布不均，其中既有长期趋势变动，又有不同周期的波动变化，常常出现干旱、洪涝、低温冷冻害、热害、大风和冰雹等气象灾害。由于果园生产大多为露天生产，受气象条件影响很大，我国果园 60%以上的受灾损失由气象灾害所致。气象灾害具有多灾并发、突发性强、持续时间长和危害重的特点，其中大风灾害和洪旱灾害等是对果园生产破坏最为剧烈的气象灾害，图 4.4(a)是果园风害受灾情况图，图 4.4(b)是果园旱灾受灾情况图。随着气候变化，气象灾害呈现一定的新的发展态势和特征，果园受灾和绝收面积逐渐增加，区域性和阶段性干旱频发，影响严重，危害性大，气候变暖，极端高温事件呈明显增加趋势，高温热害胁迫加强，限制果园产量提高，而低温冷害和霜冻呈明显减少趋势，但危害程度反而有所加重，导致损失加剧。

对果树生长发育情况、产量等信息进行准确预测，帮助农民及农业相关部门提前根据气象状况而对农作物采取保护措施，并对生产计划作一定的调整，从而保障果园的生产活动不受影响。

(a) 果园风害受灾情况图

(b) 果园旱灾受灾情况图

图 4.4　果园气象灾害情况图

4.1.3.1　智慧果园中气象灾害模型模拟

为实现对果园气象灾害的监测与预警，研究人员提出了模拟气象灾害的模型构想。实现气象模拟的核心是建立基于 BP 神经网络分类的预警系统，整个模拟流程包括：首先是通过接收果园区域地理位置信息、果园区域环境状态信息以及气象历史数据集等信息进行数据融合，搭建农业气象灾害感知层，通过各类传感器检测待采集地的农用地图像、温湿度、风力和降水量等信息，并实时保存所采集的数据；然后训练农业气象灾害分类器，将训练样本提取的颜色特征以及湿度、温度、降水等信息输入，将预估的果木受灾级别输出，训练基于 BP 神经网络的农业气象灾害分类器，将基于 BP 神经网络的果园气象灾害分类器嵌入平台层中，并通过网络层与感知层相连，集成果园气象灾害预警模块，并最终反馈至终端发布预警。

整个构想流程就是通过感知层采集与农作物相关的湿度、温度、降水、风力等各个参数，同时经过网络层的通信后在平台层上显示，并设置阈值对各类参数进行监控预警，通过农业气象灾害 BP 神经网络分类模型输出果树的模拟受灾情况，并针对不同受灾情况进行科学决策与预防。

4.1.3.2 智慧果园气象灾害预警模型构建

智慧果园气象灾害预警模型构建流程是一个多模块组合的构建化过程。整个气象预警、预报模型包括了六大模块，分别是：气象数据采集模块、果园数据采集模块、气象数据分析模块、气象数据存储模块、气象灾害预警模块和灾害预警发布单元(图 4.5)。其中，气象数据采集模块用于采集气象数据信息，通过机构预测发布信息获取气象趋势及通过现场环境实时监测设备获取现场气象信息，并将所获取的信息进行存储；果园数据采集模块用于采集果园数据信息，通过现场记录获取当地果树种类以及生长状态和最佳生长环境信息，并进行信息存储；气象数据分析模块用于根据所述气象数据采集模块和所述果园数据采集模块获取的气象及果园信息分析出气象变化趋势对果树的影响；气象数据存储模块用于对所述气象数据分析模块分析出的数据进行存储；气象灾害预警模块用于根据所述气象数据分析模块分析出的结果判断出是否构成灾害性质，当构成灾害性质时进行灾害预警发布，是参与处理的核心模块，由神经网络算法写成；灾害预警发布单元用于根据所述气象灾害预警模块获取灾害预警信息并进行灾害预警发布。该模型通过实时采集数据，然后触发自主预警措施，同时部分供能系统可以在白天将光能转化为热能储存起来，用于夜间的保暖，从而保证农作物在相对平衡的温度环境下生长，主动触发制热动作，对农作物进行加热保暖，可以有效地保护农作物，保障高效高质的农业生产。

4.1.3.3 果树气象模型的检验与应用

基于真实果园环境，搭建了气象灾害预警模型，并进行了测试，以期通过模型检验与模型应用来确定模型的正确性、有效性和可信性。第一步，通过部署硬件传感设施，搭建出气象数据采集模块和果园数据采集模块系统，分别采集果园内的气象数据和相关果园环境数据，并结合历史气候数据集等，通过气象数据分析模块进行融合关联性分析，输出灾害影响预测结果，并将结果在气象数据存储模块内储存。第二步，是通过气象灾害预警模块进行灾害预警，通过灾害预警单元对气象灾害预警模块发布的信息进行分类提

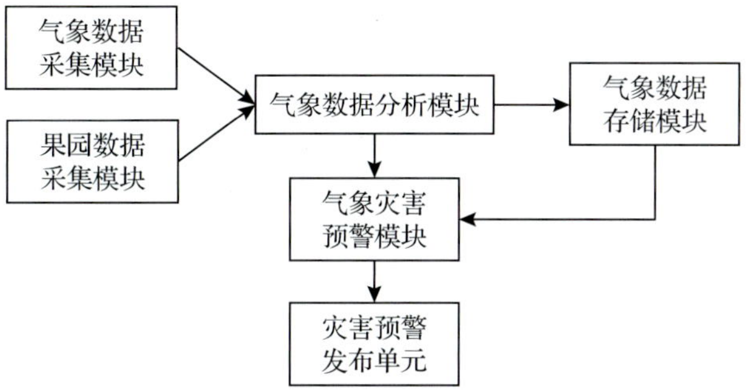

图 4.5　智慧果园气象灾害预警模型

取，提取出即将发生的灾害类型，并分别将存在气象灾害的威胁分为显性灾害和隐性灾害，其中对显性灾害进行预警后，系统直接采取措施进行预防，隐性灾害可系统性制定预先方案措施并发布提醒，寻求终端回应。第三步，系统生成预警信息并成功传输至灾害预警发布单元内，该单元是通过互联形式关联 App 端，生成预警提示与灾害防范建议等信息。

4.1.4　果园杂草识别

杂草防治是农业生产中的一大难题。我国每年因杂草危害造成的作物产量损失超过 10%。研究发现果树早衰有 90%是由杂草引起的，可见杂草对果园的生产危害巨大。我国是水果生产大国，随着我国果树产业的发展，大规模的果园越来越多，果园杂草一直是影响果树生长和水果产量的主要因素之一。

果园杂草疏于防治会给果园造成巨大的危害。研究发现，野燕麦在生长时，每形成 1 kg 干物质就需要消耗 400～500 L 的水分。杂草除了与果树竞争土壤中的营养以外，在空间中也会竞争阳光，比如多年生白茅、牵牛花等易攀爬到果树冠幕层或者长入果树冠幕层中使果树进行光合作用的受光叶片面积减少，光照不良又会直接影响果树的光能利用和叶片的碳素同化作用，从而影响果树的生长发育，造成果实品质的下降，对阳性树种如苹果、葡萄、梨、荔枝、桃等的影响尤为显著。此外，果园杂草又是病虫害滋生的媒介、宿主，如感染环斑病毒的蒲公英会随风落到果树上，致果树染病。杂草生长旺盛，造成园内温度和湿度增加，促进腐烂病、炭疽病等果树病害的蔓延和传播，同时也为病菌孢子的繁殖、萌发和传播提供了有利的环境条件。在虫害方面，果园杂草成为害虫繁衍的便利场所，如刺儿菜、苦麦菜是地老虎产卵的场所，金龟子幼虫等化茧越冬的害虫依靠杂草越冬，而多数禾本科杂草又是棉红蜘蛛、桃蚜等的寄主。

综上所述，当果园杂草疏于管理时不仅会对果树的生长发育及果实产量品质造成影响，而且会造成果园病虫害泛滥。因此，采取合理的措施防控杂草以减轻对果园的危害是果园农事操作中必不可少的环节。

4.1.4.1 基于遥感技术的杂草识别

从几种不同的遥感平台对杂草识别的研究结果来看，地面遥感对杂草的识别率最高。由于地面遥感设备与作物的距离较近，可以获得较为完整的光谱反射信息，因此不论采用光谱设备还是相机作为传感器，均获得了较高的识别精度。卫星遥感和飞机遥感由于传感设备对地距离较高，空间分辨率较低，单个像素代表的是多个对象的平均信息，因此无法有效区分杂草和其他类别。无人机飞行高度低，可以获得超高空间分辨率的遥感影像。相比卫星遥感和飞机遥感，无人机影像能够有效反映杂草和其他作物的差异，因此获得了较高的识别精度。虽然相比地面遥感，无人机遥感的识别精度与其比较接近，但是无人机遥感能够快速获得大范围区域的杂草信息，在短时间内生成施药处方图，为田间杂草的精准管理提供决策信息。

4.1.4.2 基于视觉技术的杂草识别

视觉智能除草首先要对图像中的杂草区域进行辨识。针对农田中作物与杂草识别研究，国内外的研究取得了相当大的进展。不同的目标识别方法有着不同的应用场景。毛文华等(2005)使用背景分割法和直方图法来确定杂草的位置。在基于深度学习的计算机视觉方法中，经常被用来作为杂草识别的方法通常有目标检测、语义分割和实例分割三种。

表 4.1 对三种不同的杂草识别方式的输出形式进行了比较。与目标检测和实例分割方法相比，语义分割方法具有更广泛的使用场景，目标检测和实例分割方法通常要求被检测的对象呈现为可以分辨的单个物体。从甜菜、棉花等数据集中可以看出，在作物生长到一定阶段之后，通常具有较高的密度，重叠在一起，很难分辨某一区域具体属于哪一个植株。杂草的形状则更为多变，每一株杂草通常都没有固定的形状和大小，往往很难辨别出每一株杂草的位置界限。而在使用喷雾进行杂草去除的时候，也没有必要区分某一区域具体属于哪一株杂草。此外，与实例分割网络相比，语义分割网络还节约了计算性能。

表 4.1 图像中杂草识别的深度学习方法比较

类型	结果标准形式	区分不同个体
目标检测	矩形框标注	是
语义分割	像素级标注	否
实例分割	像素级标注	是

传统图像处理方法当中，通过小波、傅立叶变换和特征算子等方法人工设计特征来解决杂草的分类与识别。当作物与杂草种类变得越来越多，图像场景变得更加复杂，需要多个特征进行关联拼接才能够拟合，这使得整个任务靠人工完成特征提取变得越来越复杂。

深度学习方法的发展在很大程度上解决了上述问题。典型的 DNN 使用多个非线性激活函数拼接特征,在训练过程中,使用大量的数据让网络自动学习有关特征,降低人工提取特征的难度和工作量。但是,全连接 DNN 带来的严重的参数膨胀问题,容易导致过拟合,还会破坏图像固有的局部模式。在此基础上改进的 CNN 引入了卷积、池化等操作,充分提取图像局部的空间特征,池化操作扩大了感受野,通过这些方法可以进一步提高图像的识别率。

4.1.5 果园适宜性评价

果园选址对培育优质水果,增强水果竞争力具有重要意义。果园种植适宜性评价需要考虑到气候、土壤、地势、水源以及社会经济条件等因素,再对这些因素进行综合评价,分析优劣,选择具有最佳种植条件和最佳经济效益的位置建设果园。果园种植适宜性评价需要考虑以下因素:

(1)位置条件　一是交通必须要便利,以鲜食水果为目的的果园要尽量靠近果品市场,以减小运输过程中所产生的成本。二是要远离环境污染。三是水源要充足,便于灌溉。

(2)地势条件　丘陵山地、一般平地和沙荒地盐碱地等可以建果园。丘陵山地的不足主要是地势起伏,地形复杂,土壤厚薄不一,且养分含量低;一般平地建果园,容易出现树势偏旺、地下水位偏高等;沙荒地盐碱地建园,则需要进行土壤改良,种植成本较大。所以最理想的建园地方是生态环境比较好一点的丘陵山地。

(3)土壤条件　果园在建设和栽植之前要对果园的土壤理化性质进行全面检测分析,进一步掌握土壤中有机质、氮、磷、钾等元素的含量,特别要重视掌握该种植地重金属和非重金属种类及含量,采用科学方法测定土壤 pH,根据最终测定的结果在果树栽植之前确定是否进行土壤改良以满足果树正常生长发育需求。

(4)气候条件　在新建果园地址选择过程中,要确保所选择区域的气候环境能够满足果树生长发育所需要的日照小时数,同时还要考虑到冬季低温霜冻、寒流等灾害,将果树整个生长发育过程中不良的外界环境因素减小到最低程度以促进果树健康生长。

4.1.6 果园分布识别

水果经济是现代农业经济的重要组成部分,识别和监测果园分布对掌握农村发展状况、农业种植结构和农民生活状况以及制定农业政策具有重要意义。过去研究所用的数据通过传统的方式获取,主要依靠人工调查的统计手段实现,通过实际地面测量进行统计。

近些年,快速发展的遥感技术及遥感影像分类方法为果园信息的准确快速提取提供了可能。随着大量遥感影像数据集和多光谱、中高分辨率遥感影像数据集的免费使用和不断发展,以及机器学习技术、数字图像处理技术、云计算、大数据技术、GIS 技术的发展成熟，人们可以快速准确地获取较高质量的地物类型信息，因此遥感影像成为获得地物信息特征的重要来源。遥感技术因其覆盖范围广、探测周期短、调查成本相对低等优势，已成为大范围农作物分类与面积监测的主要手段。目前，国内外利用遥感技术对农作物分类的研究主要使用中低分辨率遥感影像，采用支持向量机、随机森林、决策树等流行机器学习算法对果园的分布进行识别。此外，随着深度学习技术的快速发展，基于语义分割深度学习技术的分布识别也得到了快速发展和应用。

4.1.6.1 基于支持向量机的果园分布识别

SVM 算法进行样本分类的基本原理如图 4.6 所示：SVM 算法将非线性的训练数据集映射到一个高维特征空间，实现线性可分；在高维特征空间中通过构造适当的不同核函数寻找分离最优超平面；最大化样本中不同地物类别间的距离，增加线性学习器计算的能力。

支持向量机分类算法是一种以统计学习理论为基础的监督学习方法，是基于结构化风险最小和适当的核函数来提高线性学习机泛化能力的分类器，能够在统计样本数据量信息较少的情况下获得良好的统计规律，克服了维数灾难等问题。自正式提出以来，支持向量机分类算法得到了广泛的关注，成功应用于遥感数据的分类分析和回归分析。到目前为止，国内外学者已对基于 SVM 的遥感影像分类方法做了大量研究。国内学者采集果园和非果园样本，构建果园识别遥感特征集，应用决策树、支持向量机和随机森林方法识别并提取果园信息，应用分类效果最优化方法监测果园时空变化。

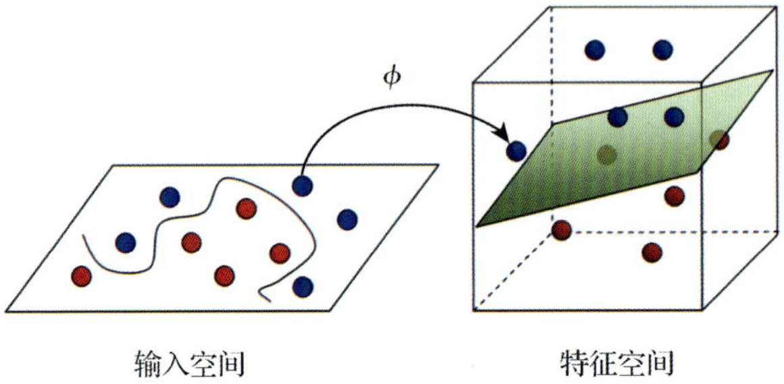

图 4.6　支持向量机原理示意图

4.1.6.2 基于随机森林的果园分布识别

随机森林分类算法是一种包含多个决策树的机器学习算法，这种方法在不需要明显增加计算量的前提下，提供更为快速、可靠的分类结果，已被大量应用在影像分类等许多相关的研究领域，例如土地利用变化图等。其基本原理如图 4.7 所示，这种分类方法在分类特征比较多的情况下被认为具有比较好的分类效果，具有很好的抗噪声性能，分类精度比较高。随机森林主要包括训练和分类 2 个阶段。在训练阶段，首先从原始样本集中使用自举重的方法进行采样，随机重复抽取 N 个新的样本集合来替代原来的训练样本集

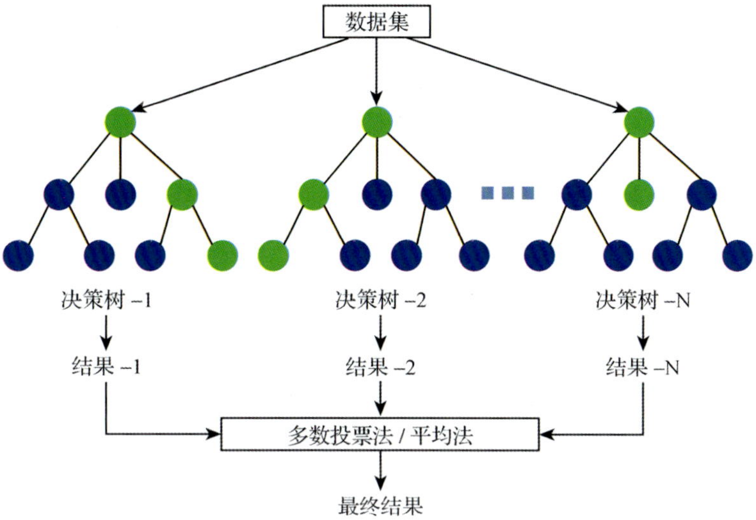

图 4.7 随机森林分类算法原理示意图

合，然后通过这个样本集合生成几个独立的 CART 决策树。在分类阶段，通过算术平均计算所有决策树所产生每种类别的概率，通过投票得到最终的分类结果，有效地提高了模型的鲁棒性和泛化能力。

4.1.6.3 基于决策树的果园分布识别

决策树分类方法基于经典决策树，这种树形结构表示的分类回归算法属于计算机自动分类，图 4.8 为其原理示意图。该方法建立一个二元决策树，可以将遥感影像、DEM、纹理、植被指数和光谱等多源数据融入决策树模型，并按照一定的规则设定相应的阈值进行地物的综合分类。以国内研究为例，王刚(2021)以云南省昭通市为研究区，基于 2010—2019 年 Landsat TM/OLI 卫星遥感图像，采集果园和非果园样本，构建果园识别遥感特征集，应用决策树、支持向量机和随机森林方法识别并提取果园信息，应用分类效果最优化方法监测果园时空变化，并运用主成分分析模型分析 2010—2019 年果园面积变化情况及其成因。

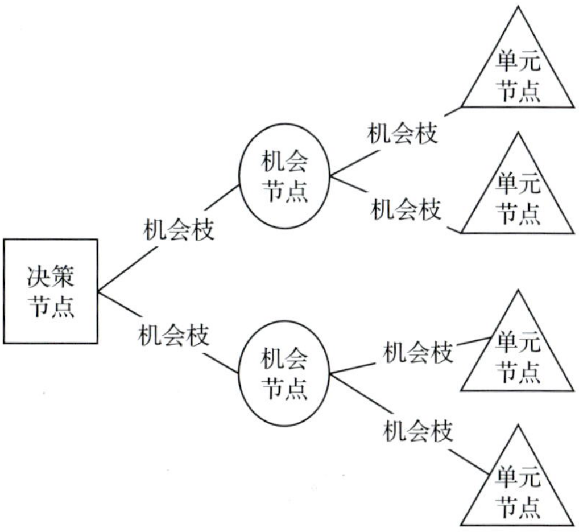

图 4.8 决策树原理示意图

4.1.6.4 基于深度学习的果园分布识别

卷积神经网络凭借其强大的计算力和出色的特征提取能力，在高分辨率遥感图像分割中取得了较好的效果(尹昊,2021)。使用语义分割网络,通过提前标注人工数据并交由网络训练,可以快速实现基于遥感图像的果园分布识别。由于遥感图像数据具有特殊性,国内外大量学者对深度学习网络进行了改进。例如有学者提出了基于多尺度金字塔池化与注意力机制的遥感图像分割方法,在自然场景及遥感图像数据集上均得到了较好的结果。王云艳等(2019)使用改进型 Deep Lab 对果园进行分类提取,利用该算法对中国海南某地的Ⅰ期杧果、Ⅱ期杧果、Ⅲ期杧果、槟榔、龙眼 5 种水果进行分类,针对不同时期的同一种水果分类错误率下降了 8%左右。相比传统的果园分类算法,本算法的 kappa 系数提高了约 0.1,总体分类精度也有一定程度的提高,其部分识别结果如图 4.9 所示。

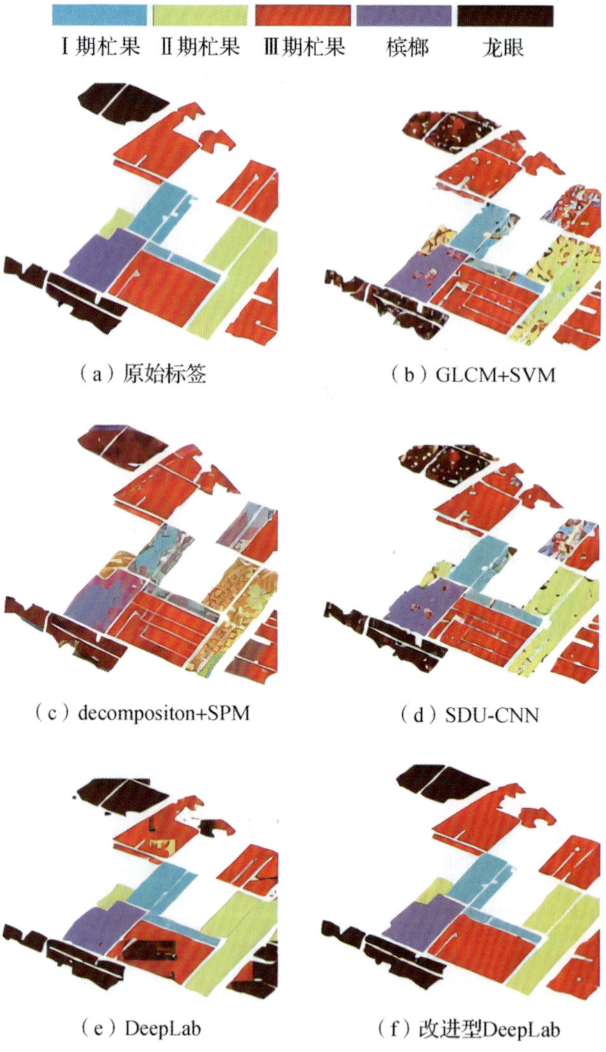

图 4.9　基于深度学习的果园分布识别

4.2 果树监测与诊断

4.2.1 果树关键参数监测

表型信息对果园灌溉管理、病害防治、增产及提高果品品质具有重要意义，果树表型信息获取是构建数字农业技术体系的基础和关键步骤。以下从不同尺度表型数据和对应的数据获取平台两方面，对当前果树表型信息获取相关技术平台进行归类总结。

按照数据尺度划分，果树表型数据可分为微观表型、器官表型、树冠表型、根系表型和果园尺度表型，常见的表型获取传感器包括可见光图像、光谱、电镜、多光谱和激光雷达等(表4.2)(吴升等，2021)。

表4.2 不同尺度表型数据及其对应的数据获取平台

表型尺度	表型指标	类别	平台	传感器
微观	叶肉细胞超微结构	苹果树	H-7650型透射电镜	电镜
器官	花期、小花数	梨树、桃树、杏树	便携式光谱辐射计	多光谱
	果实大小、外观色泽	苹果树	四通道水果分选机	可见光图像
	果实品质	柑橘、猕猴桃、葡萄、草莓、香蕉	无人机机载光谱平台、双目机器视觉平台	光谱、可见光图像
树冠	枝条数量、枝条长度、叶片长度、叶面积	桃树、苹果树	3 Space Fastrak 三维数字化仪	三维数字化仪
	分枝结构、枝量、枝条长度	苹果树	背包雷达平台	地面激光扫描仪
	冠层树叶分布	苹果树	Faro3D激光雷达	栈式三维激光雷达
	冠层分布、冠层光分布	苹果树	光强测量传感器	光强测量传感器
	树冠体积、花果密度	杏树	地面机器人平台	2D线阵激光雷达
根系	根长、根密度	苹果树	DELTA-T平板扫描仪	平板扫描仪
果园尺度	株数、树冠体积、高度	柑橘园	表型车	线阵激光雷达
	树高、冠幅、体积，透光性	橄榄园	表型车	移动地面激光扫描仪
	树冠宽度、投影面积	苹果园	无人机	可见光图像
	株数	柑橘园	无人机	多光谱
	果树识别、种植面积、密度	猕猴桃园	QuickBird高分平台	高分遥感影像

按照表型数据获取平台划分，包括微观设备、手持设备、人载设备、车载设备、定点监测、无人机、航空遥感等。

4.2.1.1 果树群体参数监测

果园是一个复杂的人工生态系统，气候条件(温度、水分、光照、风速等)、土壤条件、地形特点和栽培措施等相互联系相互制约。各生态因子之间不是孤立的，作为一个动态平衡的生态系统是相互联系相互制约的，栽培技术可通过调节生态环境条件和土壤类型来改善不利于果实生产发育的因素。

4.2.1.2 果树个体参数监测

冠层是果树形结构的主要组成部分，冠层的结构及组成对树体的通风透光有决定性的影响，因此，对冠层结构及冠内光照分布的研究是果树研究的重点及热点。太阳净辐射是果树生长的能量来源。太阳辐射在冠层的分布主要是由冠层结构决定的，可以从太阳辐射和冠层结构求出辐射在冠层内的分布。冠层不仅对冠层内的有效光合辐射分布有着重要的影响，还对温度、湿度、CO_2 体积分数、风速以及土壤水分和养分状况等因子有很大影响，而这些因子主要影响光合作用。

在同一果园内，果树的栽植密度、行向、树冠大小、形状、枝叶的数量和比例、空间分布等直接影响树冠的光能截获利用果园产量和果实品质。从果实优质生产角度，要综合考虑枝叶与光照、温度和相对湿度间的关系。在冠层外气候环境一定的条件下，冠层内温度与累计枝量、叶面积系数成线性下降，冠层内相对湿度与累计枝量、叶面积系数呈线性上升关系；在枝量分布和叶面积系数一定的情况下，冠层外界温度和相对湿度越高，冠层内温湿度变化越大，与外界温湿度差值也越高。

4.2.1.3 叶面积指数监测

叶面积指数(leaf area index，LAI)是果树冠层生物学特征的一个重要参数，叶面积指数在果树上的应用主要集中在它对果树冠层结构的影响上，与果园的光能截获及利用、产量和品质的形成等过程关系密切，在一定程度上决定了果园的生产效率(张显川等，2005；Chason et al.，1991)。近年来国内外开始对叶面积指数对冠层内光分布及微域气候的影响研究逐渐增多，叶面积指数与果园生态环境系统的关系等群体研究也开始起步。随着先进的生态学仪器在果树研究方面越来越多的应用，叶面积指数在果树科研中将发挥更好的作用。试验所测的叶面积指数为直接测定的 1/2 ，也可反映出果树冠层叶面积指数的形成过程(董建波，2010)。

植物冠层的几何结构和枝叶空间分布对其光能截获、能量流动、光合作用和蒸腾作用都有重要的影响。国外学者建立了光强对叶面积的依赖关系，说明光强随着光线穿过冠层内深度的增加呈指数级递减，并对光在植冠中传输的数学描述做了详细的回顾和论述。国内学者对高干开心形树形的研究认为，树冠内相对光照强度的分布呈现出自下而上逐渐增高的规律，同一层次内相对光照强度从内膛到外围逐步增大，冠层外围最高，靠近树干的下层最低。冠层不同部位的光合作用、蒸腾作用存在一定的差异。树冠中部的光合速率、水分利用效率最大，而外围的蒸腾能力最强，内膛最差(孙志鸿等，2008)。

4.2.2 果树长势监测

果树长势是决定果业生产效率和产量的关键因素之一。传统的果树长势监测方法主要依赖于人力实地检查，这种方式不仅耗时耗力，而且在大面积的果园中无法做到实时、精准的监测。近年来，随着卫星遥感和无人机技术的发展，遥感影像已经成为果树长势监测的重要工具。

4.2.2.1 基于无人机平台的果树长势监测

无人机平台因具有成本低、数据获取效率高、测试高度及测试时间可按需调节等优点，在监测作物长势研究中具有地面平台和高空平台无法比拟的优势，已被用于农情信息获取。当研究尺度为地面尺度时，影像的空间分辨率提高，包含了更为丰富的空间细节特征。不同于传统方法仅可捕获局部空间相关性，深度学习方法可以同时获取局部和全局的空间依赖特征，提取更复杂的特征，从而获得高精度的长势监测结果及产量估测结果。

利用深度学习方法基于无人机平台进行果树长势监测时存在平台容易受环境影响、无法大范围长时间连续稳定获取作物影像、深度学习算法复杂性高及耗时长等不足。未来可以进一步完善无人机遥感技术，提高数据获取及处理的稳定性和一致性，从而确保获取数据的准确性，实现长时间序列的果树长势监测和产量估测。此外，可尝试通过改进深度学习算法，来提高算法学习效率。

4.2.2.2 基于卫星平台的果树长势监测

随着高空间分辨率卫星的不断出现以及相比于无人机平台所具有的覆盖范围广等优势，利用高空间分辨率卫星数据进行地面尺度果树长势监测及产量估测也取得了一定进展。在利用高空间分辨率卫星影像进行地面尺度果树长势监测时，光学遥感卫星容易受到天气影响，无法在时间尺度上满足监测需要。针对这一问题，可采用基于光学和微波遥感数据融合的方法以及基于时空数据融合的方法对缺失数据进行补充，从而满足时间尺度监测的需要。

相比于光学遥感，微波遥感可以接收来自地表较长的电磁波信息，这些较长的电磁波可以有效穿透云雾，从而使得微波遥感具备全天候监测地表的能力。因此，融合光学和微波遥感数据可以进一步提高模型输入数据的获取能力。目前，在融合光学与雷达遥感卫星数据方面，大部分研究的关注点在于如何基于雷达数据填补光学遥感指数在时间序列上的缺失。

相比基于光学和微波遥感数据融合的方法，基于时空数据融合的方法不仅能够实现缺失数据的填补，还可以满足在地面尺度监测过程中高时间和高空间分辨率的要求，从而进一步提高地面尺度长势监测及产量估测的精度。基于时空数据融合的果树长势监测及产量估测方法是通过融合高空间分辨率数据和高时间分辨率数据获取具有高时空分辨率的遥感数据，从而进行地面尺度的果树长势监测及产量估测（王鹏新等，2022）。

4.2.3 果树病虫害诊断

农作物病虫害是影响粮食稳产增产的关键因素，防控农作物病虫危害是减灾保丰收的关键举措。近年来，随着气候变化、耕作栽培方式改变和农作物复种指数提高，农作物病虫害呈多发、频发的态势，重大农作物病虫害时有发生。联合国粮农组织的研究表明，仅农作物病虫害危害自然的损失率就超过 37%。中国是植物病虫害受害大国，若不采取防控措施，每年因病虫危害损失的水果和蔬菜将达到 10^{11} kg。

利用物联网、大数据和人工智能等新一代信息技术对病虫害的发生状况进行精准监测及预警，并结合互联网对防治技术进行及时推送，是实现病虫害数字化监测、智慧化防控的关键技术。这种在线、实时、价格低廉、无损伤的机器视觉病虫害监测及预测，不仅为植物病虫害防治防控提供了依据，而且有利于人们及时采取防治措施，从而最大限度地减少经济损失及农药施用，在保障农产品产量及品质的同时，减少环境污染。在技术上融合机器视觉、声学、遥感、全球定位系统、地理信息系统、网络等技术，在功能上进行病虫害信息、植物生长信息、生长环境信息自动识别等功能的拓展，可以为我国未来农业的自动化管理、集约化经营提供重要的理论依据和技术手段，发展前景广阔。

4.2.3.1 果树病虫害监测预警系统框架

在果树病虫害监测预警系统中，使用手机等移动端 App 及园区分布式定点高清监控摄像头获取病虫害图片，充分运用物联网技术、图像自动识别技术，采用深度学习的方法，基于历史病虫害大数据及专家知识数据库训练自动分类识别模型，实现病虫害精准识别及预测，并将识别结果及防治措施建议上报至果园管理部门及植保专家，经审核确认后同步推送至农户移动端 App，指导农户进行病虫害防治作业。病虫害监测预警系统框架如图 4.10 所示：

（1）高清图像数据获取　使用智能手机或定点监控摄像头等设备获取作物高清图像数据，采集设备具有网络通信功能，可远程控制抓拍，并将数据传输至服务器端进行病虫害识别处理。

（2）病虫害自动识别　病虫害分类识别处理服务器在接收到果树监控图像后，根据事先训练的深度学习病害识别模型对图像进行分类识别，输出果树病害的种类、病害等级等识别结果，依据病害的危害程度，结合病虫害防治专家知识库，给出科学的防治建议。

（3）病虫害预警及防治措施消息推送　在病虫害分类识别处理服务器检测到病虫害时，可将检测结果及防治建议通过网络以消息推送的形式发送至农户手机及生产管理部门，提醒农户及时防治。

图 4.10 果树病虫害监测预警系统框架

4.2.3.2 果树病虫害数据获取手段

生产中常采用智能手机的摄像头或园区分布式定点视频监控装置获取病虫害图像数据，其中硬件设备主要包括：智能手机(具备数据通信功能、带摄像头，可抓拍高清图片及视频)和高清网络监控装置(具备数据通信功能、带云台，可变焦、可远程控制抓拍)。

对于采集的数据要求如下：

(1)数据格式　图像为 JPG 格式；视频为 MPEG 格式。

(2)采样频率　手机端为抽样抓拍；定点监控为 1 张图/天。

(3)分辨率　720P、1080P。

(4)拍摄要求　近距离拍摄。

(5)通信网络　移动通信网络(3G/4G)。

4.2.3.3 果树病虫害人工智能识别服务平台构建

病虫害自动识别处理云平台可接收农户或固定观测站点上传的病害图片，并根据病虫害自动分类识别模型对病害图片进行识别分类，并给出相应的防治措施及建议。同时，将病害图片及诊断结果与防治方案推送至果业管理部门及植保专家，经审核确认后将诊断结果和防治方案反馈至农户移动端 App，指导农户进行病虫害防治作业。

主要软件功能模块包括：

(1)数据网络通信模块　主要功能是实现监测设备与云端图像识别服务平台的数据传输，常用通信方式是利用 4G 移动网络，采用 MQTT 物联网数据传输协议进行数据传输。

(2)病虫害自动分类识别模块　输入图片及视频等数据，基于深度学习识别模型，部署并提供自动识别服务，返回病虫害识别结果，其中包括病虫害类型、发病数量及位置、严重等级等详细信息。

(3)用户交互界面　农户数据上传界面，果业管理部门/植保专家数据浏览、查询、确认界面，平台管理员用户交互界面。

(4)数据库　病虫害防治专家知识库，农户及观测站点数据库，果业管理部门及植保专家数据库。

(5)主要硬件设备包括　网络通信设备，图像数据获取装置，数据处理服务器，数据存储设备等。

4.3　果实监测与诊断

4.3.1　果实检测与跟踪

目标检测是计算机视觉方向研究的重要分支，在目标跟踪、农业智能化等领域有着重要应用(李伟强等，2022)。其中，果实检测和跟踪是农业智能化领域的研究热点，其过程需要结合使用图像处理、机器学习和深度学习等多种方法，在采摘机器人、果实产量估计、自动化农业和治理植物病虫害等农业领域具有广泛的应用。

果实目标检测技术存在以下几方面的挑战：一是自然环境下，树干、枯叶、果柄等背景对果实的干扰以及簇生果实生长环境复杂，叶片和果实相互遮挡等因素使得果实识别难度增大；二是果实种类繁多，不同品种果实的特征和纹理特征差异性较大，且同一品种的果实在不同生长时期的尺寸和颜色特征也不同，使得现有数据集收集的果实对象严重不足，当被检测图像中出现没有训练过的果实对象时将出现漏检等情况，影响算法检测的准确度；三是当前的采摘机器人受自身硬件条件限制，对复杂的果实目标检测算法运行效率较低。传统的视觉方案往往使用人工设计的特征进行果实检测，例如方向梯度直方图、支持向量机、纹理特征和颜色特征等，但这些特征往往鲁棒性较差，不能很好适应果园环境，具体表现为不能很好区分不同品种果实的差异、对光照条件要求较高、特征提取过程复杂等。

随着深度学习技术的发展，基于深度学习的果实检测或者跟踪方法逐渐成为主流，深度学习的特征是由神经网络通过大量数据自主学习的，对果实特征表述能力较强，模型泛化性较高，果实识别准确度高，解决了传统方法的诸多弊端。

4.3.1.1　基于深度学习的果实检测

基于深度学习的目标检测的研究和发展，极大促进了其在果实检测中的应用，本部分内容将对几种果实检测领域常用的目标检测算法进行介绍。

(1)Fast R-CNN　如图 4.11 所示，Fast R-CNN 是一种经典的双阶段检测网络，解决了 R-CNN 训练速度慢和训练空间开销大的问题。如图 4.12 所示，陈斌等(2021)将 Fast R-CNN 网络用于对油茶果的检测，通过包围框的形式将果实的空间位置表达在图像上。

(2)Mask R-CNN　如图 4.13 所示，Mask R-CNN 是一种经典的实例分割网络，相比 Fast R-CNN，其在输出候选目标时增加了一个用于预测目标掩模的输出分支，可以实现对果实像素级的分割。该网络一般用于对果实的高精度定位，但由于其对算力要求较高，

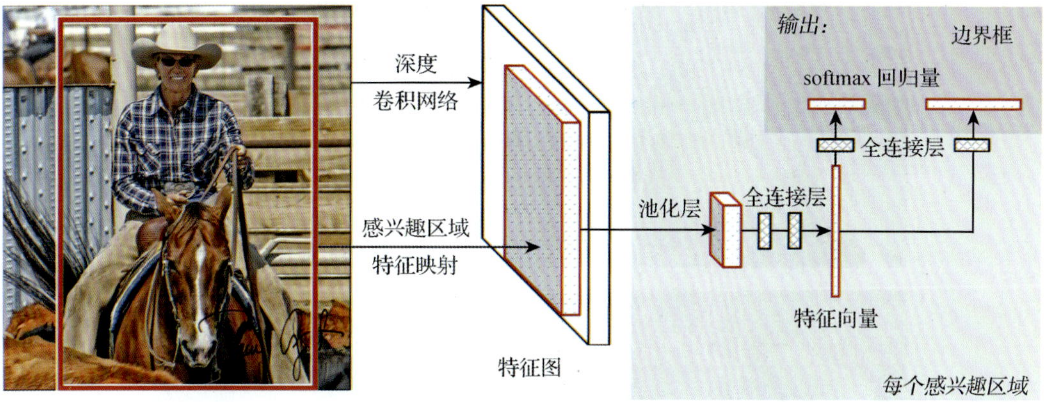

图 4.11　Fast R-CNN 网络结构示意图

图 4.12　Fast R-CNN 用于油茶果检测

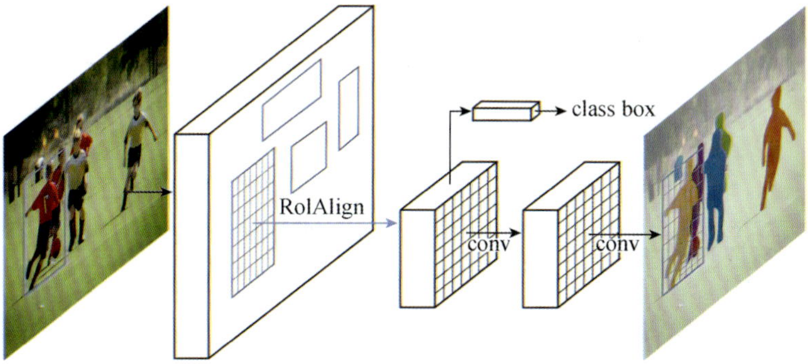

图 4.13　Mask R-CNN 网络结构示意图

实时性较差,一般只用于性能较好的设备上,或者搭配其他算法一起使用。如图 4.14 所示,岳有军等(2019)将 Mask R-CNN 用于苹果的实例分割任务,可以实现对苹果像素级的分割。

(3)YOLO 系列网络　如图 4.15 所示,YOLO 系列网络是果实检测领域最常用的算法,将目标区域预测和目标类别预测整合于单个神经网络模型中,实现在准确率较高的情况下快速目标检测与识别,更加适合现场应用环境。如图 4.16 所示,何斌等(2022)为实

图 4.14 Mask R-CNN 用于苹果实例分割

现日光温室夜间环境下采摘机器人正常工作以及番茄快速识别，提出一种基于改进 YOLOv5 的夜间番茄果实的识别方法。

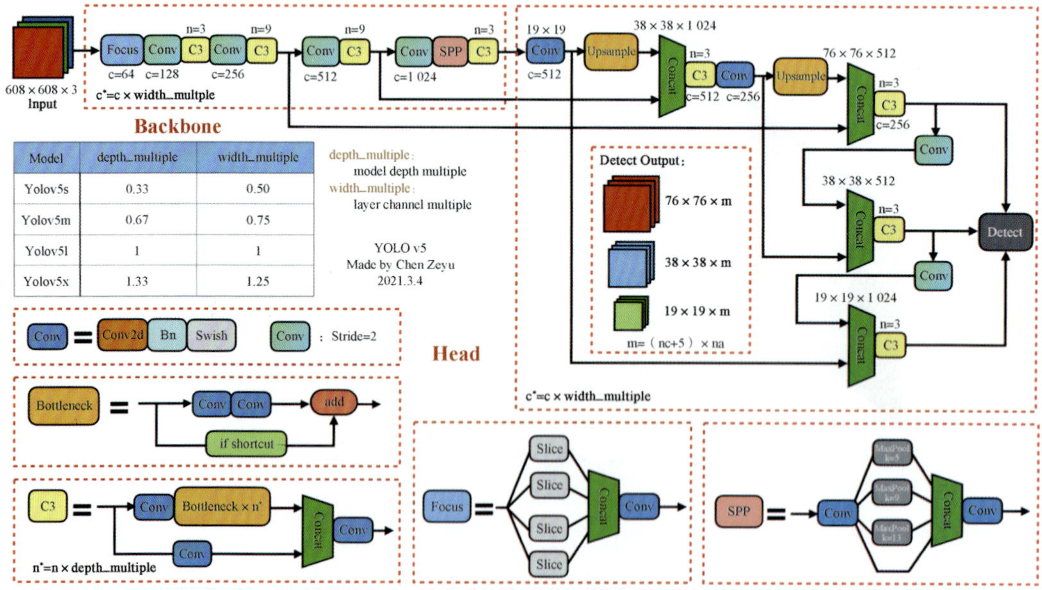

图 4.15 YOLO 系列网络结构示意图

4.3.1.2 基于深度学习的果实跟踪

果实跟踪常用于产量估计和机器人水果采摘等领域。以水果采摘为例，采摘果实首

图 4.16　YOLOv5 用于夜间番茄果实识别

先要对目标进行识别与定位，获得果实的位置信息，然后在采摘的过程中要对准备采摘的目标果实进行跟踪，最后实现采摘目的。如果使用静态检测方法来识别果实，不能很好地适应动态采摘的要求，因此在准确性方面有所欠缺。果实跟踪的核心问题是如何做好前后帧的数据关联，下面介绍一种常用的果实跟踪算法——SORT 算法，算法流程如图 4.17 所示。

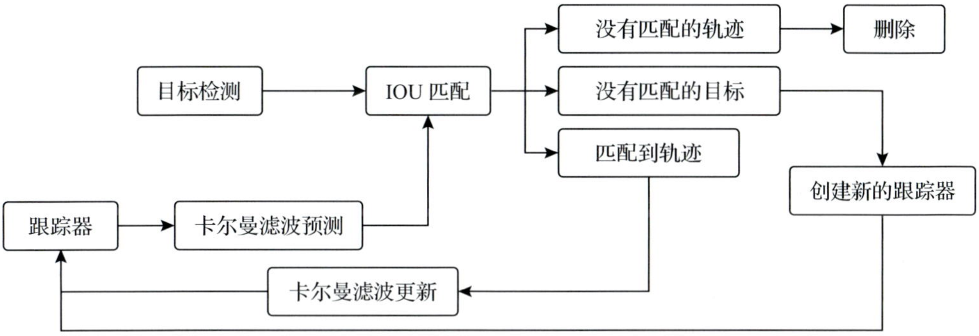

图 4.17　SORT 算法流程图

SORT 算法主要由以下流程组成：

(1)目标检测　首先通过目标检测算法检测出每一帧图像上所有的果实。

(2)预测模型　采用一个匀速模型来近似物体的每一帧位移，这个模型独立于其他物体，也独立于拍摄物体的摄影机的运动。每个目标的状态被建模为：

$$X=[u,v,s,r,\dot{u},\dot{v},\dot{s}]^T \tag{4.1}$$

其中，u 和 v 代表目标中心的 x 坐标和 y 坐标，s、r 表示包围框(bounding box)的尺寸和长宽比。这里的长宽比是固定的，所以前后帧的长宽比都一样，后面的 $\dot{u}$、$\dot{v}$、$\dot{s}$ 表示下一帧的预测中心的坐标和检测框面积。包围框用于更新目标状态，其中的速度分量使用卡尔曼滤波进行求解，如果没有和目标关联的检测框，就使用线性的预测模型而不需要修正。

(3)数据关联　使用匈牙利算法和卡尔曼滤波为现有的目标分配检测框，每个目标的包围框的分配是通过预测其在当前帧中的新位置估计的。此外，如果 IOU 小于一定的阈值，则拒绝分配检测框。

(4)创建和删除跟踪器　当新物体出现时，为其创建跟踪器。如果跟踪器在一定时长内没有被检测到，就判定为目标消失，防止跟踪器数量无限增大。

通过以上流程，可以实现对多个果实目标的实时跟踪，满足不同的任务需求。此外，实验证明，该算法的准确性关键在于目标检测算法的精度。

如图 4.18 所示，将 SORT 算法运用于苹果跟踪场景。

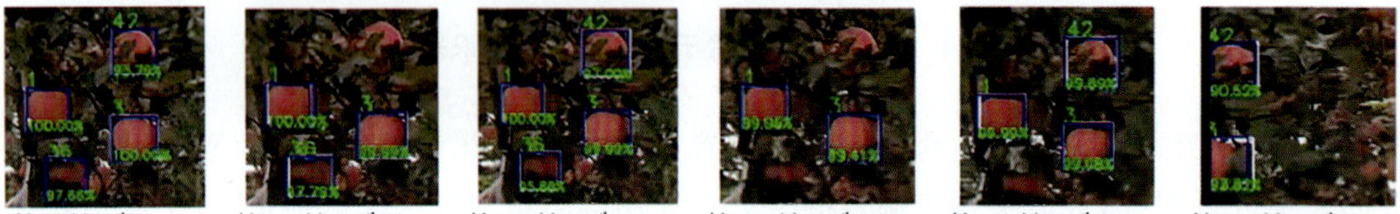

第 3 帧 3th framc　第 14 帧 14th framc　第 20 帧 20th framc　第 34 帧 34th framc　第 42 帧 42th framc　第 53 帧 53th framc

图 4.18　果实跟踪场景图

4.3.2　果实产量估算

果实产量估计检测技术在农业生产过程中极其重要，是促进农业发展、提高农药利用率、提高作业效率的有效手段。其在国内外都已经具有较长的研究历史，尤其是国外发达国家，两种检测技术都已经比较成熟(陈亚勇，2020)。

传统的作物单产的估算方法为调查统计法，包括人工调查、统计数据和收集资料等几个步骤。在调查过程中，每个操作和调查的流程都会对最终的结果产生一定的影响，因此在提高调查统计方法精度的同时也会带来较大的工作量。

随着理论、技术和方法的不断改进，尤其是计算机技术和深度学习技术的发展，果实产量预测的研究方法有了较大进步。在果实产量预测方面开始出现各种新的产量预测方法，主要分为基于地面图像信息的果实估产技术、基于航天遥感信息的果实估产技术、基于低空遥感信息的果实估产技术和基于多信息融合的果实估产技术等。

4.3.2.1　基于地面图像信息的果实估产技术

基于地面图像信息的果实估产技术是指利用地面设备，例如农业机器人搭配视觉、激光等传感器对果实进行估产，以下介绍两种常用的基于地面图像信息的果实产量估计方法。

(1)基于目标检测的果实估产技术　首先利用农业机器人或者人工的手段，对每棵果树进行图像拍摄，而后利用目标检测算法进行计算，将所有图像中果实的个数相加，获得预估的产量。此种方法需要提前对每棵果树进行拍摄，较为耗时耗力，且不能用于动态场景。如魏超宇等(2021)以小番茄果实簇为目标，将果实计数任务转化为果实簇的检测和分类两个子任务，通过对不同果实个数的果实串进行整体分类标注，有效避免了果实间的重叠、遮挡问题，并大大减少了标注工作量，部分计数场景如图 4.19 所示。

果实簇 9 个，果实 50 个

果实簇 3 个，果实 19 个

果实簇 9 个，果实 62 个

图 4.19　果实计数场景(以小番茄为例)

(2)基于多目标跟踪的果实估产技术　目标检测果实估产技术只能用于静态场景，为了能在动态场景下对果实进行估产，需要引入多目标跟踪技术，最常用的方式为“YOLO 目标检测算法＋DeepSort”。首先对每一帧图像进行目标检测获取每个果实的包围框，然后利用卡尔曼滤波和匈牙利算法对前后帧数据进行关联，为每个果实进行 ID 分配，最后通过统计 ID 数量的总和来确定果实的产量。

基于地面图像信息的果实估产技术可以在一定程度上实现果树的产量估计，其检测的局部精度较高；但也可能出现对整体把握不足等问题。且部分地面采集设备对果园的地形有一定的要求，当地面环境出现干扰因素时，也会对产量预测的准确度产生一定的负面作用。

4.3.2.2　基于航天遥感信息的果实估产技术

遥感技术的空间尺度较大，尤其适合大面积露天作物的调查、监测、评价和管理，在大面积的估产应用场景中有大量的应用。近年来，我国采用航天遥感也开展了不少作物估产的应用，例如刘羽(2021)将陕西省延安市洛川县作为研究区，利用 2013—2019 年 GF-1 和 Sentinel-2 多光谱遥感影像，采用随机森林法和支持向量机算法对研究区进行苹果果园精细提取。其次，结合气象因子、遥感植被指数因子、温室气体因子和干旱因子，利用随机森林回归和支持向量回归算法，建立适用于洛川县苹果的综合估产模型。

4.3.2.3　基于低空遥感信息的果实估产技术

低空遥感主要指搭载在无人机上的信息获取技术，其具有不受地形约束、自由度高和通用性好等优点，广泛应用于产量预估、生物和非生物胁迫性等方面的预估，其在作物精确生产管理等方面也具有较高的发展潜力。随着农用无人机在我国大量推广使用，基于低空遥感技术的估产技术也出现了新的发展。以国内研究为例，张美娜等(2019)通过图像拼接得到无人机在 50 m 高度下的全景 RGB 图像和彩色红外图像，提取了色度、覆盖率和归一化植被指数以建立棉花产量的预测模型。低空遥感图像见图 4.20。

4.3.2.4　基于多信息融合的果实估产技术

由于使用单一的方式进行果实估产存在诸多不足，一些学者通过融合多种信息检测

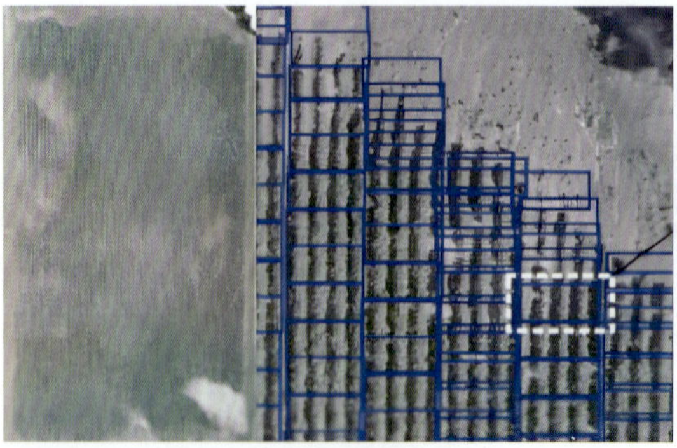

图 4.20　低空遥感图像

手段，提高估产的准确率。多信息融合的优点在于信息的互补，融合多种估产方法能避免单一角度信息的不足。

使用多信息融合进行果实估产，多数情况下能避免单一传感器缺陷导致的估产精度不足，但使用多信息融合的方式往往会导致成本的大幅上升，因此考虑到果园的经营成本，此方式一般较少实现落地。

4.4　果园生产智能诊断系统

4.4.1　果园生产决策支持系统的概念

虽然我国是农业大国，但由于农业生产分散受自然影响较大等若干特点，目前仍然存在农业人口科技文化素质偏低、农业领域专家和科技人员紧缺等现状，导致水果生产技术含量低、生产成本高、投入产出比低、农业的科技贡献率低，因此水果生产的可持续发展受到限制。水果生产加工融入农业信息技术，分析果园土壤、地势、气候及水果的产量、价格、果树体结构等决策影响因子，对辅助决策者做出正确决策具有重要意义。

决策支持系统是以计算机技术为基础的知识信息系统，用于处理决策过程中的半结构化和非结构化问题。它是以管理科学、运筹学、控制论和行为科学为基础，以计算机技术、人工智能技术和信息技术为手段，智能化地支持决策活动的计算机系统。

4.4.2　果园生产决策系统的功能

果园生产决策系统包括知识库、数据库(DB)、模型库(MBMS)、方法库和会话等部件，其核心就在于模型库的设计和数据库的建立，如图 4.21 所示。模型库里的模型可以对决策问题进行分析、预测、评价及优化，解决模型库与数据库和方法库的接口问题，使得决策者能够方便地利用模型库中的各种模型来支持决策(黄薇，2006)。而数据库则是为模型库及方法库提供有力的数据支持。

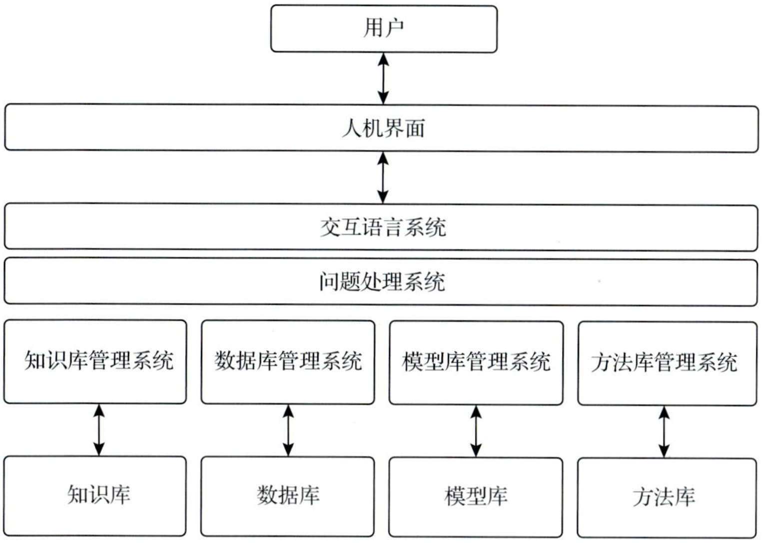

图 4.21 果园生产决策系统组成

果园生产决策系统模型库包含如下模型：

(1)果园产量预测模型　在果树的生长发育过程中，气象条件对其生长影响非常大，如适宜的温度是果树生长条件之一，温度决定着果实的自然分布，同时温度与花芽分化、花芽形成、生理代谢以及果实的生长、发育和果实品质等发挥着重要的作用；光照强度对果实生长发育、果实品质产生重要影响(程述汉等，1999)；相对空气湿度对果树的发育、产量和品质等都有重要作用。

(2)水果价格指数预测模型　首先对原始价格数据进行初步分析。选取销售地市场销售价格为因变量，选取时间为自变量。作为时序数列，采用过去的数据预测未来的结果，时间序列分析是一种重要的现代统计分析方法，广泛应用于自然领域、社会领域、科学研究和人类思维。时间序列分析的基本思想是随着时间的推移，被预测对象形成一组时间序列，而这组时间序列包含决定未来数据的信息，利用数学模型将这个时间序列拟合出来，再根据历史数据中所包含的信息，预测出该序列未来的数据。

(3)果树新梢生长动态模型　新梢是构成果树体结构的基本单位。新梢的生长状况、停长早晚及各类新梢的比例等影响树体的生长和叶幕形成，进而影响果树光合产物制造、分配和积累。良好的新梢生长动态有利于缓解新梢旺长期的营养竞争，促进果实发育和花芽形成，减少无效消耗，提高果实品质，增加储备营养，保证果树持续优质丰产。

(4)果树树干周增长模型　果树树干周生长规律，地上部分 20 cm 处树干的周长即为果树的干周，果树干周可以用来衡量果树长势、整齐程度、生态的适应性、地上部位和地下部位相关性的重要生物学指标，同时也是果树整形修剪、疏花疏果和合理负荷的重要依据。

4.4.3 果园生产决策数据库

近几十年来，信息技术飞速发展，人们生产、收集数据的能力得到了很大的提升，因此大量的数据需要被记录,数据库技术应运而生。数据库用于存储海量的数据,并对这些数据进行有效的管理与维护,使得这些数据真正成为一个决策资源。因此大量的数据库被广泛用于社会各个领域。如何利用这些数据为决策者提供决策支持,使得决策高效、科学,成为果园生产决策支持系统的重要研究方向。

各数据库存储的数据内容如下:

(1)系统数据库　用于存储与系统运行和系统用户相关的数据,如用户账户、账户状态、用户权限、操作日志和事件日志等。

(2)果实产量和价格数据库　用于存储果树产量和价格的相关数据,包括果园的历年产量、历年果园面积和水果销售地过去的日销售价格、市场详情、对应时间和地点等信息等。

(3)模型方法数据库　用于存储果园生产模型库系统里各个模型可能使用的方法的注册信息,包括模型方法的名称和使用的资源等(王军,2016)。

4.5　案例 1:柑橘果园空间分布信息识别技术

中国是柑橘重要的原产国之一,栽培历史长达四千多年。近年来柑橘产量及种植面积呈增长趋势,农业农村部公布 2018 年全国柑橘种植面积达 24 867 km^2,其中广西柑橘种植面积 3 882 km^2,居全国柑橘主产区之首,产值突破 1 000 亿元。广西具有适宜柑橘种植的独特气候与优越的生态和土地优势,早、中、晚熟柑橘品种均适合种植,柑橘种植的效益比较高。柑橘产业成为南方地区脱贫攻坚与乡村振兴的特色支柱产业。柑橘产业不断扩张,并向集约化和规模化方向发展。获取柑橘果园的种植面积和空间分布信息,可以探索扩种中的柑橘果园具体由哪些土地利用类型转化而来的及其产业背后的社会、经济和生态效益等,这些信息是指导柑橘产业科学发展的重要基础和依据。

4.5.1　柑橘果园空间信息识别技术难题与解决思路

尽管遥感技术已在农林业生产活动宏观检测中广泛应用,然而柑橘遥感识别还面临挑战,具体表现在:柑橘属常绿多年生作物,如何通过遥感手段区分柑橘与耕地作物、林地与园地植被存在科学挑战;我国南方地区多云多雨、地形复杂,如何有效获取影像数据并进行柑橘遥感快速识别面临技术难题。农作物、稀疏林地等与低龄柑橘果园具有较为相似的光谱特征,易发生混分现象,柑橘果园与耕地的错分误差均在 20%左右。尽管单一时期的影像光谱信息对于柑橘果园遥感识别特征的描述较为不足,但上述研究大多集中在中国赣南地区,该地区除柑橘外一般较少有其他果园,一定程度上简化了遥感识别对象的复杂性。研究区果园种植类型单一时,利用光谱和纹理等特征即可较好实现遥感识别。但不同果园之间的光谱特征较为相似,因此,在光学遥感影像不足、并且果园种植类型复杂条件下,利用光谱信息直接开展柑橘果园信息遥感识别存在一定困难。

考虑柑橘挂果期携带特定的果实颜色特征,推测柑橘果实生长膨大期前后植被信息可能发生显著变化，进而推测柑橘果实生长膨大期可能成为柑橘遥感识别关键物候期。基于这一科学假设，本案例选择气候多云多雨、果园类型复杂且柑橘扩张迅速的广西壮族自治区开展实证分析，旨在通过分析不同作物在不同时间的光谱特征，找到柑橘识别的关键物候期及最优植被指数，针对多云多雨、复杂种植的条件，探寻一种基于多时相影像数据的柑橘识别技术方法，为更广范围构建柑橘指数提供参考。

4.5.2 一种柑橘果园空间信息识别技术：以广西武鸣区为例

广西壮族自治区南宁市武鸣区（22°59′N～23°33′N、107°49′E～108°37′E）总面积为 3 378 km^2，四周为低山、丘陵，中部为盆地，丘陵面积占全区面积的 63.50%。研究区内年平均气温 21.7 ℃，极端最低气温－0.8 ℃，年降水量为 1 100～1 700 mL，年平均日照总时数为 1 665 h，属于亚热带季风气候，光热充足，雨量充沛，降水均匀，雨热同季，秋季昼夜温差较大，有利于光合产物积累。研究区种植结构复杂，种植种类繁多，除柑橘外，水稻、玉米、甘蔗和香蕉等作物均有种植。研究区柑橘果园大约从 2012 年开始扩张，2014—2015 年柑橘果园形成一定的规模。

4.5.2.1 遥感影像收集与预处理

本案例选用 Sentinel-2 时序卫星遥感数据的 Level-1C 产品（空间分辨率 10 m）。在武鸣区多云多雨的条件下，获取的多景影像往往存在云层干扰情况，如何有效去除云层的影响是开展研究的关键。本案例广泛收集 2017 年、2018 年、2019 年三年数据，首先对影像进行质量评价和筛选，然后通过质量波段对高质量影像进行去除云层的处理，最后从每一个影像像元时间序列栈内剪辑出中值，即影像时间序列上的合成。对每年各景影像的云层覆盖率进行统计，设置高质量影像的评价标准为云层覆盖率小于 30%，发现各年份上半年数据质量普遍较差（云层覆盖量大于 30%），各年份下半年数据质量普遍优于上半年。分析所有下半年数据发现：2017 年高质量影像缺失严重；2019 年下半年高质量影像分布不均衡，尤其是 10—11 月数据质量差，云层覆盖严重；2018 年下半年数据质量总体优于其他年份，可作为研究年份（图 4.22）。

在农作物进入收获期的 10—12 月，光谱特征与柑橘差异较大。同时，根据云层覆盖分析结果可知，这一时段云层污染程度较低，影像数据质量较高。为了获取无云层且时间跨度上覆盖作物收获期的影像数据，去除云层。获取 2018 年 10—12 月这一时间序列内影像的每个像元中值进行重构。此外，基于云层覆盖评价（图 4.23），进一步选取有较多高质量影像（云层覆盖率小于 30%）的 8 月、10 月、11 月和 12 月 4 个月份，逐月构建多时相数据集，将其用于提取多时相的植被指数。

4.5.2.2 基于野外调查的实地采样

本案例采用地面样本点法开展遥感分类结果精度验证，于 2019 年 12 月完成野外实地调查，保证样本点可以覆盖研究区柑橘种植面积较大的乡镇及周边区域，共采集 839 个

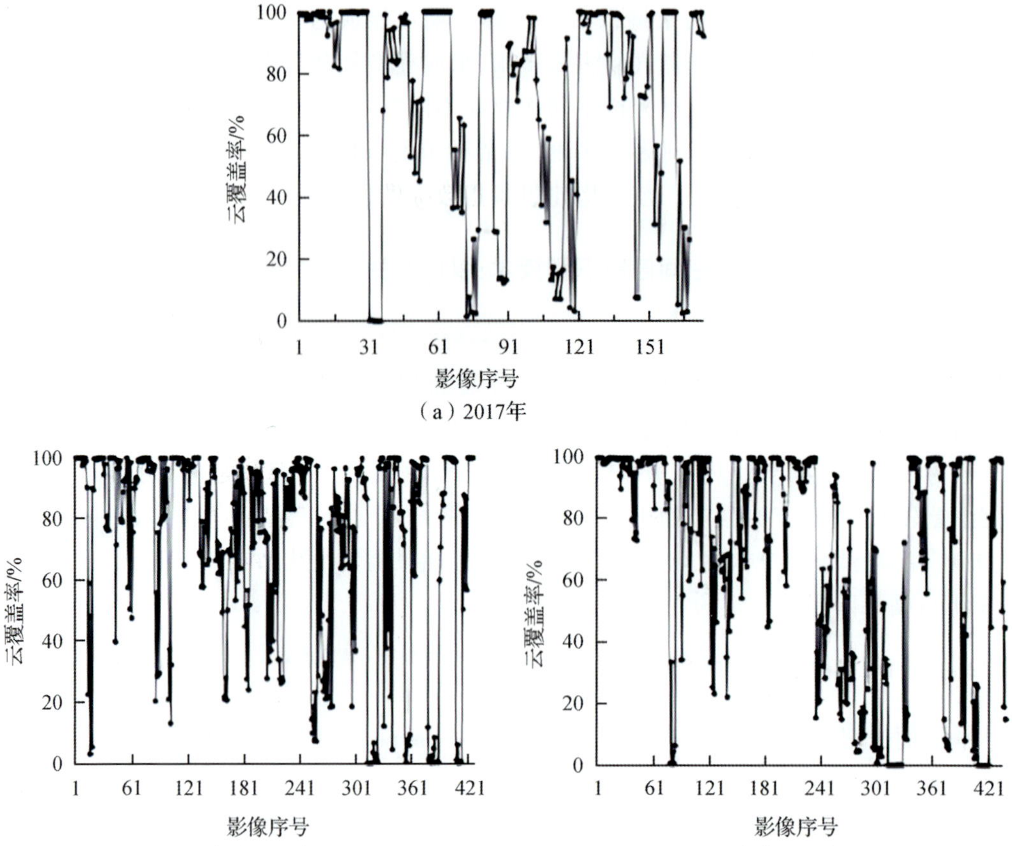

（a）2017年

（b）2018年　　　　（c）2019年

图 4.22　2017—2019 年研究区云层覆盖率统计

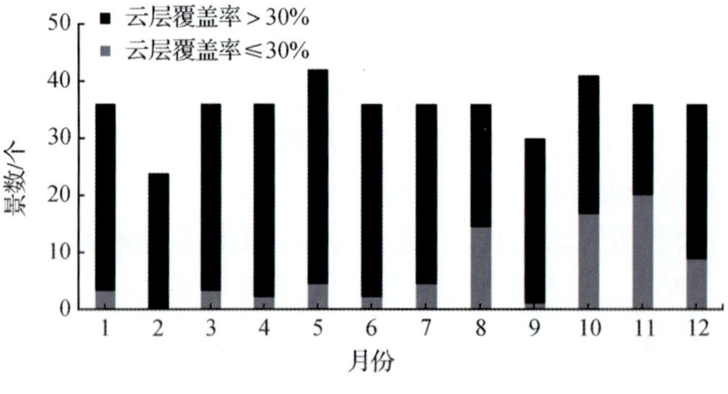

图 4.23　2018 年研究区 Sentinel-2 影像云层覆盖评价

纯净像元作为柑橘样本点，912 个纯净像元作为非柑橘的主要作物样本点。非柑橘样本点包括 4 种主要作物类别，根据种植面积的统计数据分析，这 4 类作物在该区大面积种植，是研究区除柑橘以外的主导作物，涵盖香蕉（果树）、甘蔗（经济作物）、水稻（水田）和玉米（旱地）。因为中部平原地区作物种植面积大、作物种类繁多，在中部乡镇及周边采样较多；四周山区柑橘果园面积与其他乡镇相比较少，少量柑橘果园种植于山间盆地等，所以仅选取一个乡镇作为代表进行采样调查。

本案例假定柑橘分布情况不会发生显著变化，因此采用 2019 年的地面样本数据验证 2018 年的遥感分类结果。为进一步确保该假定情况的合理性，野外调查期间重点确保了地面样本点在 2018 年与 2019 年不发生变化。

4.5.2.3 柑橘果园信息识别特征分析与提取

柑橘(*Citrus reticulata* Banco)，属芸香科下属植物，是热带和亚热带常绿果树，生长周期较长，一般种植 2～3 年可结果，果实成熟后挂果长达 3～4 个月，花果同期。根据实地调研所获取的作物信息，建立研究区柑橘及其他主要作物类型的物候历并分析不同作物的物候信息。

根据已有研究对 1 年内成龄柑橘果园的物候信息进行分析，由于柑橘属阔叶常绿树种，叶片常常会遮挡花期的花朵，柑橘果园在花期并没有明显的光谱特征变化；在夏梢期，常绿树冠层颜色与花期基本一致，因此 1—6 月不是柑橘果园识别的最佳时间窗口；7—10 月是柑橘的果实膨大期，果实开始生长与成熟，颜色由绿色逐渐转变为成熟色(橙色/黄色)，而果实的膨大对冠层叶片的遮挡作用也逐渐增加，基于此，本案例从物候信息的角度提出假设，即柑橘果园在其果实生长膨大过程中，植被信息可能减弱；11 月和 12 月既是果实成熟期同时也是冬梢发生期，花芽分化与果实成熟同时发生，果实遮挡对柑橘果园冠层光谱的影响逐渐减弱。因此，柑橘果园在 10—11 月之间存在果实成熟与新芽萌发的转折点，10 月作为果实膨大的末期，也是柑橘果园受到成熟果实影响最大的时期。

研究区其他主要作物类型有香蕉、甘蔗、水稻和玉米(表 4.3)。根据实地调查结果，研究区内香蕉、甘蔗、水稻和玉米在 8 月均处于生长旺盛期。根据研究区的种植习惯，夏植香蕉大规模收获期一般在 9—12 月；种植的水稻为两季稻，3 月播种早稻，7 月移栽晚稻，晚稻收获期为 10—12 月；甘蔗和玉米也在 10—12 月基本完成采收。

表 4.3 武鸣区主要作物物候历

<table>
<tr><th rowspan="2">作物</th><th colspan="12">月份</th></tr>
<tr><th>1</th><th>2</th><th>3</th><th>4</th><th>5</th><th>6</th><th>7</th><th>8</th><th>9</th><th>10</th><th>11</th><th>12</th></tr>
<tr><td>柑橘</td><td>花芽分化期</td><td>春梢萌发期</td><td>花蕾期</td><td>花果同期</td><td>夏梢萌发期</td><td>夏梢期</td><td colspan="2">果实膨大期</td><td colspan="2">果实迅速膨大期</td><td colspan="2">果实成熟期/花芽分化期</td></tr>
<tr><td>香蕉</td><td colspan="5">—</td><td colspan="3">生长旺盛期</td><td colspan="4">收获期</td></tr>
<tr><td>甘蔗</td><td>—</td><td colspan="2">幼苗期</td><td>生长期</td><td>分蘖期</td><td colspan="5">快速生长期</td><td colspan="2">收获期</td></tr>
<tr><td rowspan="2">水稻</td><td colspan="2" rowspan="2"></td><td colspan="4">早稻生长期</td><td>收获期</td><td>生长旺盛期</td><td colspan="4"></td></tr>
<tr><td>播种期</td><td colspan="3"></td><td>移栽期</td><td colspan="3">晚稻生长期</td><td colspan="2">收获期</td></tr>
<tr><td>玉米</td><td colspan="2"></td><td colspan="4">春玉米生长期、收获期</td><td colspan="5">夏玉米生长期</td><td>收获期</td></tr>
</table>

根据柑橘的物候特征，应用研究区 10—12 月去除云层影响的重构影像，基于柑橘、香蕉、甘蔗、水稻和玉米 5 类研究区主要作物类型，随机选取 30%的地面实测样本点统计各作物在各波段的反射率(图 4.24)。对比发现研究区内 5 种类别的光谱反射率总体变化趋势基本相似，数值差距不明显，但仍有一些细节差异。其中，香蕉、甘蔗和水稻在 B5 波段、B6 波段和 B8 波段，即红边波段 2(RE2)、红边波段 3(RE3)和近红外波段(NIR)的反射率均高于柑橘，且香蕉在这三个波段的反射率最高，分别为 0.25、0.33、0.31。而在 B11 波段、B12 波段，即短波红外波段 1(SWIR1)、短波红外波段 2(SWIR2)，恰恰相反，香蕉、甘蔗、水稻的反射率均低于柑橘，其中香蕉的反射率最低，2 个短波红外波段的反射率分别为 0.15、0.07。柑橘在 B4 波段、B5 波段即红光波段(Red)、红边波段 1(RE1)的反射率分别为 0.09、0.12，略高于香蕉和甘蔗，但与水稻、玉米反射率值基本重合。玉米和柑橘在 9 个波段反射率数值与趋势基本一致。

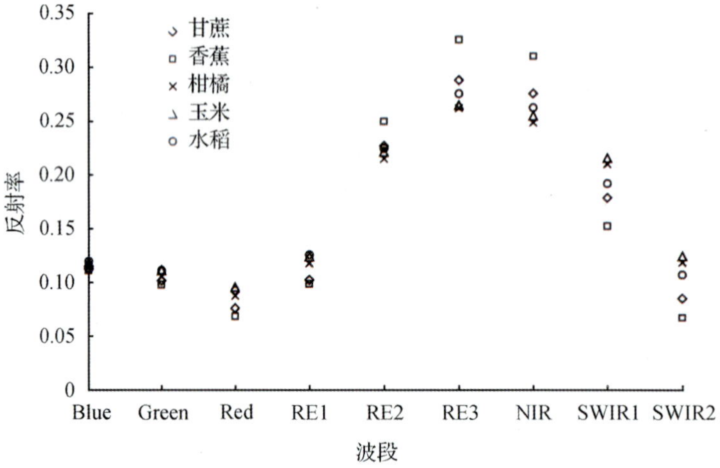

图 4.24　研究区 5 类主要作物类型各波段反射率对比

由图 4.24 可知，不同作物原始波段信息特征差异不够明显，因此，通过波段组合构建植被指数，增强不同植被之间的光谱差异。综合考虑研究区作物类型的生长特性和 Sentinel-2 高质量数据的可获取性，分析中采用云覆盖率较小的 8 月、10 月、11 月和 12 月作为描述研究区 5 种主要作物关键物候期的时间窗口，并构建植被指数。同时，以月为单位，根据植被指数的数学表达式编写代码，采用月度最大合成法进行数据重构，以消除云雨的影响。对比不同植被指数对柑橘及其他作物的区分效果，本案例选择归一化植被指数(normalized difference vegetation index, NDVI)、绿色归一化植被指数(green normalized difference vegetation index, GNDVI)和差值环境植被指数(difference vegetation index, DVI)进行对比，GNDVI 将绿光波段取代 NDVI 中的红光波段，具有较好的稳定性；DVI 则能较好地识别植被和水体。同时，引入 Sentinel-2 红边波段指数(sentinel-derived red-edge spectral indices, RESI)与常用植被指数 NDVI、GNDVI 和 DVI 进行对比。植被指数的计算如式(4.2)~式(4.5)所示：

$$\mathrm{NDVI}=\frac{\rho_{\mathrm{NIR}}-\rho_{\mathrm{RED}}}{\rho_{\mathrm{NIR}}+\rho_{\mathrm{RED}}} \tag{4.2}$$

$$\mathrm{GNDVI}=\frac{\rho_{\mathrm{NIR}}-\rho_{\mathrm{GREEN}}}{\rho_{\mathrm{NIR}}+\rho_{\mathrm{GREEN}}} \tag{4.3}$$

$$\mathrm{DVI}=\rho_{\mathrm{NIR}}-\rho_{\mathrm{RED}} \tag{4.4}$$

$$\mathrm{RESI}=\frac{\rho_{\mathrm{RE3}}+\rho_{\mathrm{RE2}}-\rho_{\mathrm{RE1}}}{\rho_{\mathrm{RE3}}+\rho_{\mathrm{RE2}}+\rho_{\mathrm{RE1}}} \tag{4.5}$$

式中：ρ_{NIR}、ρ_{GREEN}、ρ_{RED}、ρ_{RE1}、ρ_{RE2} 和 ρ_{RE3} 分别为 Sentinel-2 的近红外波段、绿光波段、红光波段和红边波段 1、红边波段 2、红边波段 3 的说明，一一对应反射率。

为了进一步检验 4 种植被指数的离散程度，本案例引入变异系数（coefficient of variation，CV）进行分析。变异系数即离散系数，是概率分布离散程度的一个归一化量度，其定义为标准差 σ 与平均值 μ 的比值，计算如式（4.6）所示：

$$\mathrm{CV}=\frac{\sigma}{\mu} \tag{4.6}$$

对比柑橘、香蕉、甘蔗、水稻和玉米的植被指数在不同时间窗口的差别（图 4.25），发现柑橘的 NDVI 在 10—11 月的变化明显有别于其他作物类型。柑橘的 NDVI 数值在 10 月份明显下降，为 0.47；至 11 月又有一定的回升，为 0.56。对应柑橘的物候期，验证了果实膨大末期（即 10 月），柑橘果实体积变大与黄化使得冠层植被信息减弱，即 NDVI 数值下降；11 月进入冬梢期，柑橘的冠层植被信息逐渐回升，即 NDVI 数值升高。此外，在果实成熟的关键物候期，柑橘与其他 4 种作物类型的 DVI 指数和 RESI 指数区分不大，柑橘的 GNDVI 在该时期特征不明显，说明仅 NDVI 对此特征具有较高的敏感性。进一步计算柑橘的 NDVI、GNDVI、DVI 和 RESI 在物候期 10 月的变异系数（表 4.4），发现柑橘的 NDVI 在 10 月的 CV 值最高，为 0.16，即不同植被指数之间的 NDVI 离散程度最高，差异性最强，对柑橘果园的区分效果最优。

果实生长发育造成的植被光谱特征变化是柑橘不同于其他农作物的独有特征。不同于柑橘，香蕉、甘蔗和水稻在 4 个时间窗口中 NDVI 数值变化趋势一致，生长旺盛期均为 8 月，NDVI 的数值变化最大，分别为 0.80、0.68 和 0.72；而 10—12 月进入收获期，NDVI 数值逐渐下降，如图 4.25 所示。12 月，香蕉在开始收获，甘蔗完成了大部分的收获，水稻则基本完成收割，此时，香蕉、甘蔗、水稻的 NDVI 值分别为 0.60、0.49 和 0.31。此外，玉米的 NDVI 在 8 月、10 月和 11 月波动较为平稳，在收获月份（12 月）数值同样下降明显，为 0.41。

表 4.4　柑橘果园不同植被指数的变异系数

植被指数	变异系数
归一化植被指数（NDVI）	0.16
绿色归一化植被指数（GNDVI）	0.12

续表 4.4

植被指数	变异系数
差值植被指数(DVI)	0.11
红边波段指数(RESI)	0.08

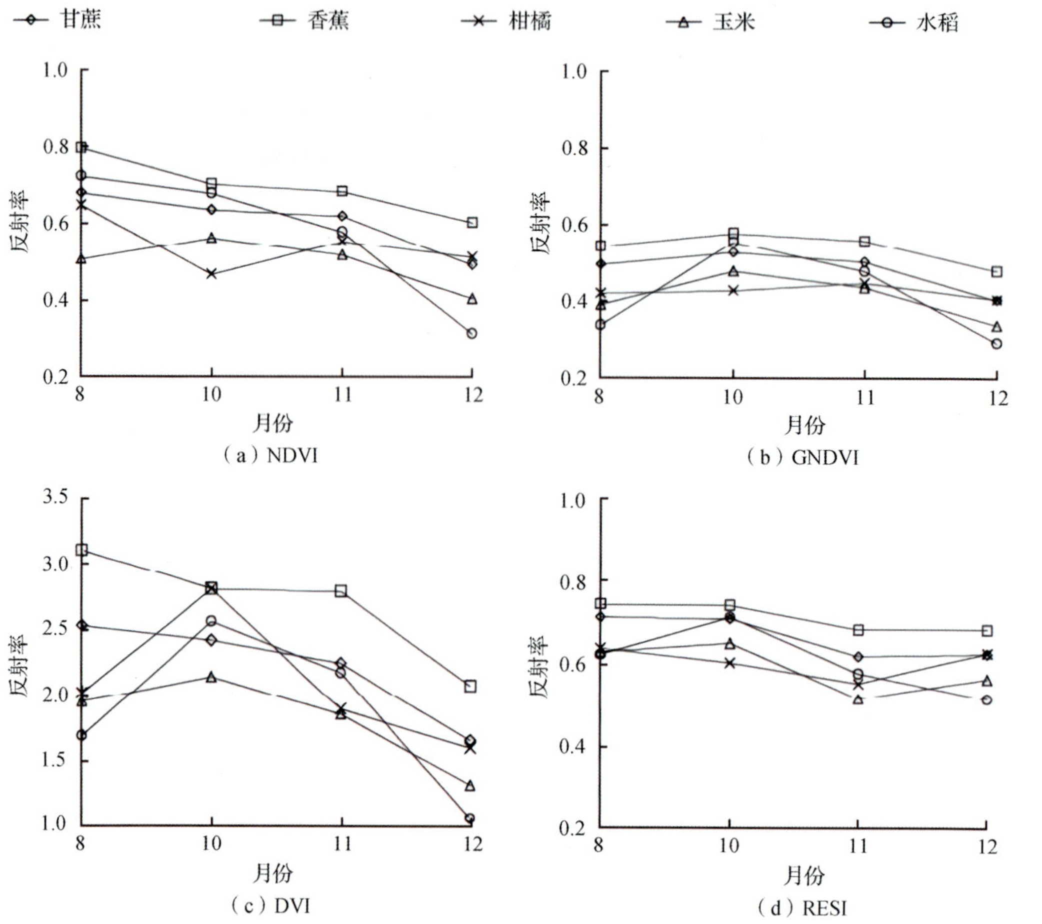

图 4.25　研究区主要作物类型在不同时间窗口的归一化植被指数 NDVI(a)、绿色归一化植被指数 GNDVI(b)、差值植被指数 DVI(c)和红边波段指数 RESI(d)

4.5.2.4　武鸣区柑橘果园空间分布识别技术

本案例分两步构建柑橘果园空间分布识别模型。第一步，根据研究区柑橘、香蕉、甘蔗、水稻和玉米 5 种主要作物的类型在不同时间窗口的物候特征，利用 5 种作物的生长旺盛时期和收获时期，基于从简到繁分层次提取的思想，对香蕉、甘蔗、水稻和玉米进行剔除，经多次筛选后得到预分类后的影像，具体步骤如下：首先对植被和非植被进行区分，保留植被信息，剔除非植被信息；其次基于生长旺盛期(8 月)和收获期(11 月和 12 月)，设定不同时期植被指数的阈值，对香蕉、甘蔗、水稻和玉米进行逐层分类，初步剔除这4种作物类型；最后提取出包含柑橘果园信息的预分类后影像。

第二步，在逐层分类基础上，利用柑橘在物候期独有的特征与光谱变化，根据再归一化红边波段指数(re-normalization of sentinel-derived red-edge spectral indices，RNRESI)，基于RESI归一化计算提取原理，进一步构造再归一化的植被指数(re-normalization of vegetation indices，RNVI)。RNVI将不同时期的植被指数再归一化(vegetation indices，VI)，其构造结果如式(4.7)所示：

$$RNVI=\frac{VI_a-VI_b}{VI_a+VI_b} \tag{4.7}$$

式中：VI_a 是果实膨大期的最后一个月份的最大植被指数合成值，VI_b 是果实膨大期结束后的第一个月份的最大植被指数合成值。

基于RNVI指数建立研究区柑橘果园判定规则，对包含柑橘果园信息的预分类后影像进行判别。若影像待判定像元的RNVI值为负值，则该像元判定为柑橘果园；若影像待判定像元的RNVI值为正值，则该像元判定为非柑橘果园。受种植时间和果园管理的影响，研究区部分柑橘物候期存在不同步的现象，因此本案例仅识别成龄柑橘果园，未识别低龄柑橘果园。

4.5.2.5 武鸣区柑橘果园空间分布识别技术应用

由于NDVI对各种作物类型的离散程度最高，对柑橘果园的分离性最好，本案例选择NDVI进一步构建RNVI指数识别柑橘果园；同时，选择具有类似特征但区分度较差的GNDVI进行对比。柑橘果园识别的关键月份为10月和11月，分别是果实膨大期的末期和果实膨大期后的冬梢期的第一个月份(11月)。综上，基于式(4.7)的RNVI指数，植被指数VI选择NDVI和GNDVI，得到再归一化的归一化植被指数(re-normalization of NDVI，RNNDVI)和再归一化的绿色归一化植被指数(re-normalization of GNDVI，RNGNDVI)，并分别利用RNNDVI和GNDVI识别2018年研究区的柑橘果园。两种指数识别结果表明，在总体空间分布上，柑橘果园主要分布于平原、盆地以及低矮山坡，较少分布于海拔较高的山丘。RNNDVI识别的柑橘果园较为完整，而RNGNDVI识别的柑橘果园较为破碎。

对研究区各乡镇的柑橘果园面积进行统计(图4.26)，利用RNNDVI识别的研究区柑橘果园总面积为3.42万 hm^2，而利用RNGNDVI识别的研究区柑橘果园总面积则为3.47万 hm^2，两种植被指数的柑橘果园识别面积基本相同，均高于统计数据3.07万 hm^2。

本案例基于随机选取的30%地面实测样本点数据，采用总体精度、Kappa系数、生产精度和用户精度作为柑橘果园识别结果的评价指标。精度验证结果表明(表4.5)，RNNDVI对柑橘果园识别的总体精度为82.75%，Kappa系数为0.66，说明基于物候信息的植被指数方法在种植类型复杂、多云多雨条件下有较好的识别精度。而RNGNDVI对柑橘

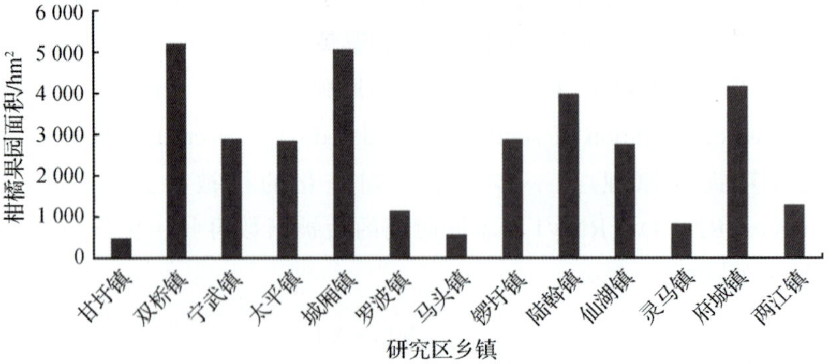

图 4.26　研究区乡镇柑橘果园面积统计

果园识别的总体精度为 75.78%，Kappa 系数为 0.51，均低于 RNNDVI。RNGNDVI 对柑橘识别的生产精度仅为 66.03%，用户精度为 79.94%，在漏分误差和错分误差上均次于 RNNDVI，尤其是漏分现象较为严重。利用 RNNDVI 识别的柑橘果园生产精度为 84.86%，用户精度为 80.27%，均高于 80%。

错分现象主要分为两种：一是稀疏林地、甘蔗地；二是反射率较高的建筑物。林地错分误差主要来自西北部的丘陵地区，有研究证明稀疏林地和灌丛同柑橘低龄果园间光谱较为相似，易产生混淆。研究区虽大面积种植经济林桉树，但桉树无果实，与柑橘果园物候特征存在显著差异。由于柑橘表现出逐行栽种、相邻树种间隔相似且植株不高的规则性特征，后续研究可考虑优先提取桉树林分布，排除稀疏林地的干扰。

漏分现象主要来自 NDVI 数值异常的柑橘果园。柑橘果园的光谱特征与环境、树龄、人工管理等有一定的关系，研究区柑橘果园虽大多已是成龄果园，但部分生长阶段不同步的柑橘果园易出现漏分现象，如新种的柑橘树苗发育至可挂果的成龄果树需要 2～3 年，且树苗小，树高低，叶片稀疏，难以用果实成熟期的物候特性识别。此外，部分果园在人工管理，如拉枝处理，后生长更加旺盛，果实成熟时树种间隔较密，NDVI 值偏高，易出现漏分。

表 4.5　基于不同植被指数的分类精度评价对比

分类特征	分类类别	总体精度/%	Kappa 系数	生产精度/%	用户精度/%
归一化植被指数(NDVI)	柑橘果园	82.75	0.66	84.86	80.27
	其他作物			80.81	85.30
绿色归一化植被指数(GNDVI)	柑橘果园	75.78	0.51	66.03	79.94
	其他作物			84.76	73.06

4.5.3　柑橘果园空间分布信息识别技术应用潜力

本案例根据柑橘的生长特性，提出了基于果实物候特征的柑橘果园信息识别技术，通过物候信息解决了多年生常绿柑橘果树在遥感识别中光谱信息不足的问题，并对比了不同植被指数在不同时期识别柑橘的效果，取得以下成效：

(1)“柑橘果实生长膨大过程会导致植被信息逐渐减弱”这一假设得到证实　对比案例区其他作物类型，该时期柑橘特征差异明显，果实体积变大，颜色变成熟，柑橘果树叶片光谱信息受到一定的遮挡，是识别柑橘的重要特征。

(2)不同植被指数对柑橘果实特征变化的敏感性不同　果实发育带来植被信息减弱这一特征，归一化植被指数(NDVI)描绘最优，物候期数值下降明显，分离性最强，明显优于绿色归一化植被指数(GNDVI)、差值植被指数(DVI)和红边波段指数(RESI)。

(3)不同植被指数对柑橘分布提取的效果不同　利用关键物候期提取案例区柑橘空间分布，基于多时相的 NDVI 识别的总体精度达 82.75%，优于 GNDVI 识别的总体精度 75.78%。对比两种植被指数的识别结果空间分布，NDVI 识别的柑橘果园更加完整。

柑橘关键物候期位正好位于 Sentinel-2 数据云层污染较少的月份，部分解决了南方地区多云多雨导致的多时相数据不足的问题。该技术为种植复杂、多云多雨条件下的柑橘遥感识别提供了较好的理论与实践支撑，也为普适性更强的柑橘指数构建提供了参考和基础。与此同时，柑橘果园空间分布信息识别技术应用还存在些许不足。本案例采用 Sentinel-2 光学数据，主要目的是通过光谱变化揭示柑橘果实颜色变化特征，因此还未考虑使用 Sentinel-1 等雷达数据。Sentinel-2 特有的红边波段信息在农作物、湿地、林地等遥感识别研究中已有较好的效果。本案例仅采用一种红边波段指数作为对比，未来有必要深入挖掘红边波段在柑橘识别中的应用潜力，引入多种红边波段指数，与物候信息结合，寻找更优的柑橘识别方法，并结合 Sentinel-1 等多源数据，进一步推动柑橘遥感识别理论与方法创新。

4.6　案例 2：零数据标注的果实识别

近年来，由于基于深度学习的目标检测技术检测精度高、模型鲁棒性好等优点，其已逐渐替代了传统的检测方法，广泛应用于果园果实的检测工作中。而基于深度学习的果实检测技术在实际应用过程中，多数需要制作带有大量标签信息的果实数据集来提供监督学习信号，支撑模型的训练学习，同时需要耗费昂贵的人工劳动力进行大量的数据标注工作。在实际应用任务中，针对同一品种果实不同场景(比如室内和室外)的栽培方式带来的图像场景差异性，经常存在检测模型泛化性差而导致的果实检测精度低的问题。而对于不同类别的果实检测任务，由于不同类别果实间的图像特征差异大，更需要对特定任务场景下的果实数据集进行图像采集和数据标注工作，重新进行果实检测模型的训练学习。因此，当任务中果实采集场景或者果实类别发生更改时，通常需要更换相应的果实数据集，并重新开始果实检测模型的训练学习，而每次数据集的制作通常带有大量的标签标注工作，整个过程非常耗时耗力。所以，如何减少数据集标注工作量成为当下的一个研究热点。

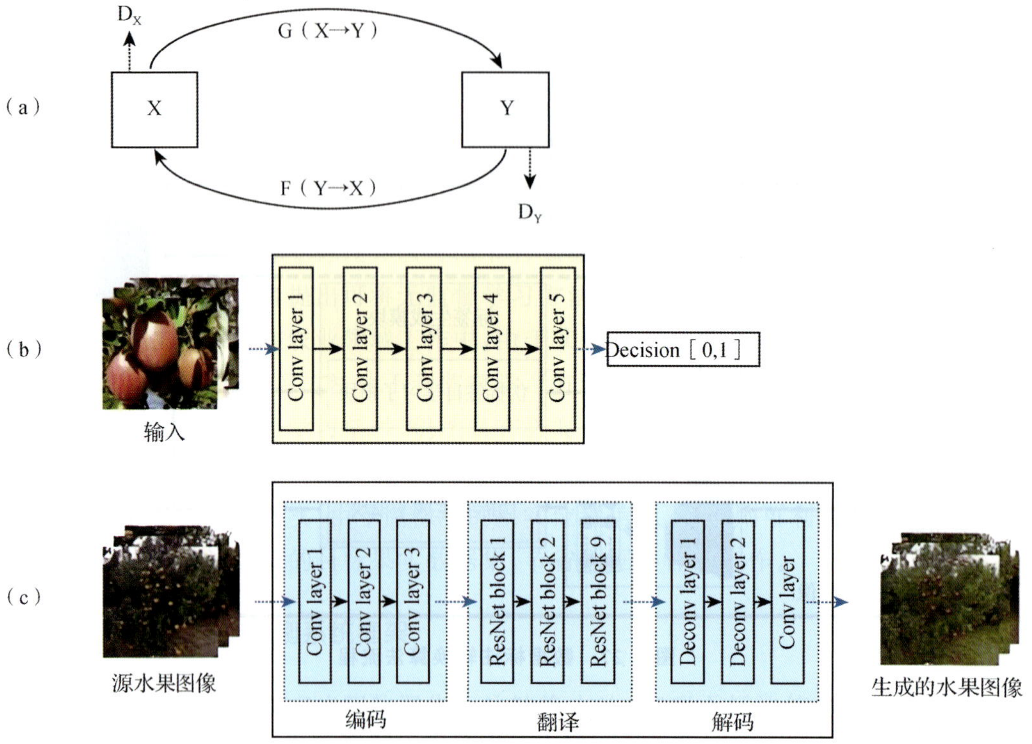

图 4.28　图像转换网络相关展示图

(a)表示两个图像域 X 和 Y 之间的映射函数，包括两个映射关系(G:X→Y;F:Y→X)和两个对抗判别器(DX 和 DY)；(b)表示判别器网络结构；(c)表示生成器网络结构

源域图像输入编码器，提取图像特征向量；然后，通过转换器将源域图像特征向量转换为目标域图像特征向量，其中，转换器是由 2 个卷积层构建的残差模块组成，能够实现在转换的同时保留源域图像中的特征信息；最后，将转换器输出的目标域图像特征向量通过反卷积网络，重新构建低级特征并生成目标域图像。

另外，判别器网络[图 4.28(b)]主要由卷积层组成，首先通过卷积层提取图像特征，然后利用最后一层一维输出卷积层确定提取的特征向量，最后用来判别图像是否属于特定类别。当 CycleGAN 网络训练完成，可利用训练好的生成器网络对不同类别果实图像实现图像转换，具体操作如下：

首先，本案例利用提供的 apple2orange 数据集，以柑橘为源果实，苹果为目标果实，训练柑橘和苹果两种不同类别的 CycleGAN 果实转换网络；然后，利用训练好的 CycleGAN 果实转换网络，根据式(4.8)，将“带有标签的源柑橘数据集”(记为数据集 DS)中源柑橘图像 ISi 转换为假目标苹果图像 IFi(图 4.29)，其中 w1 代表 CycleGAN 网络权重参数；接着通过结合“有标注信息的源柑橘数据集”(记为数据集 DS)中原有标注信息，构建“带有柑橘标注信息的伪目标苹果数据集”(记为数据集 DF)；最后，利用“带有柑橘标注信息的伪目标苹果数据集”(记为数据集 DF)训练得到“检测伪目标苹果的果实检测

图 4.29 果实图像转换效果图展示

(a)(b)为源柑橘果实图像；(c)(d)为对应转换生成的假目标苹果图像

模型”（记为果实检测模型 M2），可应用于对“无标注信息的真实目标苹果数据集”（记为数据集 DTU）的检测任务。

$$\mathrm{IF}i=\mathrm{M1}\ (\mathrm{w1},\mathrm{IS}i),i=0,1,2,\cdots\cdots,NS \tag{4.8}$$

式中：IFi 表示模型预测的第 i 张假目标苹果图像；M1 是生成器的函数表示，可以将源域图像转换为目标域图像；w1 表示 CycleGAN 网络权重参数，这些权重参数在训练过程中通过优化损失函数来更新，从而使生成器能够生成更逼真的目标域图像；ISi 表示源域第 i 张输入的柑橘图像；i 表示图像的索引，从 0 开始，遍历所有输入图像；NS 表示有标注信息的源柑橘数据集的总数。

4.6.2.2 果实检测网络

文中采用提出的小目标果实检测模型 Improved-YOLOv3 作为本次研究应用的检测模型，模型结构如图 4.30 所示。由于小目标的检测主要在浅层网络中进行，该模型基于原 YOLOv3 模型，通过设计去除原 YOLOv3 模型中下采样率为 32 的深层网络检测分支，添加下采样率为 4 的浅层网络检测分支，提高模型对小目标果实的检测性能。本案例将 Improved-YOLOv3 模型应用于源柑橘果实和目标苹果果实的检测任务中。

4.6.2.3 伪标签获取

传统数据集标签是基于人工标注，而伪标签是一种由机器自动生成的类似于人工标注的目标框，通过机器生成代替人工标注，可用于节省人工数据集标注工作量。因此，本

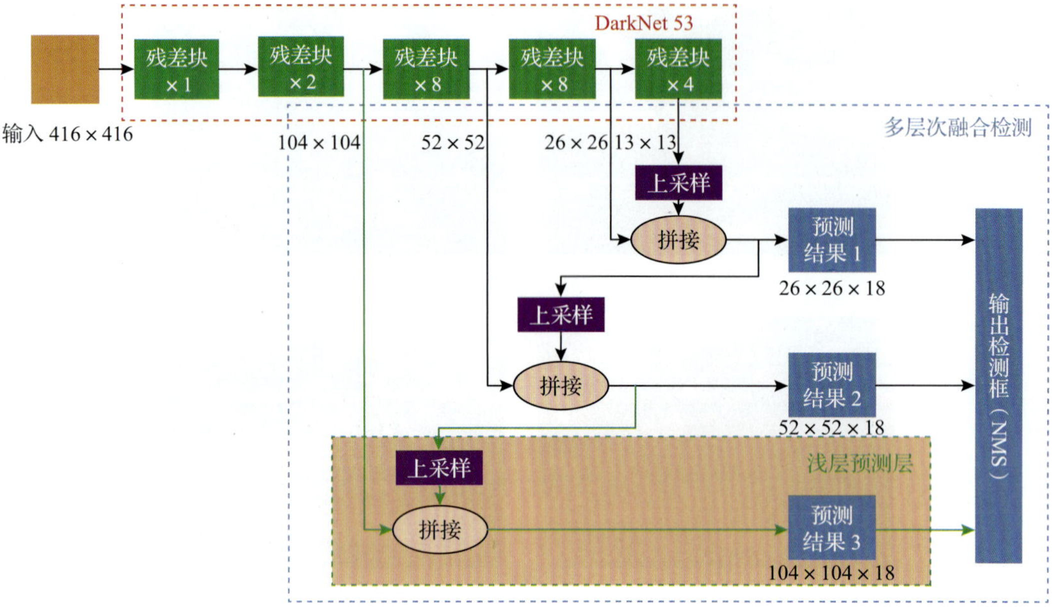

图 4.30　Improved-YOLOv3 模型结构示意图

文提出采用伪标签的方法，自动生成“无标注信息的真实目标苹果数据集”（记为数据集 DTU）中的数据标注信息。

由于 CycleGAN 网络转换生成的假目标苹果图像和自然真实生长的目标苹果图像的果实特征较相似，因此“检测假目标苹果的果实检测模型”（记为果实检测模型 M2）对真实目标苹果图像具有一定的检测能力，可通过“检测假目标苹果的果实检测模型”（记为果实检测模型 M2）获取“无标注信息的真实目标苹果数据集”（记为数据集 DTU）中的数据标注信息（伪标签）。具体步骤如下：

首先，利用“检测假目标苹果的果实检测模型”（记为果实检测模型 M2）获取“无标信息的真实目标苹果数据集”（记为数据集 DTU）中真实目标苹果图像的检测框信息。然后，将获取的检测框信息作为“无标注信息的真实目标苹果数据集”（记为数据集 DTU）的伪标签，自动构建“带有伪标签的真实目标苹果数据集”（记为数据集 DTL），实现异类果实间数据集的数据标注信息转换。

4.6.2.4　伪标签自我学习

本案例中将“检测伪目标苹果的果实检测模型”（记为果实检测模型 M2）在真实目标苹果图像中获得的检测框作为伪标签框，由于“检测伪目标苹果的果实检测模型”（记为果实检测模型 M2）是由“带有柑橘标注信息的伪目标苹果数据集”（记为数据集 DF）训练得到的，因此在真实目标苹果图像的检测框获取过程中，易存在误检框，导致生成的伪标签受噪声的影响。因此，如何降低伪标签中噪声的影响成为本案例的主要研究点之一。

由于在伪标签框的获取过程中，置信度阈值大小的设置与获取的伪标签框质量和数量存在一定联系，当置信度阈值设置越高时，代表获取的伪标签框中包含目标果实的概率越大，即伪标签框正确标注目标果实可能性越高，同时高阈值的筛选导致伪标签数量越少，反之亦成立。因此，本文提出伪标签噪声滤除方法和伪标签循环更新方法，用于降低伪标签噪音影响，提升伪标签标注精度。具体介绍如下：

(1)伪标签噪声滤除　首先，设置初始置信度阈值大小 θ，将“无标注信息的真实目标苹果数据集”(记为数据集 DTU)作为测试集，输入“检测伪目标苹果的果实检测模型”(记为果实检测模型 M2)，通过获取所有真实目标苹果图像检测框信息，如式(4.9)所示。

$$\sum Nj = i - 01 \mathrm{l T} ij = \mathrm{M2}\ (\mathrm{w2}, \mathrm{IT}i, \theta) \tag{4.9}$$

式中：$\mathrm{lT}ij$ 表示第 i 张真实目标苹果图像的第 j 个标签框信息；$\mathrm{N}i$ 表示第 i 张真实目标苹果图像总的标签框个数，$i=0,1,2,\cdots\cdots,NT$。

然后，对所有检测框分数进行计数求和并取平均分数值(Saver)，并将小于平均值分数的检测框进行滤除操作，取较高得分的检测框作为“无标注信息的真实目标苹果数据集”(记为数据集 DTU)的伪标签框，构建“带有伪标签的真实目标苹果数据集”(记为数据集 DTL)，如式(4.10)和式(4.11)所示。

$$\mathrm{Saver} = \mathrm{Score}\ (\sum \mathrm{N}i = \mathrm{T0} - 1 \sum \mathrm{N}j = i0 - 1 \mathrm{lT}ij) / \sum \mathrm{N}i = \mathrm{T0} - 1\mathrm{N}i \tag{4.10}$$

$$\sum \mathrm{N}i - 1j = 0 \mathrm{lT}ij = \mathrm{Filter}\ (\sum \mathrm{N}ij = 0 \mathrm{lT}ij,\ \mathrm{Saver}) \tag{4.11}$$

式中：Score()函数表示对获取的标签框分数取总和，Filter()函数表示将低于设定分数值的标签框进行过滤操作。而检测框的置信度得分越高代表着检测框中包含正样本果实的可能性越大，伪标签标注精度越高，噪声伪标签越少。

(2)伪标签循环更新　当利用“带有伪标签的真实目标苹果数据集”(记为数据集 DTL)对“检测伪目标苹果的果实检测模型”(记为果实检测模型 M2)微调训练一定轮次后，“检测伪目标苹果的果实检测模型”(记为果实检测模型 M2)学习到真实目标苹果图像的特征，对真实目标苹果图像的检测性能得到一定提升，此时“检测伪目标苹果的果实检测模型”(记为果实检测模型 M2)获取的“无标注信息的真实目标苹果数据集”(记为数据集 DTU)的检测框更加全面和精确，伪标签的标注精度更高。因此，研究中通过设置间隔一定训练轮次利用当前“检测伪目标苹果的果实检测模型”(记为果实检测模型 M2)重新获取“无标注信息的真实目标苹果数据集”(记为数据集 DTU)的检测框信息并采用上述伪标签噪声滤除方法，更新“无标注信息的真实目标苹果数据集”(记为数据集 DTU)的伪标签信息，提高伪标签标注精度。

4.6.3　目标域果实识别模型训练

本文实验共包含两部分数据集：CycleGANDatasets 和 ObjectDetectionDatasets，分别应用于图像转换实验和目标检测实验。每部分数据集中都包含柑橘和苹果两个水果类别，应用于模型的训练和评估测试。CycleGANDatasets 为图像转换实验中用到的 apple2orange 数据集，数据集中分别包含柑橘和苹果两种类别水果图片，用于训练柑橘和苹果之间的图像转换模型。其中，训练集中包含 995 张苹果图片和 1 019 张柑橘图片，测试集中包含 266 张苹果图片和 248 张柑橘图片，图片分辨率均为 256 像素×256 像素。数据集中包含各个场景中的果实图片，无相应的标注信息。

源柑橘数据集采集地点位于中国四川省某柑橘果园区，数据采集设备为 DJIOsmoAction 相机（大疆创新科技有限公司），共采集 664 张柑橘图像，包括顺光、逆光、密集小目标和遮挡目标等多种果实场景，对数据集图片按照 7∶3 的比例随机切分为训练集和测试集，并将图像调整成 416 像素×416 像素大小输入模型训练。相机拍摄要求采集到的每帧图像垂直方向必须覆盖果树顶端和底端，以保证能够采集到垂直方向上每个果实，并且每帧图像最多只包含一棵果树全貌，以保证果实在图像中的尺度适中。同时，运用相关标注工具对图片中的柑橘果实进行标注，获取并记录每个柑橘标注框的坐标信息，即标注框的左上角和右下角两个点的 x、y 坐标信息。

目标苹果数据集采用 MineApple 数据集，原数据集中包含多种高度杂乱环境下的红苹果和绿苹果图片，图片中目标果实大小平均为 40 像素×40 像素。本文对该数据集图片进行筛选：选用原训练集中 504 张红苹果图片作为本次实验训练集，图像分辨率为 1 280 像素×720 像素，无数据标注；选用原测试集中 82 张红苹果图片作为本次实验测试集，由于原测试集中果实较为杂乱，对图片进行裁剪操作，去除原数据集中地面杂乱果实的影响，裁剪后图片分辨率为 719 像素×898 像素，并使用相关标注工具对测试集中苹果图片进行标注，用于后期实验验证。

本研究实验在计算机平台上运用深度学习框架进行模型训练和测试。使用的计算机硬件配置为 IntelCorei7-8700KCPU 处理器（32 GB 内存），GeForceGTX1080TiGPU 显卡（12 GB 显存），操作系统为 ubuntu18.04.4LTS 系统，使用 Python3.6.5 编程语言在 Pytorch1.0.0 深度学习框架下实现网络模型的构建、训练和验证。

CycleGAN 训练模型采用带动量因子的小批次自适应矩估计优化器来训练网络，其中动量因子值设置为 0.5，每一批量图像样本数量设置为 1，前 100 个训练轮次的学习率设置为 0.000 2，后 100 个训练轮次的学习率以线性衰退为 0，并引用其他的相关参数信息。Improved-YOLOv3 模型训练是指网络模型在带有 GPU 的计算机硬件环境下进行训练，以提高模型训练的收敛速度。采用带动量因子的小批次随机梯度下降法（stochastic gradient descent，SGD）来训练网络。其中，动量因子值设置为 0.9，权值衰减（Decay）为 0.000 5，每一批量图像样本数量设置为 4。实验中使用余弦退火函数调整学习率，前期较大的学习率有助于网络快速收敛，后期使用较小的学习率使网络更加稳定，获取最优解。实验中使用 GIOU 计算边框损失，使用 BCE 损失计算置信度损失，单分类中目标分类损失恒为 0，将边框回归损失、置信度损失和目标分类损失三者损失函数相加作为总损失函数。

4.6.4 目标域果实识别模型推理

4.6.4.1 源柑橘和假目标苹果图像的检测精度实验

本文采用小目标果实检测模型 Improved-YOLOv3，并针对数据集 DS 和数据集 DF 进行果实检测精度的测试比较。由表 4.6 数据可知，果实检测模型 Improved-YOLOv3 在“带有标签的源柑橘数据集”（记为数据集 DS）中测试得到平均精度值为 95.14%。由于假目标苹果图像是基于“带有标签的源柑橘数据集”（记为数据集 DS）中柑橘果实图像转换得到的，因此两者数据反映的果实位置信息是相同的，主要区别在于图像中果实颜色、纹理等底层特征不同。经过测试，Improved-YOLOv3 模型在“带有柑橘标注信息的伪目标苹果数据集”（记为数据集 DF）上测试得到的平均检测精度为 94.76%。因此，Improved-YOLOv3 模型在数据集 DS 和 DF 上各项测试指标值差距不大，都具有较高的检测精度。

表 4.6 源柑橘和伪目标苹果图像在模型 Improved-YOLOv3 中的测试结果

模型	数据集	精确率	召回率	F1 分数	平均检测精度值
Improved-YOLOv3	D_S	0.886 0	0.923 0	0.904 0	0.951 4
Improved-YOLOv3	D_F	0.889 2	0.920 3	0.904 4	0.947 6

4.6.4.2 目标真实苹果检测精度实验

如表 4.6 所示，本实验对不同置信度阈值的伪标签微调获得的果实检测模型进行了目标真实苹果的检测精度比较。由于 CycleGAN 网络转换生成的伪目标苹果图像和自然真实生长的目标苹果图像存在一定特征差异，文中采用伪标签的方法，训练“检测伪目标苹果的果实检测模型”（记为果实检测模型 M2）拟合真实目标苹果图像的特征分布，减少学习到的特征差异性。文中实验通过设置不同置信度阈值获取“无标注信息的真实目标苹果数据集”（记为数据集 DTU）的伪标签框（检测框）信息，而置信度阈值大小设置的不同，获取的伪标签框质量和数量也不相同，对果实检测模型的训练有一定影响。实验中，置信度取值范围为 0.1～0.9，且每隔 0.1 取值进行实验比较。

由表 4.7 数据可知，当不采用伪标签方法时，利用“检测假目标苹果的果实检测模型”（记为果实检测模型 M2）直接测试真实目标苹果图像，检测精度值较低，平均检测精度值（mAP）只达到 65.32%。当使用伪标签方法时，由表 4.7 数据可以看出，随着设置置信度阈值增大，获得的伪标签框标注越准确，伪标签中噪声越少，模型的平均检测精度呈递增趋势。当置信度阈值超过 0.6 时，此时模型的平均检测精度值随着置信度值的增加而减少，分析原因是高阈值的伪标签框筛选导致学习到的特征多样性下降，影响模型的泛化能力。因此，当置信度阈值取 0.6 时，模型平均检测精度值达到最佳，为 85.24%，比未加入伪标签实验结果提高了19.92%，验证了伪标签方法的有效性。

表 4.7 加入不同置信度获取的伪标签，对目标真实苹果图像的测试结果

模型	伪标签	配置	精确率	召回率	F1 分数	平均检测精度值
Improved-YOLOv3	×	None	0.703 9	0.657 6	0.680 0	0.653 2
	√	0.1	0.724 4	0.719 5	0.721 9	0.769 4
		0.2	0.747 1	0.745 6	0.746 3	0.788 0
		0.3	0.768 1	0.768 9	0.768 4	0.805 3
		0.4	0.782 5	0.786 3	0.784 3	0.828 5
		0.5	0.789 9	0.799 8	0.794 8	0.829 3
		0.6	**0.802 9**	**0.807 5**	**0.805 2**	**0.852 4**
		0.7	0.812 6	0.822 1	0.817 3	0.844 9
		0.8	0.815 2	0.797 9	0.806 4	0.842 5
		0.9	0.789 8	0.795 9	0.792 8	0.835 9

本案例提出了一种不同类别果实数据间标注转换方法，应用于无标签目标果实数据集的标注信息获取，是一种全新的解决数据集标注工作量大的方法。本案例利用获取得到的带有标注信息的目标果实数据集训练果实检测模型，得到了较高的果实检测精度，并验证了本方法获取数据集标注信息的有效性。通过该数据自动标注方法，在仅有一个带标注的源果实数据集条件下，即可实现对无标签果实数据集的数据自动标注，节省了大量的数据标注工作量，未来可应用到更多种类的果实数据集的数据自动标注工作中，提高智慧果园工作效率。

4.7 案例3：基于深度学习的柑橘田间计数

随着计算机视觉和智慧农业的快速发展，果实计数领域已成为研究热点，该技术对于实现果实产量统计、果实自动采摘及果园自动化管理具有重要意义，其中果实产量统计对于果实收获作业计划和市场营销策略起着至关重要的作用。收获果实之前准确地统计果园产量，在现阶段有助于管理者根据园区果实分布情况合理地分配劳动力；在未来有助于部署采摘机器人工作策略，使其高效地完成采摘任务，实现果园智能化生产。

基于计算机视觉的柑橘类水果计数存在2个主要的局限性：果实尺度不一致导致的检测精度低下和图像采集过程中同一果实的重复计数现象。因此，研究一种高精度高性能的柑橘果实产量的估计算法具有迫切的需求。由中国农科院农业资源与农业区划研究所领衔，北京工业大学和日本东京大学参与的智慧农业团队发表在 *Horticulture Research* 上的题为 Deep-Learning-Based In-Field Citrus Fruit Detection and Tracking 的研究论文，提出了一种基于视频序列的深度学习柑橘果实计数算法，分别设计了田间果实检测算法及跟踪算法，提高了柑橘果实的检测精度，大大降低了基于计算机视觉计数中果

实重复计数的问题，提高了果实产量估计的准确性。

4.7.1 基于改进 YOLOv3 的果实检测

本研究中，在检测算法方面，采用 Darknet53 作为主干网络提出了一种田间柑橘检测算法 OrangeYOLO（图 4.31）。首先，基于特征图感受野与目标尺度相匹配的原则，对 YOLOv3 检测算法进行改进，在保证多尺度目标检测功能基础上，设计了检测小尺度目标的网络结构；然后，为了有效融合不同卷积层之间的特征，设计了基于通道注意力和空间注意力的双注意力多尺度融合模块，将深层网络的语义特征与浅层纹理细节特征相融合，丰富浅层网络的语义特征，以提升小尺度果实检测精度。

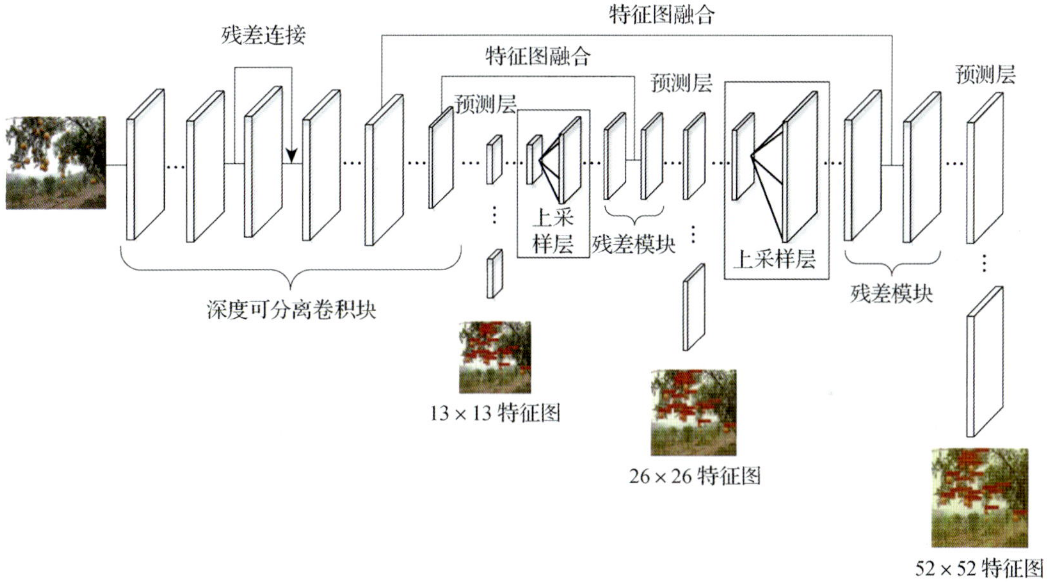

图 4.31 田间柑橘检测算法 OrangeYOLO 网络结构

4.7.2 基于 OrangeSort 的果实跟踪

在跟踪算法中，提出了一种果实跟踪模块 OrangeSort，其架构如图 4.32 所示。针对果实在全局视频序列中复杂遮挡情况所导致的重复计数问题。首先，提出了一种基于运动位移估计的轨迹预测算法，有效减少跟踪过程中出现的果实目标的重复计数问题；然后，通过分析柑橘果实在全局视频序列中的复杂遮挡情况，提出了一种特定跟踪区域计数策略，在全局视频序列中指定最佳计数区域，以解决全局视频序列中果实复杂遮挡情况所导致的果实重复计数问题。

本研究选择了在中国四川省眉山市某柑橘果园采集的柑橘果园图像进行果实产量估计实验，通过控制搭载大疆 Osmo Action 相机的机器小车采集田间果实视频，机器小车沿着树行方向匀速行驶，相机垂直于树行方向进行柑橘视频采集。为了能够观测到充足

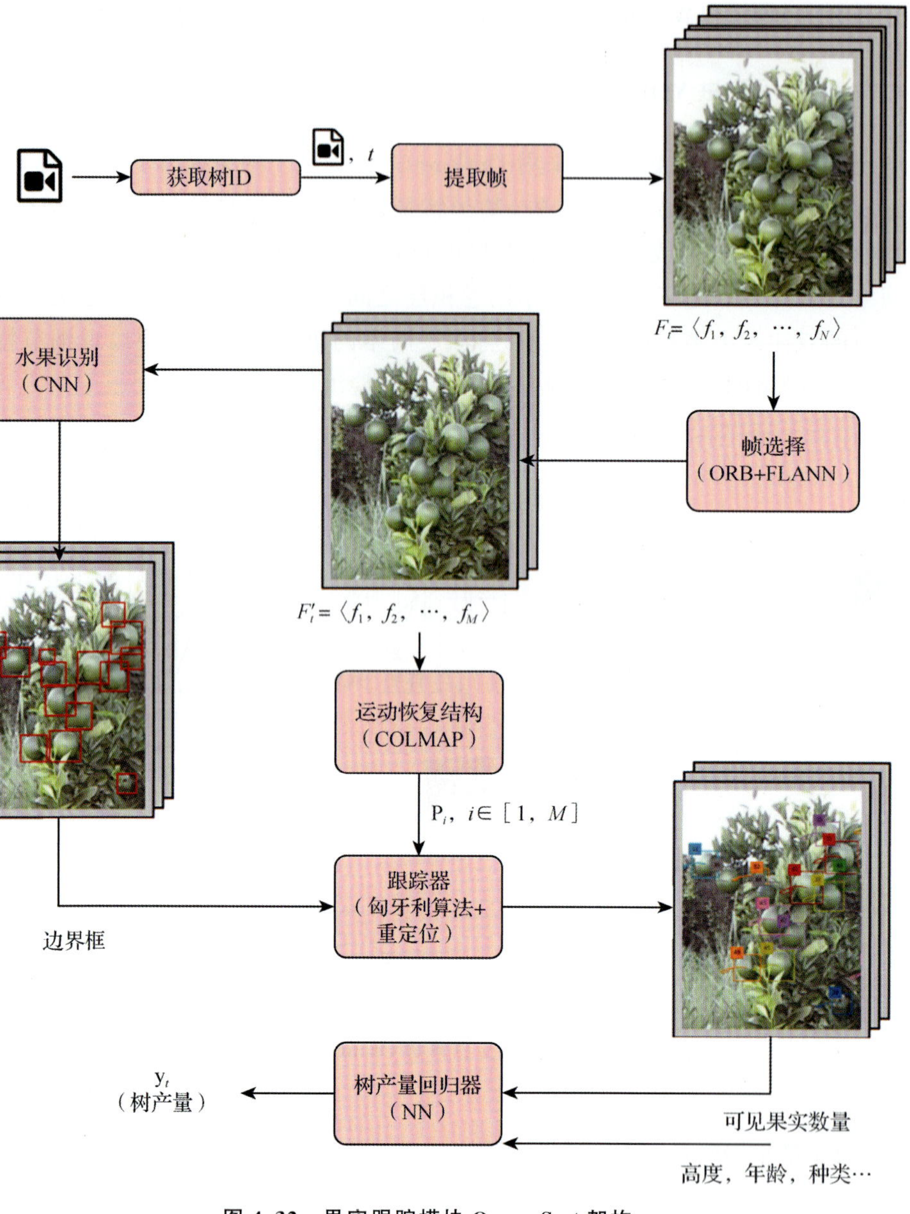

图 4.32　果实跟踪模块 OrangeSort 架构

的果实必须采集到每棵果树的全貌，保证每帧图像的垂直方向必须覆盖果树顶端和底端，采集场景包括晴天、阴天、强光照、弱光照以及剧烈抖动等各种复杂场景。

4.7.3　果实计数算法实验结果

本研究分别对果实检测和跟踪部分的性能进行了测试，分别从不同果园场地中选择 22 棵树、6 个视频序列作为验证数据集，以验证该研究方法的有效性（表 4.8、表 4.9 和表 4.10）。结果显示，本研究提出的检测算法在柑橘数据集上的平均检测精度可以达到

0.957。本研究提出的跟踪算法与人工计数结果进行了比较，表现出最佳的性能(MAE=0.081，SD=0.08)，均好于现有标准算法，达到了SOTA(State-of-the-Art)，证明了该方法具有实际应用价值。

表4.8 柑橘果实的检测结果

模型	精确率	召回率	F1分数	平均精度	每秒帧数	真实值
YOLOv3	0.88	0.86	0.873	0.905	83.3	19 466
YOLOv4	0.862	0.877	0.854	0.911	71.4	19 466
YOLOv5	0.892	0.874	0.883	0.917	58.9	19 466
OrangeYOLO(proposed)	**0.902**	**0.893**	**0.897**	**0.938**	**83.3**	**19 466**
OrangeYOLO(proposed)*	**0.913**	**0.919**	**0.916**	**0.957**	**83.3**	**4 441**

注：第1～4行分别对应1 025张和440张图像的训练和测试数据。表格的最后一行表示在一个标准果园中拍摄的182幅图像的测试结果。

表4.9 OrangeSort、Sort和DeepSort跟踪算法计数结果

视频序列号	计数方法	手动计数	水果数量	正确计数的数量	错误计数的数量	重复计数实例的数量	计数错误
1	Sort	165	277	147	54	76	0.678 8
	DeepSort		252	142	14	96	0.527 3
	OrangeSort		189	145	22	22	0.145 5
	OrangeSort*		166	132	27	7	**0.006 1**
2	Sort	64	72	40	26	6	0.125
	DeepSort		105	39	33	33	0.640 6
	OrangeSort		70	40	25	5	0.093 8
	OrangeSort*		57	40	13	4	**0.109 4**
3	Sort	70	113	66	26	21	0.614 3
	DeepSort		212	65	49	98	2.028 6
	OrangeSort		96	66	16	14	0.371 4
	OrangeSort*		87	61	14	12	**0.242 9**
4	Sort	183	270	114	111	45	0.475 4
	DeepSort		515	115	82	318	1.814 2
	OrangeSort		211	114	66	31	0.126 5
	OrangeSort*		170	93	58	19	**0.071**

续表 4.9

视频序列号	计数方法	手动计数	水果数量	正确计数的数量	错误计数的数量	重复计数实例的数量	计数错误
5	Sort	92	117	66	33	18	0.271 7
	DeepSort		174	64	31	79	0.891 3
	OrangeSort		106	65	27	14	0.152 2
	OrangeSort *		95	65	19	11	**0.032 6**
6	Sort	248	381	195	152	34	0.536 3
	DeepSort		588	202	104	282	1.371 0
	OrangeSort		327	190	115	22	0.318 5
	OrangeSort *		242	170	59	13	**0.024 2**

注:其中 OrangeSort * 表示使用特定计数区域策略的 OrangeSort 算法的计数结果。

表 4.10 跟踪算法 OrangeSort、Sort 和 DeepSort 跟踪算法的标准差

Counting Method	Sort	Deepsort	OrangeSort	OrangeSort *
Standard Deviation	0.474 1	1.397 5	0.255 5	0.08

4.8 案例 4:果园灾害监测与预警

4.8.1 基于深度学习的苹果树病虫害智能诊断

本研究采用 2 个样本数据集,分别是一个包含健康和病害植物叶片照片的公开数据集和一个采用众包式样本数据采集(Farm Watch)法在果园中实地采集的样本数据集。

Farm Watch 是专门为解决农业领域样本数据不足、样本采集困难而开发的众包式样本数据采集系统,让每一个智能手机的使用者都成为农田信息的潜在采集员,让每位农民都成为农情信息的采集者与受益者。Farm Watch 样本数据采集界面见图 4.33。

Farm Watch 手机端能够访问智能手机的 GPS、时钟、通信和摄像头等组件,用户通过 App 拍摄照片或视频记录农田信息(包括地块、植株和叶片等)。农田信息与时空位置信息自动关联,并通过用户账号自动上传云平台进行数据管理和处理。同时,可以通过 Farm Watch 桌面端可视化管理系统,在任一时间对任一农田地块发起农田信息采集任务,从而实现远程数据采集。

两个数据集共计 1 582 张图像。使用移动端模型进行训练和测试。数据集中的图像被分成了三个不同的类别,植物病害可以从叶片上直观地进行确定,如表 4.11 所示。

图 4.33　Farm Watch 样本数据采集界面

表 4.11　苹果树病害数据集及其标注样本列表

类型	图像数量/个	标记样本的标记框数量/个
健康苹果	126	791
苹果锈病	273	1 935
苹果赤霉叶斑病	373	2 106
合计	782	4 832

同时，为了增加训练和噪声数据的数据量，研究团队创建了一个图像生成器对象，在图像数据集上执行随机旋转、转移、翻转和剪切等数据的增强方法，数据增强方法适用于在样本数量有限时提高模型精度。

卷积神经网络(constructional neural network，CNN)是目标识别的代表性算法之一，目前已有 Alex Net、VGG、Google Net、VGGNet 和 Resnet 等使用 CNN 的优秀模型。为了追求更高的精度，许多学者构建了更深层、参数更多、计算结构更复杂的网络。然而，这些实验室环境的网络一旦部署到生产实践中，就会遇到各种意想不到的困难。例如，计算效率很低，特别是在计算资源有限的移动设备上，例如手机或平板电脑。假设我们拍了一张照片，然后让一个 App 帮助我们识别照片上的内容，它的处理时间需要约 10 s，极大限制了病害识别模型在移动终端上的应用。

许多研究者致力于将 CNN 的高效准确与具体的应用实践相结合，使其更加实用。这些工作一般可以分为压缩预训练网络和直接训练小型网络两种，本文所述 MobileNet 模型属于第二种方法。MobileNet 的基本单元是前文所述的深度可分离卷积方法，MobileNet 整个网络包含 28 层卷积层。该模型引入两个简单的全局超参数，有效地平衡了时延和精度。宽度乘数(width multiplier)和分辨率乘数(resolution multiplier)这两个超参数允许使用者根据问题的约束选择适合应用程序的尺寸模型。我们的方法基于

MobileNetV2 网络，它在 MobileNetV1 使用深度可分离卷积作为构建块的基础上，引入了残差结构。

本文实验采用 Tensorflow 框架，进行 MobileNets 模型的训练，网络训练超参数设置如表 4.12 所示。

表 4.12　网络超参数

优化的值	学习率/%	标签平滑	移动平均比例	批训练样本量/个	GPU 数量/个	学习率衰减/%
参数值	0.1	0.1	0.999 9	96	4	98

完成神经网络模型训练后，进行预测时需要以下四个步骤：加载训练好的模型，接受传入的数据并对其进行预处理，使用我们加载的模型进行预测，处理预测输出。

苹果叶面病害自动识别结果见图 4.34。

图 4.34　苹果叶面病害自动识别结果示例

4.8.2　果园气象灾害快速监测与预警

基于 10 m 空间分辨率土地利用数据、水库水系分布图、栖霞果园分布图、山东省 30 m 空间分辨率的高程、坡度和坡向数据、2002—2018 年山东省 0.05°空间分辨率的月度土壤湿度数据集和 2000—2021 年山东省 500 m 空间分辨率 MODIS 每日归一化植被指数（NDVI）、增强植被指数（EVI）和归一化物候指数（NDPI）数据集，通过多源融合精细化网格数据，完成了苹果气候精细化种植区划，为苹果产业种植布局和规划提供高质量数据支持。利用 1981—2010 年高分辨格点气象数据精细化再评价苹果种植区发现，与 20 世纪相比，2001—2010 年山东半岛适宜种植区面积减少，逐步转变为次适宜种植区。

在旱涝风险诊断上，从苹果全生命周期的降水、需水和降水适宜性等角度出发，将数字高程数据结合经验正交函数分解等数理统计方法进行空间表达，分析山东降水量与苹果需水量的时空差异，全面评估了山东苹果生命周期需水规律及水旱灾害风险。从苹果全生命周期的降水、需水和降水适宜性等角度，将数字高程数据结合经验正交函数分解等数理统计方法进行空间表达，山东降水量与苹果需水量时空匹配略有差异，导致干旱和洪涝灾害时有发生。结果表明，1981—2010 年可种植区内，山东苹果成熟期轻旱转中旱的面积扩大，干旱风险由南向北递增，在北部萌芽-幼果期、着色-成熟期危险性为中值以上，南部洪涝灾害发生频次相对较高，成熟期连阴雨灾害相对较少发生。在厄尔尼诺和拉尼娜事件中，山东东部烟台及青岛地区的生长期内降水与大尺度环流事件呈正相关，即大尺度环流事件越强，旱涝灾害发生风险越大，中性年与之相反；沂源地区降水受中性年型影响较大。

1991—2019 年山东苹果种植面积不断下降，总产量逐年上升。全区苹果种植面积和总产量重心向东北烟台移动，单产重心向西南移动至潍坊西部。不同 ENSO 年型下山东苹果气候资源虽空间分布不均，但仍能满足苹果正常生长发育所需。大尺度环流条件对山东气候资源变化仍有一定的影响和制约，厄尔尼诺年热量资源较为优越，拉尼娜年降水资源优于厄尔尼诺年，而使得拉尼娜年偏向于增产，厄尔尼诺年偏向于减产，变幅略有不同。总体来看，山东东部地区气候资源更适合苹果生长，但西南地区栽培技术提升幅度较大。未来需关注厄尔尼诺年下高温与干旱等相关灾害的发生以及拉尼娜年连阴雨或低温的灾害。

在倒伏诊断上，针对烟台地区苹果生长常见的风灾、冰雹等气象灾害导致的枝干倒伏现象，基于开发的倒伏检测软件，在 RGB 空间对受灾枝干的图像进行色彩分割，从而进行苹果树枝干倒伏检测，有效分离出倒伏枝干。如图 4.35 所示，左图中未倒伏的枝干（红框），在右图识别结果中未被识别出来；左图中的倒伏枝干（黄框）在右图识别结果中被识别出来。

图 4.35　倒伏检测软件识别界面

在小区域范围上，利用物联网装备终端，通过 App 系统实现实时监测，采集栖霞基地微域尺度下果园花期的气象与墒情环境信息，在此基础上开展了果园花期冻害风险预警。

4.9 案例5：果树产量预估方法

随着农业科技的发展，对果树产量的早期预测变得越来越重要。这对于市场供需关系、果农、消费者都具有重要的影响。本案例介绍了一种基于树冠面积与苹果数量的果树产量预估方法，该方法结合了卷积神经网络（CNN）和长短期记忆网络（LSTM），通过分析果树图像数据和无人机图像，实现了对苹果产量的准确预估。

4.9.1 案例背景与意义

苹果作为我国重要的经济作物，其产量受气候、降水、果园管理等多方面因素的影响。因此，对苹果产量的预测具有重要的理论和应用意义。本案例提出了一种利用卷积神经网络和长短期记忆网络进行苹果产量预测的方法，通过分析果树图像数据中获得的苹果数量、果园无人机图像获取的树冠面积，经过卷积-长短期记忆网络，获得每棵果树的预估产量。

本案例的研究区位于陕西省宝鸡市扶风县的六盘山果园，面积约为13.33 hm^2。研究数据为该果园2021年各生长期的图像和无人机影像。图像使用果园机器人进行随机采样拍摄，无人机影像分别采样于果园中果树抽芽期、花开期、施肥期和果实成熟期。由于实验时间限制，部分数据采用模拟数据。其中，用于提取树冠面积的苹果园区无人机影像为实测数据；果树采样数据为模拟数据。

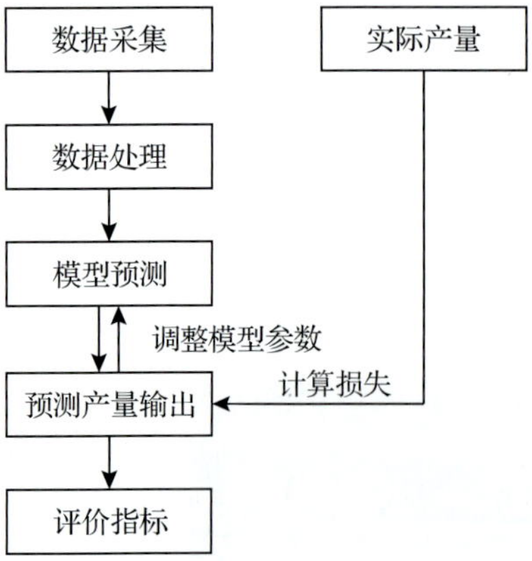

图4.36 果树产量预估流程

4.9.2 基于YOLO算法的果实目标检测模型

研究方法分为三个主要步骤：苹果图像识别、树冠面积计算和基于卷积神经网络的苹果产量预测。图4.36展示了果树产量预估流程，描绘了从数据采集到模型预测的整个流程，关键的三项技术方法如下。

（1）苹果图像识别　采用YOLOv4算法对每棵苹果树上的苹果进行识别，获取单株苹果树的果实数量。YOLOv4是一个one-stage算法，能够快速完成检测并保持较高的准确率。具体的网络结构以及苹果目标识别流程如图4.37所示。实验结果表明该方法不仅可以识别出图像浅层的苹果，对于果树内部被树叶部分遮蔽的苹果也有较好的识别作用，能够有效识别的苹果数量超过90%，图4.38展示了基于YOLOv4的苹果目标识别结果。

（2）树冠面积计算　采用非监督学习，利用基于高斯混合模型（GMM）的贝叶斯方

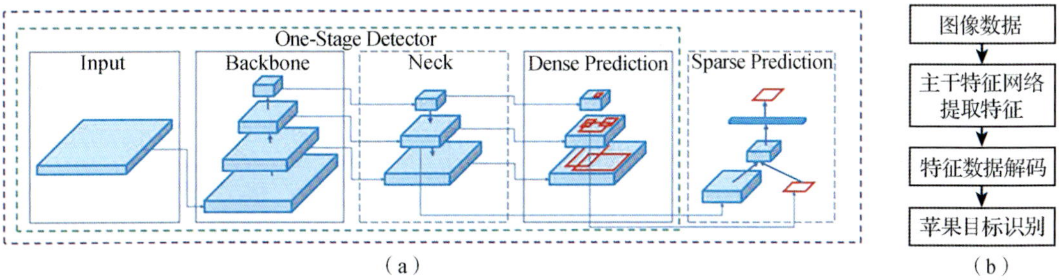

图 4.37　YOLOv4 网络架构(a)和苹果目标识别流程(b)

法，对果园地物进行分类，再计算其中果树的树冠面积。图 4.39 为树冠面积结构，从图中可以看出，具有树冠结构的部分均被识别出来，为下一步产量预测提供了数据基础。

图 4.38　基于 YOLOv4 的检测结果

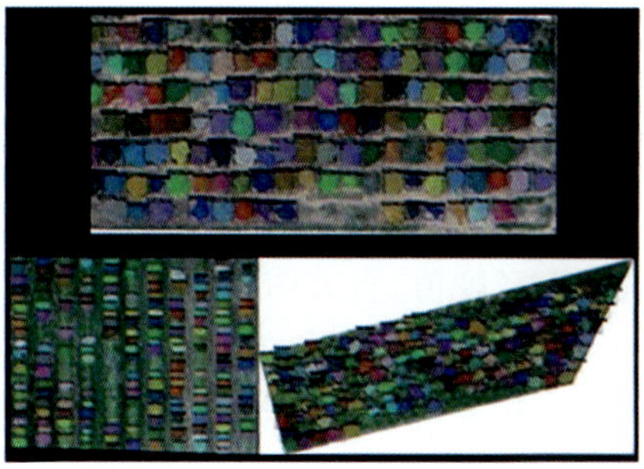

图 4.39　树冠面积结果

(3)基于卷积神经网络的苹果产量预测方法　模型结构由 1 个 CNN 层、2 个 LSTM 层、2 个全连接层和 2 个 Dropout 层组成。数据被处理为 None×Window Size×Features Num 格式的数据，输入模型进行训练和预测，图 4.40 展示了该模型的结构。

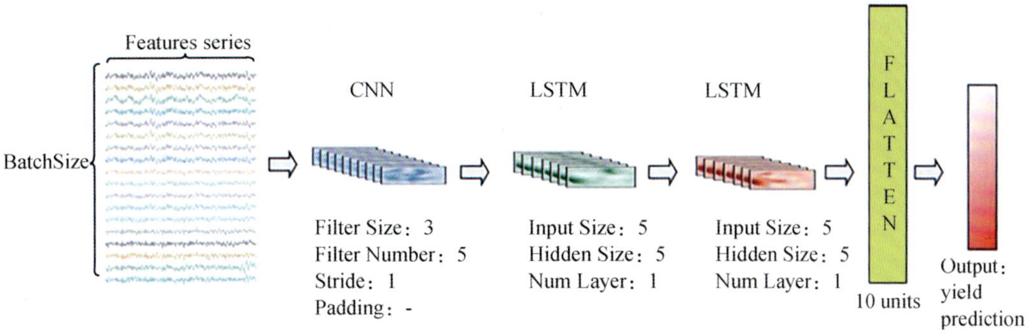

图 4.40　预测方法模型结构

4.9.3　实验结果与分析

图 4.41(a)展示了模型训练过程中损失值随 epoch 下降的情况，可以得出，在训练约

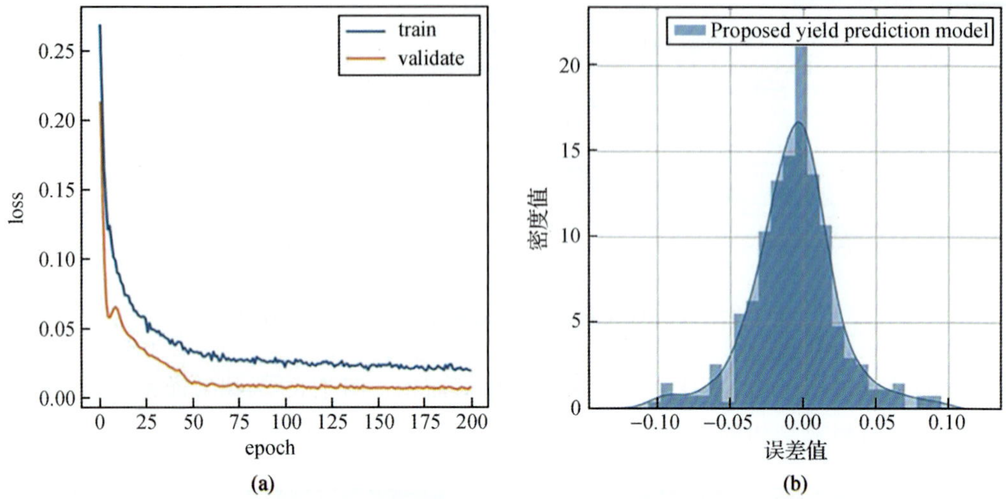

图 4.41 训练过程中 loss 值随 epoch 下降(a),预测数据概率密度(b)

75 轮的时候,模型开始收敛,并最终达到稳定收敛的状态。测试集的预测概率密度图如图 4.41(b)所示,误差概率密度图可以表示预测误差的分布情况,横轴为归一化后的误差值,纵轴为密度值,直方图中,每个方块面积代表分布在该区域的误差密度值,可以看出,误差主要集中在 0 附近,说明该模型的预测效果较好。

图 4.42 展示了真实产量与预测产量的对比,证明了模型对于产量的预测可以较好地拟合其真实产量值。使用 5 种评价标准(预测误差概率密度、预测绝对误差、均方误差 MSE、均方根误差 RMSE、平均绝对误差 MAE)进行验证,该方法的均方根误差 RMSE 最优可以达到 9.16,显示出较高的预测精度。

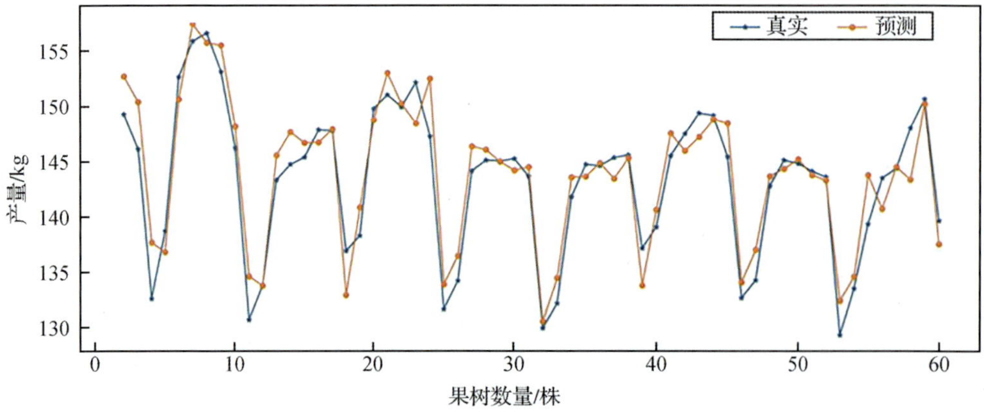

图 4.42 真实产量与预测产量

本案例提出了一种基于果树图像及果园无人机图像的苹果产量预估方法,该方法采用卷积网络与长短期时间序列网络相结合的方法,通过实验验证,取得了较好的效果。预测曲线与产量曲线趋势基本拟合,且每棵果树绝对误差不超过 35 kg,同时 MSE、RMSE 和 MAE 的值均小于 5.5,具有较好的应用价值。

参考文献

陈斌，饶洪辉，王玉龙，等．基于Faster-RCNN的自然环境下油茶果检测研究．江西农业学报，2021,33(1)：67-70.

陈亚勇．基于植保无人机的柑橘果树检测及产量评估技术研究：硕士论文．广州：仲恺农业工程学院，2020.

程述汉，束怀瑞，魏钦平．红富士干周增长规律的数学模型．数理统计与管理，1999(3)：2-5.

何斌，张亦博，龚健林，等．基于改进YOLO v5的夜间温室番茄果实快速识别．农业机械学报，2022,53(5)：201-208.

黄薇．基于数据仓库的数学模型库架构的研究：硕士论文．武汉：武汉理工大学，2006.

李伟强，王东，宁政通，等．计算机视觉下的果实目标检测算法综述．计算机与现代化，2022(6)：87-95.

刘羽．基于卫星遥感的苹果果园分类和估产模型研究：硕士论文．西安：西安科技大学，2021.

孙志鸿，魏钦平，杨朝选，等．改良高干开心形富士苹果树冠不同层次相对光照强度分布与枝叶的关系．果树学报，2008(2)：145-150.

王军．苹果生产决策支持系统模型库研究：硕士论文．泰安：山东农业大学，2016.

王鹏新，田惠仁，张悦，等．基于深度学习的作物长势监测和产量估测研究进展．农业机械学报，2022,53(2)：1-14.

魏超宇，韩文，刘辉军．基于深度学习的温室大棚小番茄果实计数方法．中国计量大学学报，2021,32(1)：93-100.

岳有军，田博凯，王红君，等．基于改进Mask RCNN的复杂环境下苹果检测研究．中国农机化学报，2019,40(10)：128-134.

张美娜，冯爱晶，周建峰，等．基于无人机采集的视觉与光谱图像预测棉花产量(英文)．农业工程学报，2019,35(5)：91-98.

董建波．苹果矮砧密植园个体与群体参数研究：硕士论文．保定：河北农业大学，2010.

毛文华，王一鸣，张小超．基于机器视觉的苗期杂草实时分割算法．农业机械学报，2005,36(1)：83-86.

王刚．基于landsat遥感图像的山地丘陵区果园识别与监测以昭通市为例：硕士论文．昆明：云南师范大学，2021.

王云艳，罗冷坤，周志刚．改进型DeepLab的极化SAR果园分类．中国图象图形学报，2019,24(11)：2035-2044.

吴升，温维亮，王传宇，等．数字果树及其技术体系研究进展．农业工程学报，2021,37(9)：350-360.

尹昊．基于卷积神经网络的遥感图像分割方法研究:硕士论文．泰安:山东农业大学，2021.
岳玉苓，魏钦平，张继祥，等．黄金梨棚架树体结构相对光照强度与果实品质的关系．园艺学报，2008(5)：625-630.
张显川，高照全，舒先迂，等．苹果开心形树冠不同部位光合与蒸腾能力的研究．园艺学报，2005,32(6)：975-979.
Chason W，Baldocchi D，Huston A. A comparison of direct and indirect methods for estimating forest canopy leaf area. Agricultural and Forest Meteorology，1991，57(1)：107-128.

第 5 章

果园精准作业装备系统

当前，我国农业现代化加速发展，农村土地规模经营、农业劳动力大量转移和农业结构调整，使农机装备技术供给与需求的矛盾更加凸显，农机产品技术创新促进产业升级和转变农业发展方式的任务更加迫切。针对现代标准化果园进行标准化生产的需求，突破现代果园精准作业系统装备和标准模式，优化对靶变量植保、切根与深位施肥、灌溉技术与装备，研制苗木嫁接、避障割草、果实套袋与采收等装备，形成适用于标准化果园的植保、果树剪枝、疏花疏果、套袋和采收等成套作业装备，有助于提高生产效率，降低劳动强度，减少生产综合成本，支撑现代果业发展。本章聚焦果园水肥一体机、除草机器人、自动喷药装备、植保无人机、采摘机器人和苹果分级分选装备关键技术等研究热点和发展方向，系统梳理了果园精准作业装备系统的关键技术和瓶颈问题，列举了面向智慧果园的云边端一体化智能作业体系和苹果品质智能分级系统，为果园精准作业装备研发提供参考。

5.1 水肥一体机

传统的果树浇水和施肥一般分开作业，这种作业方式耗费人力、物力和财力。耦合灌溉和施肥技术，可把果树所需要的肥料溶于灌溉水中，通过压力把肥料溶液注入输水设备，使肥料随水分精准、均匀地注入果树根部，根据果树不同生长周期需水需肥的特点适时、适量地进行供给，确保果树高效、快速地吸收养分和水分，实现了水肥同步管理和高效利用，具有节水、节肥、省工的显著效果。特别是采用管道灌溉和施肥后，结合果园最适宜用的滴灌或微喷灌技术，可以大幅度节省灌溉和施肥的人工，提高了水和肥料的利用率。

果园水肥一体机是一种将现代技术应用到果树灌溉施肥环节中的管理作业设施设备。果园水肥一体机按照设定的比例和灌溉过程参数，自动控制灌溉量、施肥量、肥液浓度和酸碱度等水肥过程中的重要参数，实现对灌溉、施肥的定时、定量控制，充分提高水肥利用率，实现节水、节肥，改善土壤环境，提高果实品质。作为果园水肥一体系统的重要核心设施，果园水肥一体机与系统云平台、墒情数据采集终端、视频监控、过滤系统、阀门控制器、电磁阀和园内管路等软硬件设施设备共同组成果园水肥一体系统，整个系统可根据监测的土壤水分、作物种类的需肥种类和数量，设置果树周期性水肥计划实施浇灌。

5.1.1 关键技术

果园水肥一体化广义是指根据果树生长需求，对果园水分和养分进行综合调控和一体化管理，以水促肥，以肥调水，实现水肥耦合，全面提升果园水肥利用效率。狭义的果园水肥一体化是指灌溉施肥，即将肥料溶解在水中，借助管道灌溉系统，灌溉与施肥同时进行，适时适量地满足果树对水分和养分的需求，实现水肥一体化管理和高效利用。与传统果园灌溉和施肥模式相比，果园水肥一体化实现了渠道输水向管道输水的转变、浇地向浇树的转变、土壤施肥向果树施肥的转变和水肥分开向水肥一体化的转变，如图 5.1 所示。

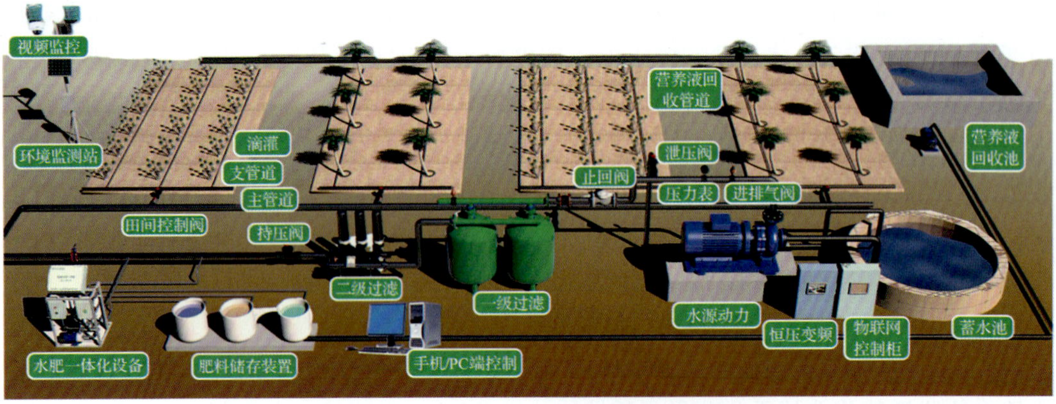

图 5.1 果园水肥一体化装备结构

世界各地土壤的供肥能力因土壤成土母质和成土过程的不同而差异较大，不同品种、不同树龄和不同生育期果树的需水量、需肥量和需肥种类等差异显著。根据果树生长规律，结合当地土壤条件和气候条件，水肥一体化技术可以精确调控施肥时间、肥料种类和施肥量，有针对性地调整肥料种类、比例和用量，实行科学合理施肥。结合土壤诊断、叶片分析和果实品质分析，水肥一体化技术可以实现果树营养配餐制的补充。

以肥调水、以水促肥的果园水肥一体化技术可实现时间同步、空间耦合的协同供给水分和养分，避免传统模式中水肥供应不平衡和耦合负效应，从而提高水肥利用率，减少养分流失（王春辉，2013）。果园水肥一体化技术将肥料和水直接施入果树根系，使其更快更直接地吸收利用，减少了挥发和淋溶，提高了肥料利用率。果园应用水肥一体化技术可使水分利用效率达到 90%，节肥幅度为 30%～50%，甚至 80%（刘虎成等，2012；樊兆博等，2011）。水肥一体化技术可快速、便捷地控制水肥供应比例，在改善果实光合特性、提高果实品质、促进幼树新梢生长和提早开花结实等方面具有重要作用（孙霞等，2010；王进鑫等，2004）。应用水肥一体化技术可以在一定程度上影响苹果光合速率、气孔导度和蒸腾速率等光合特性，提高苹果果实中矿质养分的含量，改善果实形状、硬度和大小等果形指数（孙霞等，2011）。

5.1.1.1 现代水肥一体技术

随着水肥技术的发展和认识进步，在传统水肥一体化技术基础上，融合互联网技术、EC/pH 综合控制和气候控制系统等，发展形成了现代水肥一体化技术。传统水肥一体化技术是在果园生产场景中，将可溶肥料溶解到水里，利用棍棒或机械搅拌，通过园内放水灌溉、田间管道或者通过滴灌、微喷灌等装置均匀地进入果园土壤中，被果树吸收利用的技术。现代水肥一体化技术主要是在果园生产场景中，通过实时自动采集果树生长环境参数和果树生育信息参数，耦合果树与其生长环境信息，构建果树生长模型，智能决策果树的水肥需求。通过配套灌溉施肥系统，实现水肥一体精准施入，以提高灌溉和肥料的利用效率。

5.1.1.2 设备肥料通道的模式

设备肥料通道可以分为单通道水肥一体化设备和多通道水肥一体化设备两类。所谓单通道水肥一体化设备，主要是针对需肥简单的果树品种，设计开发单一肥料施用的小型自动或智能灌溉施肥机。该种设备只设置一个施肥通道，结构紧凑、价格低廉、操作简便、故障率低，可应用于单体水果温室或开放果园的应用，果农易掌握，推广面积大。多通道水肥一体化设备主要是针对果树不同生育期各异的用肥需求，设置多个施肥通道，通过设定配比比例，启动程序和系统自动配比，及时调整肥料成分的大、中型灌溉施肥机。这种设备适用于可溶解的肥料，各组分配制溶解液储存在储液桶中，通过管道连接对应吸肥通道，进入灌溉施肥机配肥，随水进入果园。该设备通常根据不同的控制策略自动或智能运行，因此在实际应用中需要专业技术人员操作。

5.1.1.3 肥料和水源的配比方式

肥料和水源的配比方式有机械注入式、自动配肥式和智能配肥式3种。其中，机械注入式是指在果树灌溉时，采用人工、施肥泵、压差式施肥罐或文丘里施肥装置等将肥料倒入或注入果园水渠或水管中，使肥料随灌溉水直接灌入园区。自动配肥式是目前常用的自动化配比方式，主要是指在果树灌溉配肥时，根据果树的灌溉施肥指标或阈值设定肥料配比，通过文丘里或施肥泵，采用工业化控制程序控制电磁阀，实现果树所需肥料的自动配比。智能配肥式的方法是根据果树生育期不同的施肥需水特征，耦合生产区环境因素构建智能决策模型，控制水肥一体化系统设备，完成灌溉施肥。该模式已经成为智慧果园水肥一体化系统智能应用的重要方向，通过采集果树种植土壤的养分和水分信息，对决策模型的参数进行适时修正已经成为重要的研究方向。

5.1.1.4 控制决策技术模式

控制决策方法包括经验决策法、时序控制法、环境参数法和模型决策法4类。经验决策法是指凭借果农或果园管理者在长期生产中积累的经验，对果园生产过程中水肥施用的时间和用量进行判断决策。时序控制法一般是根据当地的土壤类型、气候及果树的生长实际，结合果树生长的季相节律特征，果农或果园管理者通过对灌溉和施肥的时间提前设定，控制水肥用量。环境参数法是通过采集光照辐射积累量、土壤含水量等果树生长环境信息，依据果树生长的一个或多个重要环境参数控制水肥的施用时间及用量，实现水肥控制的方法。模型决策法是基于"天空地"一体化技术多尺度采集果园果树生长和环境信息，根据不同果树的水肥需求，构建果树灌溉施肥模型，形成水肥管理决策，智能控制灌溉施肥机，实现实时、适量、自动、智能灌溉施肥。模型决策法是智能水肥一体化设备的核心。

5.1.1.5 回液处理的技术模式

回液处理方式有开放式水肥一体化设备和封闭式水肥一体化设备两类。开放式设备是不回收水果生产所需的溶解肥料或营养液开发的水肥一体化系统和灌溉施肥机，多用于土壤栽培或不做回收系统的基质栽培，没有回收系统和过滤消毒净化系统。封闭式设备是针对水果生产所需的溶解肥料或营养液可回收的水肥一体化系统开发的灌溉施肥机，包含回收系统和过滤消毒净化系统，其中过滤消毒净化系统由慢砂过滤、紫外消毒、臭氧消毒和加热消毒等功能选配组成。该设备多用于水培、雾培或有回收系统的基质栽培，水肥利用率高，是一种可以实现零排放的水肥一体化系统。

5.1.2 研究热点

果园水肥一体化是一项综合技术，涉及园区灌溉、果树栽培和土壤耕作等多方面。当前研究热点主要为以下两个方面。

5.1.2.1 果树水肥需求大数据分析技术

通过分析果树水肥需求特征的海量数据，融合果园内实时获取的环境因子数据，采用统计分析、聚类、决策树、关联规则、人工神经网络和遗传算法等大数据分析技术在线分析处理，挖掘形成典型果园的水肥吸收规律定量化分析结果及控制阈值。基于大数据的整理剖析，提出基于果树生育期的水肥需求规律，从定植或播种开始，按照果树生育期的季相节律特征，结合生长环境因子的变化构建水肥应用的控制策略，在实际应用中进行验证和调整，逐步完善优化不同栽培种类和栽培环境的水肥需求优化控制策略，通过标准模块组件构建多种科学水肥配比方案，实现果树一对一管理。

5.1.2.2 果树水肥一体化专用滴灌系统开发与高效肥料筛选

在果树水肥一体化滴灌系统设计方面，要根据园区地形和单元、土壤质地、种植方式和水源特点等基本情况，设计滴灌管道系统的埋设深度、长度和灌区面积等。水肥一体化可采用管道灌溉、喷灌、微喷灌、泵加压滴灌、重力滴灌、渗灌和小管出流等灌水方式。在适宜肥料种类的选择上，综合考虑水质、pH、可溶盐含量和电导率等对灌溉水溶液的影响，根据果树不同栽培季节、不同品种类型的养分吸收规律，结合提高果树生长后期对土壤根际微生物活性的要求，有针对性地研发可溶性强、含杂质少、养分浓度高、营养配比合理的水肥一体化专用肥料和全溶性的营养液肥，通过补充与调配肥料中的微量营养元素，筛选出多功能果树专用性高效液肥。

5.1.3 发展方向

我国水果种植类型多、栽培方式多样、栽培季节差异大，果园配套设施条件不同、管理水平高低不同。国内外科研机构和企业开发了多种形式的灌溉施肥机，积极推动了水肥一体化的进程。研发适合果园生产的水肥一体化装备及配套系统体系对于推进农业现代化智能化具有重要意义。

综合网络传输技术、信息感知技术、数据处理技术与现代控制技术等现代电子信息技术，为果园水肥高效管理提供了有效手段。以水果优质高产、大幅度降低水肥消耗为基本目标，基于果园水肥耦合机理构建的智能决策模型，采用分布式管道与专用管道相结合的水肥通道，构建由中央控制系统、肥料配比系统、管道输送系统以及局部监测系统等部分组成的水肥一体化精准管理系统体系；借助物联网技术，优化滴灌管道设计理念，开展配套的水肥一体化智能装备升级的研究，实现对果树水分和肥料的集中管理和配比；并根据不同作物种类、不同土壤肥力和不同生育期的果树水肥需求特征，建立分布式的控制模块单元，采集并分析果树生长特征与环境因子信息，实现对控制单元中果树水肥精准化控制。

在农业生产活动中，探索示范园区和生产基地高效节约的水肥管理模式，形成覆盖大型果树基地或园区生产的能力，使得区域上水果生产基地水肥管理互联互通，建立区域性果业水肥管理网络，逐步推进无人化管理模式，降低生产成本，减少肥料投入，节约农业用水，提升水果的产量和品质，提高水果生产区综合经济效益。

5.2 除草机器人

果园管理任务繁重，尤其是杂草清除，每年需 3～5 次，是农业生产中的重要环节。近年来，化学除草、物理除草、机械除草和生物除草等方式不断涌现，其中，化学除草易造成环境污染，影响果品品质。非化学、智能化的除草方式已经成为高效生产有机果品的重要保障。我国苹果种植模式逐渐趋于矮砧密植发展，矮砧密植具有树冠矮小、果树高度低和排列整齐等特点。由于果树高度低、密度大，传统机械除草作业难度较大。因此，匹配除草机械基本功能与果园园艺技术，提升除草机械作业的实时避障能力与整机的通过性，有利于促进果园管理水平的机械化与智能化发展。

5.2.1 关键技术

5.2.1.1 系统控制

除草机器人控制技术涉及众多领域，是软硬件结合的系统工程。当前，除草机器人应用的系统控制技术主要包括模糊控制、专家控制和分层控制等。其中，模糊控制技术是对输入的数据经过一系列操作实现对机器人的智能控制；专家控制技术是基于专家系统、算法程序，对杂草进行目标监测，实现指令输出；分层控制技术是一种基于三元论思想的优化手段，系统由组织级、协调级和执行级构成，分别负责任务的组织分配、任务的执行和控制指令。机器人控制技术的更迭进步，极大促进了果园除草机器人的设备联动、远程监控和自主作业进程。

5.2.1.2 导航定位

除草机器人通过采集电磁、光、声和图像等信息，基于机器人实时位姿状态与周围杂草生长环境信息，即时运算部署和动作控制，将控制驱动指令传送给硬件设备，该系统是一个复合功能系统。除草机器人的导航控制方法分为主动式方法和反应式方法。此外，还通过综合主动和反应式方法特点，发展了包含低层反馈控制级和高层智能级的混合结构。移动机器人本体模型及其控制算法是导航定位技术的研究热点。当前，神经网络和模糊逻辑等人工智能方法，与生理学“感知-决策-作业”深度融合，有效提升除草机器人导航控制模拟驾驶的性能。果园除草机器人能够精准地检测杂草、树木和环境，多传感器信息融合是拓展除草机器人系统兼容性和拓展性的关键指标。

5.2.1.3 苗草信息获取

苗草信息获取通过地理信息系统（GIS）、近距离传感器检测和机器视觉等技术进行实时检测果园果树和杂草生长情况。其中，GIS 技术采用装配 GPS 的控制机记录每棵果树的位置信息，对果树位置实时跟踪，并控制株间锄刀动作。GIS 方法对果树定位不易受到外界因素的影响，提高了定位精度，但该方法需提前绘制位置地图，与锄草作业无法同步开展。近距离传感器检测技术主要是通过使用近距离传感器对果树进行识别和定位，此类传感器的优点是成本较低、操作方便和系统简单。但该类传感器只有当果树靠近时才能检测出来，无预判功能，且对机器响应速度要求高。机器视觉是新发展方向基于性能各异的视觉传感器，在成像系统作用下，通过计算机等硬件捕获、传送、运算和理解关键图谱信息，指导实体做出反应。

5.2.2 研究热点

5.2.2.1 对行技术

在控制机具实时沿果树行向运动时，锄刀相对果树行的横向偏差应控制在不伤害果树范围内，对行技术是除草机器人关键技术之一。目前，除草机器人的自动对行技术主要依赖 GPS 或机器视觉对载体进行路径规划和导航。此外，也有使用主动横移装置对机器通过果树行的横向偏差进行实时补偿，通过机器视觉和 GPS 获得横向偏差进行路径规划。

5.2.2.2 机器视觉技术

杂草和果树果实的机器视觉识别通过实时采集、处理、分析图像,分析生物本体图谱特征,并计算果树的位置信息。机器视觉技术在果园环境下可以对果树和杂草进行实时识别和定位,精度较高,硬件成本相对较低。随着技术的发展,机器视觉方法在果园生产场景中的应用范围不断扩大。然而,果园作业环境和对象复杂多变,除草避树对机器视觉的算法和传感系统要求更高。应用于果园除草作业的机器视觉系统一般具备的功能是视觉导航、识别定位和检测分类,能克服光线、阴影、遮挡、果树大小、杂草密度和机械振动等噪声影响,对于果园除草精准管理具有重要意义。果园除草机器人是光谱分析建模、自动控制和感应执行等先进技术的集合(王璨等,2016;孙俊等,2018)。目前,通过不断开发更加精准适用的模型和算法,扩大除草装备的应用范围,已经成为果园生产领域不可或缺的核心技术。

5.2.2.3 锄草末端执行器

锄草装置的性能直接影响锄草的效率。除草机器人配置动力源,可实现避苗和锄草动作。运动控制方法是除草末端执行器的研究热点。总体上,其运动形式分为摆动式、旋转式及两种方式相结合。其中摆动式主要由液压缸或气压缸带动锄刀进行往复运动;旋转式可根据旋转轴位置分为垂直轴旋转和水平轴旋转,其中垂直轴旋转方式包括带豁口锄刀、爪齿摆线锄刀等。然而,除草装置的研制过于简单,易出现除草系统油源污染。

5.2.3 发展方向

现阶段国内外针对苗草识别理论进行了许多研究,除草机器人的研究蓬勃发展,主要发展方向可以总结为以下三点:

一是研发跨域学习的杂草识别算法。果树种类复杂多样,人工难以向除草机器人提供全套植物数据信息,对未知种类的杂草,除草机器人需根据现有的数据对其学习、识别并分类。因此,采用学习与作业同步进行的方式不断丰富杂草样本库,提升除草机器人识别能力。

二是研发多传感器融合的移动装备。通过构建功能复合化的除草机器人,集成多载荷传感系统,植入多种程序算法,实现特定功能定制,提高杂草清除效率,减少设备成本。

三是打造结构可替换、可重构的除草装备。除草机器人的作业对象具有多元性,不同种类、不同树龄的果树植株外形尺寸、种植密度和作业要求不同。针对不同对象,设计相对独立、互不影响、可替换、可重构的系统模块,有利于维护除草机器设备,降低成本。

5.3 自动喷药装备

果园病虫害防治是果园劳动强度最大的作业之一，每年要喷药8～12次。长期以来，果园种植模式主要以小面积个体经营为主，果木种植缺乏合理规划，园区种植不规范，导致果园喷药作业智能化程度低。目前，大多果园采用高压喷枪作淋洗式的喷雾方法，沉积到果树上的药液量不到20%，大量农药流失到土壤和周围的环境中。并且，喷药作业的方式会直接影响果树生长、果实产量、果品品质以及生产生活环境。随着新技术的发展以及人力成本的增加，我国果园经营方式开始发生转变，大、中型果园逐渐引入西方种植模式，果园施药技术向着加强药液附着、自动对靶和变量控制等高效作业方向发展。

5.3.1 关键技术

5.3.1.1 靶标探测

靶标探测技术是对靶施药的核心内容，目前主要基于光学传感器靶标探测技术、基于激光雷达靶标探测技术和基于超声传感探测技术等。

基于光学传感器靶标探测技术是基于光学传感，通过编码调制脉冲红外信号，远距离聚光，利用光敏元件接收反射的红外线，触发控制信号，实现自动对靶施药。其喷药控制系统通过感知靶标位置控制电磁阀开闭进行对靶喷雾，能实时探测出靶标的有无，根据靶标存在与否进行喷药，降低无靶标喷施造成的靶标外农药沉积。同时，红外靶标探测技术易受靶标枝叶间隙和环境条件影响，靶标信息单一。

基于激光雷达靶标探测技术近些年发展较快。激光雷达通过密集发射激光点云测量各个点到传感器的距离以探测靶标冠层内部几何形状、体积、高度和截面等信息，进而反映靶标高度、宽度和枝叶稠密程度等信息。采用二维车载激光雷达，结合运动状态，能获得三维激光点云，实现对靶标的三维扫描。激光传感器适用于远距离工作，激光束方向性好，抗干扰性能强，但成本较高。

超声靶标探测主要是利用超声波回波原理，通过分布在不同高度位置的超声波传感器在移动中对靶标和观测边缘进行距离扫描测量，根据靶标冠层的距离扫描值绘制靶标冠层的直径及外形轮廓(Solanelles et al., 2016)。

5.3.1.2 喷雾技术

喷雾是施药过程中的重要环节。喷雾质量决定了施药的成败。目前喷雾技术发展了风送喷雾、静电喷雾、超低量喷雾和低量喷雾以及仿形喷雾等。其中，风送喷雾技术主要是利用气流把农药雾滴强制喷入果树冠层中，降低农药飘失量。在风送喷雾中，根据标记大小、枝叶稠密度和喷雾距离等因素调整风速，调控雾滴沉积。风送喷雾技术主要应用于大型的喷雾装置上。静电喷雾是在喷头与目标间，应用高压静电建立静电场，药液流经喷头雾化后形成群体荷电雾滴，通过静电场力和其他外力作用将雾滴作定向运动吸附在目标上。该方式形成的雾滴尺寸均匀、沉积性能好、飘移损失小、雾群分布均匀，在植物叶片背面也能附着雾滴。油剂农药喷施量低于 330 mL/亩的超低量喷雾是近年来植物保护中推广的新技术。由于其雾滴直径很小，喷施时省工省时省水，适用于山地和缺水、少水地区。低量喷雾(即弥雾)的雾粒直径大小在常量喷雾和超低量喷雾之间，该方式省工省药，能提高病虫害防治效果，并提高生态效益、经济效益和社会效益。果树仿形喷雾技术是通过检测果树的实际形状，自动控制喷头组在理想的喷雾距离下进行作业的一种方法。

5.3.1.3 变量施药技术

目前应用较为广泛的变量施药控制技术主要有管道压力调节式、药剂注入式和 PWM 流量控制式。其中管道压力调节式变量喷雾技术广泛应用于大田喷雾中，其控制技术较简单，控制效果良好。药剂注入式变量控制技术主要通过自动混药装置或者基于处方图直接注入。PWM(pulse width modulation)变量喷雾技术通过改变 PWM 占比实现流量的控制，该技术具有工作稳定、调节范围宽、便于独立控制喷头流量等优势，近些年得到了广泛研究与应用。

5.3.2 研究热点

5.3.2.1 施药环境信息检测技术

靶标探测技术是对靶施药的核心内容。通过摄像图采集果园信息，结合人工神经网络、机器视觉等图像处理的方法，提取靶标的特征信息，构建图像处理系统，形成图像识别模型，提取杂草种类与空间分布等信息，形成模糊控制器指令，决策除草剂的施用量(图 5.2)。该技术能直观地探测出靶标的外形，对图像动态获取、分割和表达获得施药对象区块，但对图像技术、光照条件和信息提取的要求较高。单目视觉对背景的滤除困难，稳定性差。基于双目视觉是目前目标探测技术研究的热点，以解决数据处理量大、响应速度较慢的瓶颈问题。

5.3.2.2 生物体的精准感应传感

基于安装的感应传感器，可以通过改变电缆中电流控制电磁场。喷药机器人内置感应传感器接收到电磁场变化后，即可按照机器人管理者的要求完成靶标的探测、喷头动作执行等一系列农药喷施动作，其动作灵敏，能够初步满足生产要求。然而，探测器探测到枯树、电线杆和栅栏等非植物障碍物，仍然会进行农药喷施动作，易造成农药浪费和环境污染。目前，非植物障碍物避障技术是果园喷药机器人精准施药的热点和难点。

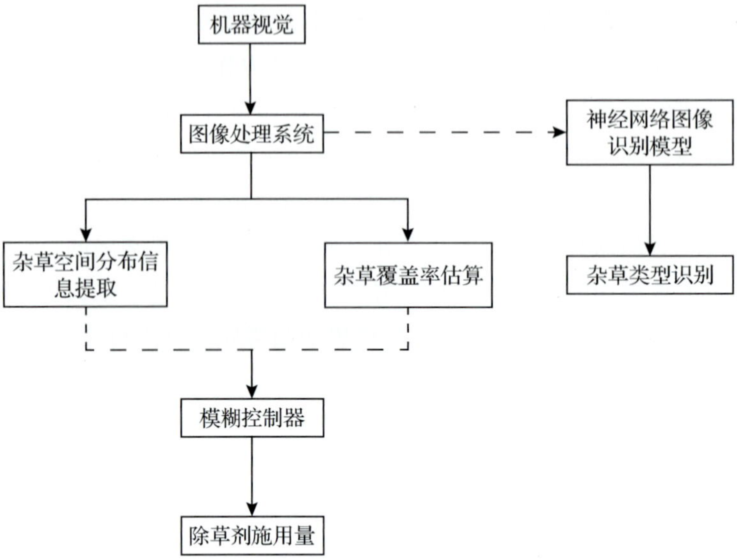

图 5.2　基于机器视觉杂草自动识别变量施药系统

5.3.2.3　自动喷药控制装置

自动喷药控制装置是根据速度传感器采集的速度信息、压力传感器采集的系统压力信息以及流量传感器反馈的流量信息，形成控制指令，实时控制喷雾控制器，并通过调节管道压力调节喷头的喷量，实现根据地块的不同工况按需施药。如何实时采集变量喷雾装置的位置信息，精确生成喷雾处方图信息是精准驱动自动喷药控制装置，升级变量喷雾控制器是提升喷雾作业能力的关键。

5.3.3　发展方向

长期以来，我国果园化学农药喷施相对粗放，往往凭经验控制药量，以至于药量不足无法及时消除病虫害或农药施用过量致使大量农药残留，对生态环境和农产品安全带来巨大挑战。但与工业、其他农业产业生产场景相比，果园生产环境更复杂，具有典型的区域特征，果树农药喷施很难实现标准化、一致化及结构化。当前果园自动喷药机器人的智能化水平还无法满足高精度农业生产需求。因此，推动果园精准施药技术发展，研发果园自动喷药装备，是实现树木病虫害防治、改善劳动条件、降低工作量的有效途径。

果园自动喷药装备是提高农药喷施效率、降低农药残留的有效手段之一，其关键在于精确获取靶标信息，实施按需施药，其核心可分为靶标探测技术和变量喷雾技术两大部分。在未来相当长的一段时间内，智能的果园喷药装备应该以提升对靶喷药精准性和时效性为目标，充分考虑喷雾的“滞后”特性，建立变量喷雾动态模型，获得变量喷雾喷头流量模型，组合喷头雾滴沉积特性，升级喷雾控制系统，不再是单个喷头的简单叠加。此外，深度挖掘果园喷药装备的靶标内外雾滴沉积特性，厘清喷施药量、喷雾距离、运动速度与靶标外形和枝叶稠密程度的关系，也是果园喷药装备精准喷雾的重要研究内容。

5.4 植保无人机

植物保护是应对果园突发性大面积病虫草害的有效控制措施。无人机航空技术已在农业监测、航空植保和抢险救灾等领域得到广泛的应用。在农业航空服务组织体系不断完善、航空施药作业规范迅速出台、施药部件系列逐步齐全的背景下，无人机航空植保技术突飞猛进，农业机械化发展水平日益提升。自德国用飞机喷药控制森林病虫害扩散以来，航空喷药中的飞机机型、航空喷头、航空药液以及农业航空管理政策等方面都取得了大量的研究成果。据统计，果树植保作业的工作量占全年果树管理总工作量的 30%左右，会消耗大量的人力、物力和时间。因此，为提升果园植保作业效率，应积极发展农用无人机植保作业装备，同时推动果园植保机械化进程。

5.4.1 关键技术

5.4.1.1 导航施药技术

果园植保无人机通常配备精密仪器和设备。全球定位系统是植保无人机常用的导航装备，部分果园植保无人机配备流程控制、实时气象测试系统和精确喷洒设备。早期发展的施药作业，施药人员通过手持 GPS 测量确定施药作业区域边界点，并将边界点加载到施药飞机的 GPS 接收器上，形成施药区域地图并规划施药作业航路图，避免重喷和漏喷。GPS 能通过获取飞机飞行轨迹、飞行速度和喷雾系统开关等作业信息，分析施药作业情况。近年来发展的无人机自主导航技术，主要利用搭载于无人机上各种传感器获得果园、果树、果实和环境参数，由计算机或嵌入式设备控制无人机按照预先设定好的作业时间、作业面积和作业范围，完成果园植保作业任务。

5.4.1.2 航空喷嘴

果园植保飞机飞行速度快，在施药工作时，航空喷嘴遇到高速空气流，空气剪切力影响显著，因此果园航空施药喷嘴设计有别于地面施药喷嘴。在航空喷嘴设计上，根据雾化方式，果园航空施药喷嘴主要有液力雾化喷嘴和旋转离心雾化喷嘴两种。CP 系列喷嘴是典型的航空施药液力雾化喷嘴。多头 CP 喷嘴具有多种孔径，可以旋转喷嘴座来改变喷量，并通过调节喷杆改变喷嘴角度。由 Micron 公司制造的旋转式离心雾化喷嘴，具有雾滴可控制和不易堵塞的优良性能，可以通过调节旋转速度，有效地控制雾滴直径，适用于可溶性粉剂和悬浮剂的喷洒作业，且施药量较低。在航空喷嘴喷洒模型上，通过喷嘴形式、喷雾压力、气流速度和喷雾药液，构建电脑模型，预测产生的雾滴谱，以便选择并设计合适的作业参数。在喷雾技术上，航空植保采用静电喷雾技术，可以有效提升雾滴在靶标上的沉积，减少在非靶标区的漂移和弥漫，目前在果园等地面喷洒作业中广泛应用。航空静电喷雾系统的核心是静电发生器，安装在飞机机翼两侧的航空静电喷嘴，各自连接正压或负压输出端，产生正负电压，使机翼负载的正、负电压达到平衡，机身或喷雾支架上总静电场近似于零。航空静电喷雾系统可以减少施药液量和增加药液沉积量，但对病虫害防治效果和减少下风处喷雾漂移作用不明显。

5.4.1.3 漂移预测模型

航空植保喷洒农药作业中雾滴飘移容易引起果园环境污染，果园航空施药安全的问题亟待解决。目前，研发飘移模型分析和预测航空施药中雾滴飘移和沉积情况，已成为航空精准施药的核心技术。最早的FSCBG模型(forest service cramer barry grim)是通过分析天气因素、蒸发情况和冠层穿透对沉积分布的影响，预测雾滴分布、沉积情况，评估环境风险，制定施洒方案的。之后，在此基础上发展了农业分散(agricultural dispersion，AGDISP)模型。该模型以喷嘴、药液、飞机类型和天气为输入因子，分析飞机尾流、翼尖涡流、直升机旋翼下旋气流以及机身周边空气扰动对雾滴的影响，进而预测雾滴漂移。近年来，学者运用静态高斯模型、高斯云团模型和拉格朗日方程等物理模型改进AGDISP模型，可实测定时风速和雾滴的运动轨迹，优化了喷施策略，提升了对雾滴运动和地面沉积模式的预测能力。

5.4.1.4 航空变量施肥技术

变量施药与航空植保相结合是果园植保的重要发展方向。利用航空遥感与地理信息系统，通过将果园果树的生长数据与土壤性质、病虫草害和气候等数据进行叠加分析，生成变量喷药处方图，基于变量控制系统控制施药量，有针对性地进行果园植保作业。目前，精准定位流量变量控制系统是提高农药投放和变量系统反应精度的重要方向。

5.4.2 研究热点

5.4.2.1 无人机自主导航

无人机自主导航技术变革了果园航空植保作业模式，使其不受区域、场景的限制。无人机通过搭载光学、激光雷达等多种传感器，获得果园环境参数，并通过计算机或嵌入式设备控制无人机按照设定的施药路线进行植保作业。随着激光雷达、北斗导航系统、机器视觉、认知检测和雷达避障等技术的发展和应用，无人机自主导航技术在果园植保中应用的深度和广度日益提升。然而，在果园种植场景中，植保作业喷头与果树冠层距离较近，这对无人机自动导航技术提出更高要求，特别是在丘陵和山地实施果园植保作业时，更加需要优化自主导航控制方法，对其进行高效规划，需根据果树冠层高低变化，结合不同地形条件，进行无人机自主控制，以降低对植保无人机操控技术和农药喷施技术水平的依赖。

5.4.2.2 路径规划方法

无人机植保作业时行走的路线直接关系施药效率，即施药路径规划方法的优劣直接决定了作业效率的高低。果园种植面积较大，无人机飞行能量消耗大，因此优化路径规划算法对果园无人机植保作业尤为重要。近年来，针对果园航空植保中不规则区域和多机协同的作业需求，先后发展了混合路径规划算法(Li et al.，2016)、地形网格模型(Liang et al.，2016)、自适应三维路径规划算法(Liu et al.，2016)、分布式估计和多个无人机路径优化算法(Xu et al.，2017)、图像搜索技术与样条方法相结合的算法(Keller et al.，2017)等无人机植保路径规划方法，突破了无人机着陆路径规划、目标追踪和自适应飞行等方面的技术瓶颈。然而，植保无人机在果园作业频繁切换作业行时，无人机飞行需要相应变换，无人机飞行的速度也需实时调整，这增加了无人机的控制复杂程度。此外，转场也会增加无人机作业时间，影响果园施药效率。因此，如何融合果园作业目标的三维场景信息、无人机运动学模型和自适应导航控制策略，构建果园适树适果的最优路径选取方法，是实现果园植保无人机高效作业首要解决的问题。

5.4.2.3 仿形运动控制

仿形运动控制是地面机械运动和农业作业机械控制普遍应用的技术，可提高机器装备在复杂地形中运动的通行能力，拓展农机作业的适用范围，提高作业效率。种植在山地、丘陵区域的果园地块面积小且破碎，且其中果树轮廓差异大，因此山地丘陵果园航空植保作业对无人机喷药飞行高度控制更具挑战。利用仿形运动控制理论，仿照特定曲线或轮廓的控制运动方式，精准控制无人机在地形复杂区域的果树植保作业时距冠层的高度，构建高仿形飞行控制方法，提高机器人行动时的环境适应能力，增强机器人在不规则地形行走的通过能力，是实现无人机复杂环境下果园植保作业的有效手段。苹果树冠层枝条的延伸方向随机，并且枝条在受旋翼无人机下降气流影响时会产生高速扰动，因此，只选取最近距离作为飞行高度参考。现有测距方法无法满足自主仿形导航作业条件下对果树目标轮廓信息的快速感知需求。如何构建果树冠层轮廓快速提取及测距算法，是实现无人机等高仿形飞行控制提供实时监测反馈的手段，是无人机仿形飞行控制研究的难点。因而，近年来在复杂背景下果园植保作业装备作业轨迹控制研究备受国内外学者的关注。

5.4.3 发展方向

农业航空植保已成为现代农业植保作业的研究热点，国内外学者在农业植保航空喷药的药液沉积分布规律和无人机平整地表植保作业路径规划等方面开展了大量的研究，推动了果园植保无人机系统装备的长足发展。其发展方向主要有：

一是无人机多传感器数据融合技术。其能综合多载荷、多尺度、多光谱、多分辨率、环境数据和生物数据，可对果园生产系统形成全方位、立体的感知描述，从而提高遥感无人机系统决策、规划、反应的精度和效率，降低施药决策风险。

二是图像实时自动处理系统。数据处理是精细航空喷洒的重要内容之一。对无人机采集的果园图像进行实时处理，精准绘制果园航空植保处方图，可以弥补遥感和航空变量喷洒的差距。建立界面友好、响应迅速和高效运转的图像处理软件系统是数据采集后立即变量喷洒的技术保障。

三是无人机自适应控制技术。我国山区、丘陵地区的果园占地面积大，果树依山等高平面种植，果园整体呈阶梯状分布，且同一高度的果树分布受山体形状限制，果树行极少成直线，多是顺曲线趋势分布。受系统定位信息刷新频率限制，现有导航方式下定位点过少，飞行轨迹趋于折线，与果树种植行线难切合。但定位点过于密集，会影响定位信息刷新频率，导致错过定位点，出现返航现象，致使无人机曲线飞行的控制精度降低。因此，研发无人机自适应控制技术，提高无人机水平飞行时方向调整的控制率，实现无人机沿曲线果树行飞行，是无人机水平航迹控制研究的重点方向。

5.5 采摘机器人

鲜食水果收获是智慧果园自动作业的重要环节，高效低损采摘是农业机器人研发领域中的难题。采摘机械手是农业机器人的重要执行器，是安装在农业机器人上的工具，用于抓紧、搬运和放置目标。区别于一般的机械末端，机械手是设计目标、机械结构、驱动方式、控制方案、视觉算法和评价体系等一系列相关领域的系统结合。目前机械手在制造业中相对成熟，但在农业、食品和生物等领域的发展应用存在诸多挑战，尤其是果园生产环境非结构化或半结构化的特点更加突出。其应用场景复杂度高于一般的农业生产环境，并且鲜食水果质地脆弱、易擦伤、易黏附，抓取复杂度大，这就对果实采摘机械控制和识别算法的鲁棒性以及机械的稳定性都提出了更高的要求。采摘机器人的总体控制架构见图 5.3。

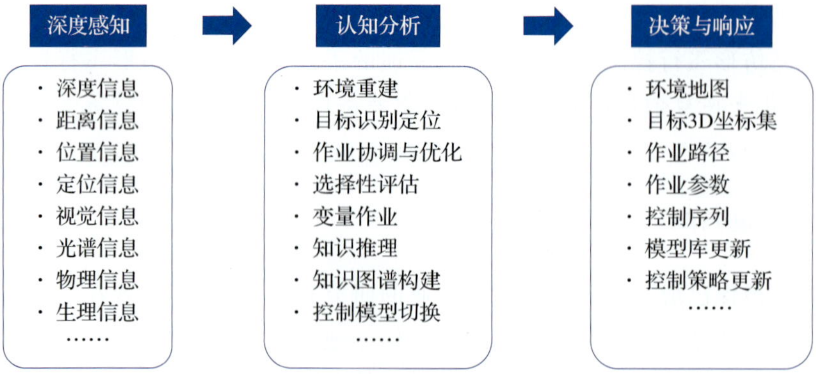

图 5.3 采摘机器人的总体控制架构

5.5.1 关键技术

5.5.1.1 采摘对象识别

针对不同的采摘目标和采摘场景，充分分析水果果实的形态、生长发育情况和个体差异，因地制宜地进行果实采摘机械的设计。目前，采摘机器人种类繁多，没有适应不同水果和种植场景的通用采摘器械。但采收对象的特征和机器人运行的场景是果实采摘机器人研发的核心要素。针对不同果品，研发设计出专用型采摘机器人。智能采摘机械的目标果实通常是苹果、草莓和柑橘等高经济价值的水果(Preter et al.，2018；Xiong et al.，2019)。这类果实体积较小、颜色鲜艳、易于识别、生长高度适合机械化采摘。然而，对于体积较大、成熟度难以区分、果实颜色与叶片及藤蔓接近的西瓜、甜瓜等果实，其识别和采摘难度大，采摘方案的设计存在诸多挑战。当前果实采摘机械手具有很强的专用性，并且果实的采摘季节通常是短暂而固定的，这种专用型采摘机械无疑降低了使用率，增加了成本。因此设计多功能采摘机械和通用型采摘机械将大大提升其使用率，降低使用成本，是农业未来的重点研究方向之一。

5.5.1.2 力学特性仿真

果实作为一种生物材料，其采摘的力学特性与传统力学不同，主要依靠生物力学特性理论，根据果实成熟度，利用相应的仪器对果实的动压机械损伤和冲击机械损伤进行深入分析，计算其弹塑性力学方程，设计采摘执行机构(刘博瀚，2018)。例如，包裹型抓手需要精准计算抓取力，在设计包裹型抓手前需要对果实的取力、拉力和弯曲力进行测试或试验，得出夹取时最优抓取姿势(Dimeas et al.，2013)。王荣炎等(2019)对于体积特别小的颗粒状果实，借助 FLUENT 软件，对气吸式采摘装置的管道内气体压力和速度进行建模仿真，得到了果实采摘装置的最佳工作参数。

5.5.1.3 采摘场景模拟

果实的采摘场景大体可分为实验室环境、大棚内环境和露天实景。根据果实的疏密、遮挡、果树布局以及光照气候等典型要素的复杂度，还可以细分采摘场景。在果园栽培环境下，果实对象可见性交叉，野外条件居多，风、雨、光照都不可控，果树生长的差异大，导航定位难度大和场景复杂度均束缚了采摘性能。总体上，室内环境下果实识别和抓取效果相对较好，而实际果园种植环境更为复杂，采摘的成功率不高，商用发展任重道远。

5.5.2 研究热点

5.5.2.1 位姿建模

采摘目标的位置和姿态建模是果实采摘机器人的重点，直接影响了采摘成功率和采摘效率。位姿建模的过程主要是基于视觉识别和空间几何计算的方法，识别果轴、质心或采摘点等特征，结合几何学、运动学求解目标的位置和姿态，为采摘机器人的运动路径规划、姿态规划提供指导。由于果实结构不尽相同，每种果实的算法各异。即使同种水果，不同个体的形状也存在差异，对算法的精确性产生影响。因此，普适、稳定的采摘目标姿态建模方法亟待突破。目前，基于粒子滤波理论，结合双目视觉信息和运动中的单目信息对苹果的定位，对每幅图像进行姿态测量需 4 s 左右，对苹果目标的抓取约 30 s/个（张高阳，2012）。

5.5.2.2 柔性抓手

机械抓手是与目标果实对接，完成果实采摘动作的执行器。目前采摘抓手可以分为包裹型抓手和夹持型抓手两种。包裹型抓手对包裹力的计算精度要求高，不适用于采摘较硬的水果。传统的包裹型抓手多采用刚性材料，且抓手形状固定，对机构的传动角、对目标的作用力和表面的摩擦力等控制难度大，也缺乏自适应能力。夹持型抓手作用对象是果实的母枝，这种抓手不直接作用于果实本身，不易对果实造成损伤。然而母枝纤细、易被遮挡，其识别和定位极具挑战。近年来，软体机器人技术突飞猛进，优化了水果采摘机械的末端执行器的性能，柔性抓手有效破解了采摘抓手对果实的损伤问题，其设计和控制是机械领域的研究前沿。

5.5.2.3 驱动方式

采摘机械手的驱动方式也是果实采摘机器人的关键技术之一，主要包括单一驱动、欠驱动和复合驱动等。果实机械手驱动方式多采用单一驱动和欠驱动。其中单一驱动主要以电机为原动件，通过一系列传动链完成驱动。欠驱动机构的传动链的自由度数多于原动机的驱动自由度数，使得抓手能够根据果实复杂的表面形状进行一系列调整，该机构自适应性强，具有较大的发展潜力。复合驱动的原理复杂，且液压、磁吸等驱动源的特性与采摘机械不易匹配，因此在果蔬采摘机械手方面的应用较少。

5.5.2.4 切割方案

切割是采摘机械需要重点考虑的内容之一，主要分为刀片切割和拟人手切割两种方式。刀片切割是使用刀片直接切断果梗或母枝，该方法简单、快速、高效，仅需对果实进行简单的夹持和固定，便可以对果梗进行切割和分离，但易造成植物伤口，为植物染病患病留下隐患，且刀片容易被酸性的果实汁液腐蚀，需要频繁更换。拟人手切割通常是先对果实进行紧密固定，再通过撕扯和旋扭的方式切断果梗，从而达到采摘的目的，然而机械手紧密包裹的包裹力精准控制难度大，容易对果实表面造成瘀伤或损伤。此外，抽吸式的抓取工具是一种柔和的摘取方式，也可达到采摘的目的。这种工具采用气泵连接管道和末端执行器，由管道中的负压将目标从树上吸下，但对于果实表面凹凸不平的果实目标，装置的气密性差，难以产生符合要求的负压。

5.5.2.5 果实收集机构

按照收集机构的作用,果实收集机构可以分为缓冲收集机构和入库收集机构。二者容量差别大。缓冲收集机构通常位于末端执行器内部或附近,容量能够容纳数个果实,可以提升采摘的连续性。入库收集机构是为果实分类做准备的,它的容量和质量通常较大,因此一般位于采摘机器人的底部。

5.5.3 发展方向

在自主采摘机器人领域,果园复杂栽培条件下作业目标视觉信息稳定获取与不确定环境和动态障碍环境下机器人避障方法是当前果实采摘机器人重点发展的方向。

果园种植栽培环境下不仅光照不稳定、杂草丛生无序,且果实形态各异,因此,果实的识别与定位存在诸多挑战。目前研究大多基于果实独特的色度和饱和度颜色进行阈值分割或者基于外形特征进行形态学检测,实现果实的识别和定位。传统方法在果实孤立、背景简单的情况下,果实识别精度较高。在果实排列密集、枝叶繁茂和相互遮挡严重的情况下,深度学习在果实位姿检测领域应用极具潜力。具体如下:一方面,通过改进深度卷积神经网络结构,提升结构之间的相关关系和结构的方向性辨别能力;另一方面,发展半监督学习或非监督学习方法,突破深度学习图像标注成本高的瓶颈问题,降低深度学习应用门槛。

在精准识别果实及周围障碍物基础上,通过避障规划,才能成功抓取果实。在果实采摘的实际应用中,采摘末端执行器的避障算法应用的可扩展性是制约采摘机器人走出实验室、进入果园作业的重要因素。基于网格、基于势场、基于采样和智能的算法,有效解决了不确定环境和动态障碍环境下多自由度机器人作业的避障路径问题。近年来,深度强化学习已经成为避障规划算法研究领域的热点。果实识别能力和定位系统的不断提升及融合强化学习的末端执行避障算法在自动控制领域的深度应用,是促进新型果实采摘机器人装备实现产业应用的重要途径。

5.6 果品分级分选装备

我国是一个水果生产大国,果品分级分选装备的现代化对提高我国水果市场的竞争力,具有重要意义。分级是水果商品化的重要环节,水果的分级指标包括外部品质和内部品质两个方面,水果外部品质的主要分级指标是水果的大小、色泽和表面品质等。其中,水果的表面品质可以通过表面缺陷和损伤来描述;内部品质包括内部缺陷、营养成分、质地等指标。利用这些分级指标,国内外水果检测分级装置大致有机械式分级装置、光电式分级装置和基于机器视觉技术的分级装置等。

5.6.1 关键技术

5.6.1.1 果品分级分选感知技术

不同的水果具有不同的特征，如何提取待测水果的特征是装备感知部分的主要任务。在外部特征的提取方面，水果外部品质的检测指标包括果实大小、形状、色泽和表面品质等。在内部特征提取方面，果品的内部品质指标一般包括糖、酸、维生素、矿物质等可溶性固形物指标。

传统的机械式水果分级装备通过分级部件上大小依次变化的孔穴（图 5.4）或直接通过输送带或输送链之间间距的变化（图 5.5），使大小不同的果品先后分离，以达到分级的目的。目前主要的机械式水果分级装备有滚杠式、辊式和滚筒式等。机械式水果分级装备是水果分级生产线多年经验与智慧的结晶，其结构简单、价格便宜，与人工分级相比，分级速度较快，分级精度较高，对操作人员的素质要求较低，适用于广大水果种植者和小型水果加工企业，但机械式水果分级装备容易损伤水果（周雪青等，2013）。

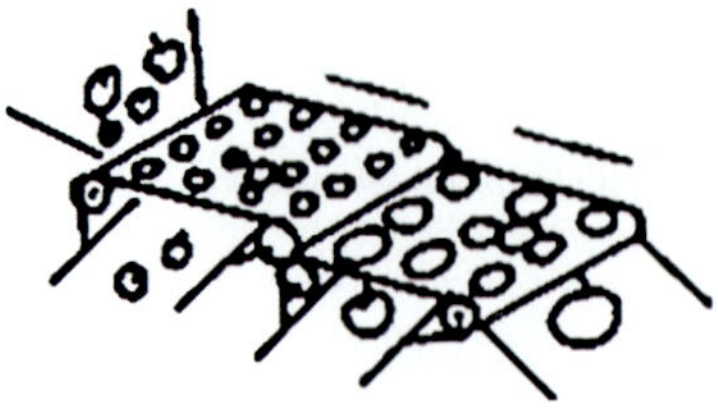

图 5.4　孔穴

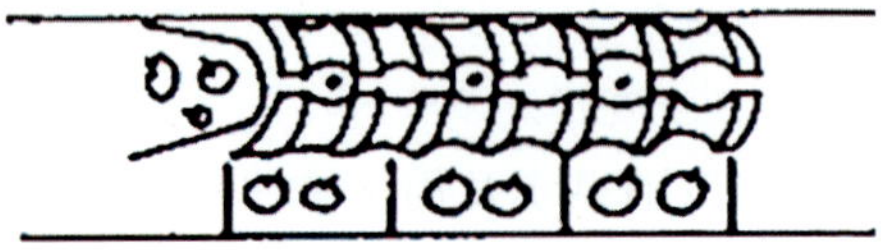

图 5.5　输送链

随着科学技术的发展，更多新型智能感知技术应用到水果的检测中，其中具有代表意义的是近红外光谱技术和机器视觉技术。

近红外光谱检测技术是利用波长为 800～2 500 nm 的电磁波来分析样品的结构和组成等信息。近红外光区域的主要信息来源于—CH、—NH、—OH 等官能团的倍频与合频，因为不同的官能团有不同的能级，并且在近红外光谱区有明显的差别，这样就可以根据样品在近红外光谱区吸收波峰的值来实现对样品有机物的定性和定量分析。近红外光谱分析技术可以精确检测水果内部的糖度、酸度、维生素含量等指标，其具有适应力强、对人体无害、操作简单等优点。因此，近红外光谱技术多用于水果内部特征的提取。

不同的是，机器视觉技术更多用于水果外部特征的提取。机器视觉技术通过采集水果的图像，应用图像处理和模式识别等技术，测算出水果的大小、形状、颜色、缺陷和纹理等指标参数，根据这些参数确定水果品质。因此，现代化的新型果品分级装备通常结合近红外光谱技术和机器视觉技术这两项技术提取水果的内外部特征。

5.6.1.2 果品分级分选数据分析建模技术

通过感知层获取特征信息后，分级分选装备的下一步操作是处理得到的这些信息并对水果的品质进行分类。不同于机械分选装备的直接分类,智能感知技术需要通过一些数据处理算法对水果进行分类。常用的数据分析建模技术有神经网络、支持向量机和偏最小二乘回归等。

近红外光谱技术通过仪器采集样本的光谱,对采集到的光谱进行预处理并在选定的波段建模,调整预测模型参数,以达到更好的检测效果。目前较受欢迎的两种建模方法是最小二乘支持向量机法和偏最小二乘法,但针对光谱和浓度数据中存在的一些非线性问题,模型的预测性能和稳定性还需进一步提升(贡东军等,2015)。

机器视觉技术通过图像处理技术获取待测果品的外部特征信息,通过支持向量机或神经网络等方法建模完成分类任务。以苹果形状的检测为例,目前存在较多方法可对苹果按形状进行分级,均能达到较高的分级准确率。比如采用凸度即目标像素个数与目标最小凸包像素个数的比值,结合傅立叶描述子补充轮廓信息的方式描述苹果形状的规则程度(黄辰等,2017)。还有利用形状不变矩等方法对果品的颜色和形状特征进行综合提取,这种方法首先采用 Otsu 阈值分割算法和 Canny 边缘检测算子完成果品的前景分割和边缘特性提取。在形状特征提取方面,采用计算图像中目标面积与目标外接圆面积之比提取果品的二维特征,同时通过提取目标轮廓的形状不变矩来描述果品的三维特征,最后采用支持向量机(support vector machines,SVM)分类算法完成具体类别的识别(Peng et al. ,2018)。

5.6.1.3 果品分级分选控制技术

控制技术是协调分级分选装备各部分的核心技术,如图 5.6 所示,这是一台果品分级分选装备的控制系统。控制部分包括可编程控制器(PLC)、电源、固态继电器和控制面板等模块(王哲,2019)。其中,电器控制部分主要功能由 PLC 来完成,电源和固态继电器等辅助完成控制电路,控制面板是针对用户制定的,通过交互式的操作界面,使操作过程更加智能和简便。并且,根据用户的实际需求可以设置人工运行模式和自动运行模式等多种运行模式,以自动运行模式为例,主要过程原理为 PLC 等待系统的 1 个 On_ line 信号;当信号到达后,PLC 先控制电机开启,使输送线和上料机同时运行起来;当系统检测到水果并判断出相应等级时,计算机经由 PLC 端口向 PLC 发送 1 个信号,PLC 控制电磁阀打开,输送线进入相应的等级物料箱网。

5.6.2 研究热点

利用机器视觉技术实现农产品内部品质无损检测是目前国际上研究的热点课题。

5.6.2.1 神经网络技术

神经网络技术是一种通过模仿动物神经网络行为特征,进行分布式并行信息处理的算法数学模型,可应用于机器视觉系统,提高分类的快速性和准确性。Kavdir 等使用神经网络算法对柑橘进行分级,把其缺陷和物理特征作为神经网络分类器的输入参数,对柚

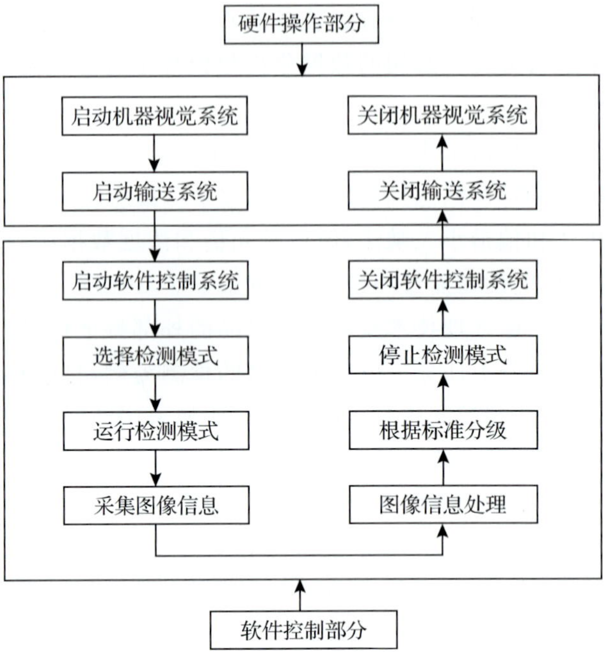

图 5.6　果品分级分选装备控制系统

子和橙子的分级准确率为 98.5%，对橘子的分级准确率为 98.3%。使用神经网络分类，完成网络训练后，利用 ANN 的泛化功能，对橙子的彩色 RGB 图像结合颜色和果形分析，可获得鲁棒性、实时性的分类结果（白菲等，2005）。

5.6.2.2　高光谱技术

机器视觉技术的数据分析需要高精度的图像。利用高光谱技术可以快速地获取高精度的图像，同时利用其图谱合一的特点，可以精确获取水果缺陷的特征波段。Kim 等使用 450～851 nm 波段的高光谱图像识别苹果表皮的肥料残留物，研究表明，污渍的识别可使用 3 波段法（绿、红、近红外）或 2 波段法（近红外区域的两端），其中前者可用于商业分级设备。

5.6.3　发展方向

随着科学技术的发展，越来越多的无损检测技术日趋成熟，并且能够应用到果品分级分选的生产线上，当前的果品分级分选装备有如下的发展趋势：

（1）由于不同的水果特征上的差异，不同水果优劣的标准难以统一，甚至同种水果不同品种的优劣标准也不同。如今，果品分级分选装备越来越朝着专业化方向发展，即针对某种特定的水果有特定的选优标准，并拥有专用的水果分级装备。

（2）如何做到无损分级也是一个亟待解决的问题，当前市场对水果的要求更加严格，另外水果的运输和贮藏也要求分级过程尽量减少水果的损伤。如今，更多的无损检测技术的应用使这一问题得到很大改善。如计算机控制技术、气体分离技术、机械手操作技术和光声传感技术等，使机电一体化，保证分级分选中的各要素，如果品的大小、色泽、硬度和含糖量等能够得到自动控制，力争做到无损分级分选。

(3)随着经济的发展和国际经济一体化的进程，生产专业化程度增加，并且根据不同地区自然条件的竞争优势，果品从种植到销售将会更加集中，生产经营者为降低生产成本，更加注重其加工设备的效率，此外，还要保证工艺参数控制准确，产品质量好，以提高竞争能力。这就要求果蔬产品加工设备，包括分级分选设备将向高效化、自动化、生产规模大型化方向发展。

5.7 案例 1：果园作业机器人的自主行间导航系统

在现代化矮化密植果园中，果树以平行直线为行的标准方式进行种植，果树密度和果树行宽度也满足作业机器人自主行走的空间需求和激光雷达等多传感器的应用条件。果园作业机器人自动作业的关键是具备自主导航能力，即可以按照优化的作业路径自主行走并完成多类生产任务，如挖沟、施肥、喷洒杀菌剂和杀虫剂、割草、采摘、运输等任务。高精度高性能的自主导航系统能减少重复作业区和遗漏作业区的面积，提高机器人的作业质量和效率。针对以上需求，提出了基于激光雷达和编码器融合的果园行间导航系统。该系统以中国农业科学院自主研发的果园作业机器人装备为验证平台进行实验研究，首先通过 VLP16 激光雷达设备实时获取果园行场景的点云，然后分割出左右果树行点云，之后通过随机抽样一致(RANSAC)算法、拓展卡尔曼滤波(EKF)算法设计直线优化算法并逐步获取准确稳定的果树行直线，进而获取果园作业机器人相对于果园行中心位置的方向和位置偏移，最后采用基于差速运动学模型和纯跟踪控制方法设计果园自主导航算法及系统，控制机器人沿果园行中心位置自主行驶，当行驶到果园行尾时，能够按照调头策略准确进入下一行继续工作。

5.7.1 果园作业机器人架构

5.7.1.1 硬件架构

果园作业机器人如图 5.7 和图 5.8 所示，由动力系统、传感器供电系统、计算系统、传感系统、通信系统以及灯光系统等硬件系统组成。

(1)动力系统　包括 2 kW 的双伺

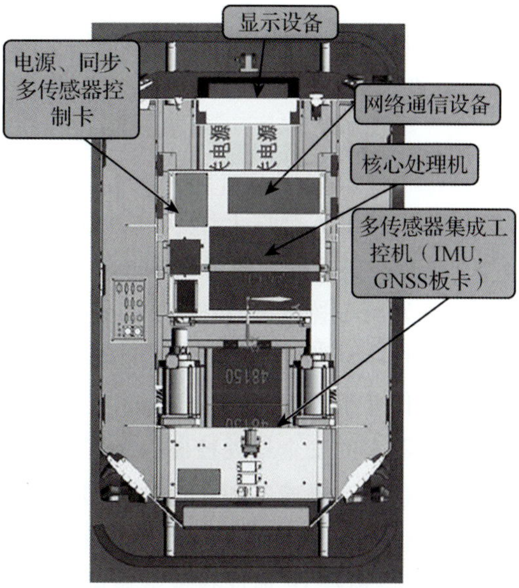

图 5.7　果园作业机器人内视图

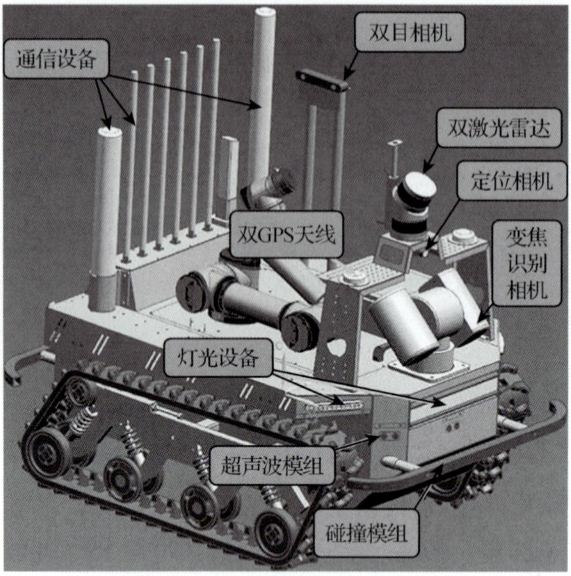

图 5.8 果园作业机器人侧视图

服电机和具有 PI 调节能力的驱动器,具有 5 h 续航能力的动力电池以及强通过性能差速履带底盘,支持 ROS 速度控制模式,支持遥控器控制模式。

(2)传感器供电系统　提供 5～48 V 多种电压供电,保证多类型传感器正常工作,物理支持所有设备一键启动和紧急停止。

(3)计算系统　包括提供导航计算的工控机、显示一体机等,支持导航数据实时计算。

(4)传感系统　包括定位相机、双目相机、变焦识别相机、2 个 16 线的 VLP-16 激光雷达、双 GPS 天线、超声波模组和碰撞检测开关。

(5)通信系统　支持 4G、WiFi、数传通信,支持大数据网络交换。

(6)灯光系统　包括左右转弯灯、大灯、工作指示灯等。

5.7.1.2　硬件工作原理

果园作业机器人硬件工作原理如图 5.9 所示。果园作业机器人目前支持两种工作模式，分别是遥控模式和自主导航模式。遥控模式和自主导航模式都能够通过数传天线将控制信号下发给工控机,经由工控机将控制信号转化为电机转速信号,并将其通过串口下发给左右电机驱动器,驱动左右电机运动。将左右电机上的编码器读数和差速模型结合,计算出果园作业机器人的里程信息。传感器供电系统中配置了紧急停止按钮,用于实现果园作业机器人的安全驾驶控制。为了实现通信避障功能,与计算系统工控机相连的网络交换机连接了双碰撞条和超声波。传感系统的水平和倾斜雷达主要用于建图和导航,定位相机和识别相机则用于获取周围的图像信息。所有的数据都实时下发给网络交换机,工控机可以根据 IP 地址获取需要的数据。网络交换机也连接在 WiFi 端,用于数据的传输和通信。

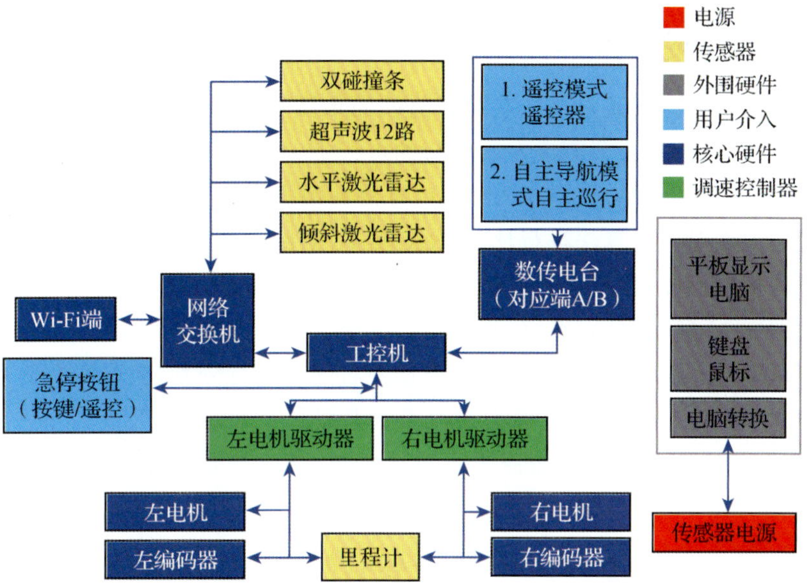

图 5.9　果园作业机器人硬件工作原理

5.7.2　行间自主导航系统软件架构

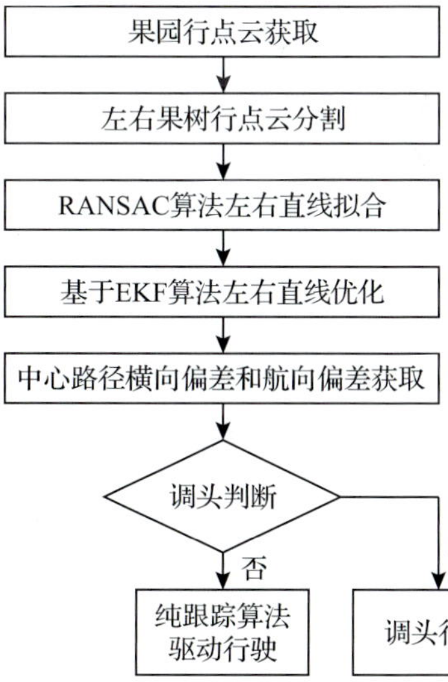

图 5.10　果园行间自主导航流程

果园作业机器人上安装了多个传感器，在行间自主导航过程中，主要采用 3D 水平激光雷达来获取果园行内的点云，在具有两侧分布特征的果园行点云中，首先分割左右树行的点云，然后采用 RNSANC 算法获取代表两侧树木的直线，并通过里程计的瞬时变化信息和 EKF 算法对获取的直线进行滤波，以获取波动较小、较为准确的两侧直线。获取果树行直线后，根据里程计实时计算果园作业机器人的运动方向和两侧直线的航向偏差和横向偏差，并参照两个偏差通过纯跟踪控制算法修正其位姿，使其向果园行尾直行。果园机器人在导航过程中，通过检测自身前方的点云数量，根据调头阈值判断其位置是否到达了行尾，当机器人判断出到达行尾时，系统根据计算出的果园行平均宽度确定拐弯半径，并根据拐弯行驶的长度和当前的运行速度计算拐弯所需的时间。自主导航系统采用该调头策略使果园作业机器人进入下一行，果园作业机器人再重新通过激光雷达数据检测下一行数据并进行导航，重复执行直至完成整个果园作业。果园行间自主导航流程如图 5.10 所示。

5.7.2.1 RANSAC 直线拟合算法

果园行直线获取方法通常是在获取当前帧的果园行点云后，将该帧点云投影到世界坐标系中，然后将该帧点云分割成左右树行的点云集，再从左右树行点云集中拟合出两侧果树的直线。常用的获取方法有 RANSAC 算法和霍夫变化算法，从横向偏差、航向偏差和算法耗时等方面对两个算法进行比较，RANSAC 直线拟合算法相比较霍夫变化算法虽然具有细微的横向偏差，但是在较大行距的果园中导航精度更高且算法实时性也具有绝对优势。如图 5.11 所示，RANSAC 直线拟合算法执行步骤如下。

(1)将果园行激光点云当前帧 PtC_i，根据左右阈值进行分割，获取左右 2 个果树行点云，分别为左边行点云集合 PtC_{il} 和右边行点云 PtC_{ir}。

(2)由于矮化密植果园一般按照平行直线种植，该文中设定 2 条默认的左右平行线 L_l 和 L_r，分别为：

$$L_l: y=k_l x+b_l \tag{1}$$

$$L_r: y=k_r x+b_r \tag{2}$$

式(1)与式(2)中，k 指果园行直线的斜率，b_l 和 b_r 分别指 L_l 和 L_r 的截距。

(3)从 PtC_{il} 和 PtC_{ir} 随机选择 2 点，由这 2 个点确定构成直线的参数。

(4)根据阈值 T，确定与直线 L 的几何距离小于 T 的点云集 $D(L)$，即为 L 的一致集。

(5)重复 n 次随机选择，得到直线 $L_1, L_2, \cdots, L_n$ 和相应的一致集 $D(L_1), D(L_2), \cdots, D(L_n)$。

(6)确定最大一致集，最后将最大一致集里的点利用最小二乘法拟合成一条直线即为最佳直线 L，利用 PtC_{il} 和 PtC_{ir} 获取的最佳直线分别为 L_l 和 L_r，即获取到最佳的 k_l，k_r，b_l 和 b_r。

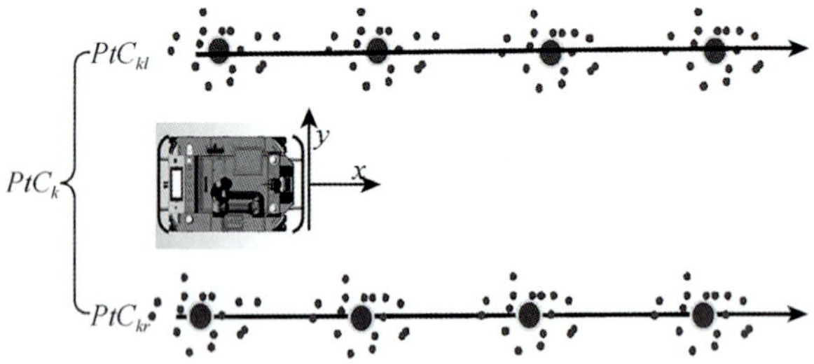

图 5.11 RANSAC 直线拟合算法

5.7.2.2 EKF 直线滤波算法

为了减少噪声对左右果园行直线结果准确性的影响，本研究借助 EKF 算法对已经获取的直线进行滤波处理，生成较为稳定的左右行直线结果。在算法实现中将里程计的瞬时信息应用到 EKF 预测和更新直线参数的计算中。在 EKF 算法中需要右直线的两种结果，分别是第 n 次已经预测的状态和已经更新的状态。已经预测的直线状态关键在于直线的斜率和截距，计算公式为：

$$L_{r(n|n)}=k_{r(n|n)}x+b_{r(n|n)} \tag{3}$$

$$k_{n|n-1}=\tan(\tan^{-1}a_{n|n-1}\,|\,a_{n|n-1}-\Delta tha) \tag{4}$$

$$b_{r(n|n-1)}=b_{r(n-1|n-1)}+\Delta x\sin\tan^{-1}k_{r(n-1|n-1)}-\Delta y\cos\tan^{-1}k_{r(n-1|n-1)} \tag{5}$$

$$[k_{r(n|n)},b_{r(n|n)}]^T=[k_{r(n|n-1)},b_{r(n|n-1)}]^T+K[k_r-k_{r(n|n-1)},b_r-b_{r(n|n-1)}]^T \tag{6}$$

式(3)至式(6)中，Δx，Δy，Δtha 分别是果园作业机器人根据里程计确定的位置移动和角度旋转，K 代表卡尔曼的增益系数，$k_{r(n|n)}$，$k_{r(n|n-1)}$ 和 $k_{r(n-1|n-1)}$ 分别是 $L_{r(n|n)}$，$L_{r(n|n-1)}$ 和 $L_{r(n-1|n-1)}$ 直线的斜率，$b_{r(n|n)}$，$b_{r(n|n-1)}$ 和 $b_{r(n-1|n-1)}$ 分别是 $L_{r(n|n)}$，$L_{r(n|n-1)}$ 和 $L_{r(n-1|n-1)}$ 直线的截距，k_r 和 b_r 是当前的直线测量结果。为了缩小预测结果和实际结果之间的差异，设定一个协方差矩阵 $\sum_{k|k-1}$，这个协方差矩阵通过 EKF 算法得到。利用 Mahalanobis 平方距离 d 作为评估指标，该距离的计算公式为：

$$d=[k_r-k_{r(k|k-1)},b_r-b_{r(k|k-1)}]^T\sum\nolimits_{n|n-1}^{-1}[k_r-k_{n|n-1},b_r-b_{n|n-1}]^T \tag{7}$$

如果 d 大于阈值，判断 $L_{r(n|n)}$ 是错误的计算结果，相应的 EKF 更新结果也会被忽略。

5.7.2.3 行间自主导航和行尾调头策略

果园作业机器人自主导航的 2 个重要任务是行间引导和行尾转向。果园作业机器人在通过 EKF 算法获取树行两侧较为精准稳定的直线，其目的在于自动识别树行。在左右路径直线拟合后，可以获取 2 条直线的中心位置和履带车中心的方向角 tha 和距离 d，根据这 2 个变量实现对果园作业机器人方向和运动的控制。果园作业机器人沿果树行直行和调头方式如图 5.12 所示。

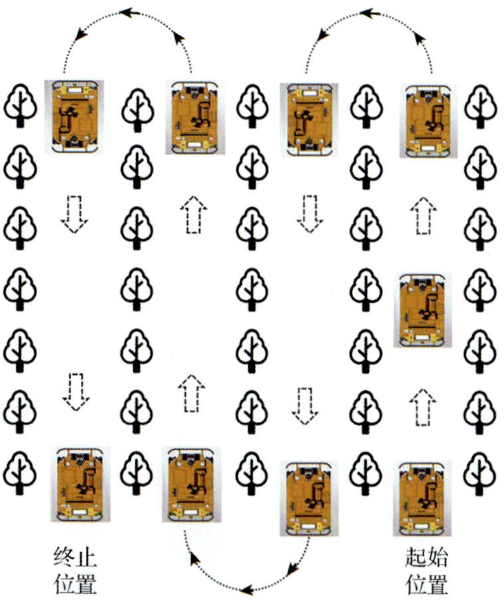

图 5.12 果园作业机器人自主导航直行和调头过程

果园作业机器人在果树行间自主导航的方式，表现为做“弓字形”运动。在自主导航过程中，果园作业机器人会根据 EKF 算法检测到左右直线，通过对比机器人位姿和果树行中心位置的横向和航向

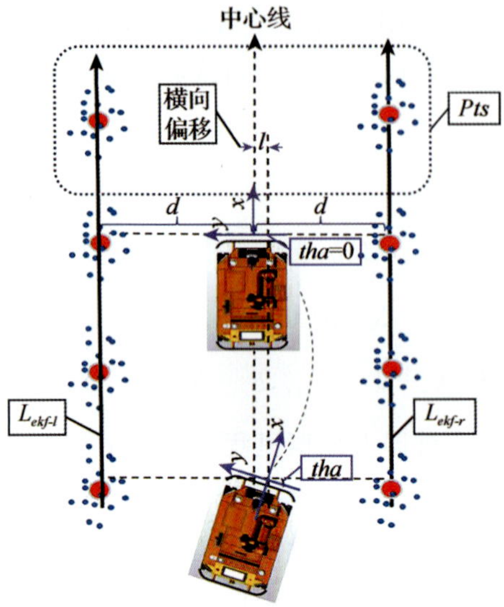

图 5.13　果园作业机器人沿行中心位置直行

偏差，实时调整自身的运动角度和位移，并且进行调头判断和调头操作。机器人根据横向偏移量 l 和偏移角度 tha 实时调整自身的位姿，该过程如图 5.13 所示。

果园作业机器人通过改进纯追踪算法来确定前视距离，最终将车体的位姿转化为左右轮的速度，驱动果园作业机器人沿果树行中心位置行驶，这样保障了果园作业机器人导航的准确性，并为机器人的运动提供了较大且合理的运动空间。

果园作业机器人在自主导航过程中，存在 2 种运动状态，沿着果树行中心位置行走(行跟踪)和到达行尾转弯到下一行继续进行行跟踪。一般果园的树行两端的特征很明显，即行头和行尾都不存在果树，因此在行头和行尾存在一定的调头空间，所以当激光雷达检测到树行突然出现大块空缺信息且稳定存在的时候，可以判断机器人在行两端附近，需要执行转弯的动作。果树行尾调头策略如下：首先果园作业机器人在果树行内行走的过程中，左右两侧存在较大数量的点云，且位于果园作业机器人的正前方；同时果园作业机器人会计算出果树行的平均宽度和调头半径，当果园作业机器人行进到果园行尾后，果园作业机器人两侧和前方的点云数量将急剧减少，出现这一现象时，果园作业机器人会根据所需的调头行走的距离和角速度确定调头需要的时间并完成进入下一行的操作。当果园作业机器人调头完毕后，会向前继续行进一段时间，保证其深入下一行，然后继续执行行跟踪。

5.7.3　果园作业机器人自主导航系统实验结果

为验证果园作业机器人自主导航系统的实际工作效果，在中国农业大学工学院附近树林区域模拟果园导航实验。由于该区域树木较为稀疏，不能满足果园行的实际场景，所以需增强该片树林区域的果园密集特征，即在树与树之间添加了交通锥桶代替树木，如图 5.14 所示。树林种植行间距为 3 m，垄长为 15 m，机器人整体宽度为 0.9 m，长度为 1.6 m。由于该区域调头空间有限，只能选取图中单树行，以 0.4 m/s 的速度，进行 20 次实验验证自主导航中的直行功能，并记录实验数据。果园作业机器人在自主导航实验中，采用了 1 个 16 线 VLP 水平激光雷达，左右轮采用

图 5.14　果园作业机器人导航实验区域

1024 线编码器 Nvidia jetson tx2 工控机，同时搭载 2 个 2 kW 伺服电机和对应的驱动器。

5.7.3.1 果园行间原始数据

树行中地面杂草丛生，两侧是树木和交通锥桶，由于该场景树木稀疏，交通锥桶用于模拟果园中的树干。该场景的两侧树木具备了类墙的特征，如图 5.15 所示。图 5.16 是在该场景下获取的点云场景，其中红色和白色的点表示果园作业机器人左右两侧的树木点云和交通锥桶点云。根据图 5.16 中点云的分布可以看出，这些点云在宏观上保持了树木和交通锥桶按一条直线排列的特征。根据点云所隐含的直线特征可以通过 RANSAC 算法提取出左右的果树行直线，然后通过两条树木行直线计算出果园作业机器人的中心导航位置，引导果园作业机器人在树木行内行驶。

图 5.15 果园作业机器人实验区域

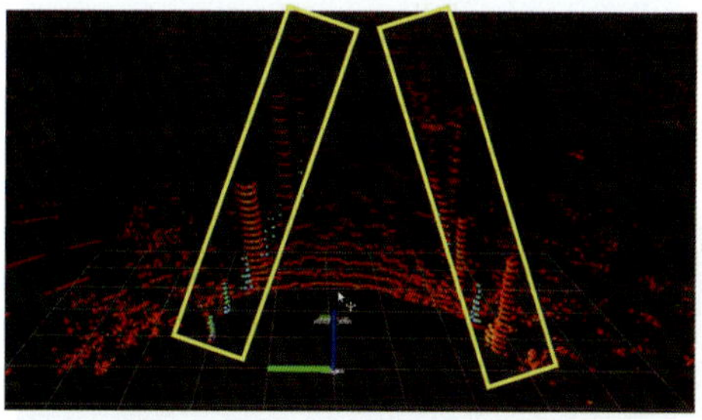

图 5.16 实验区域点云

5.7.3.2 果园行间直线拟合

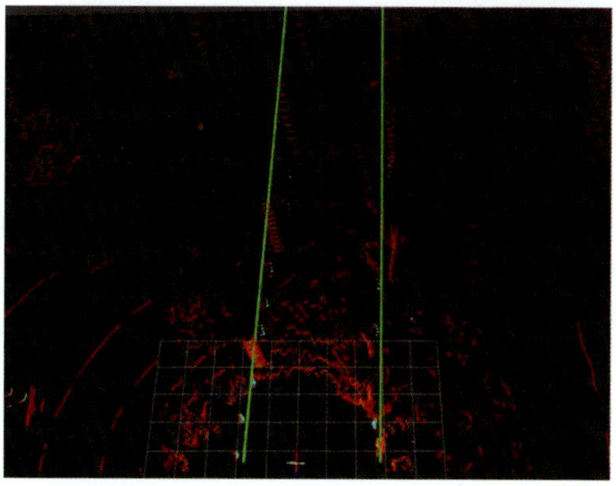

图 5.17 RANSAC 直线拟合

本研究采取 RANSAC 直线拟合算法（以下简称 RANSAC 算法）进行两侧果树行直线提取实验，在通过 RANSAC 算法拟合直线前，首先通过直通滤波算法去除地面，然后将左右行点云进行分割，在获取的左右树木点云中，使用 RANSAC 算法分别进行直线提取，算法提取结果如图 5.17 所示，2 条绿色直线代表果树行的两侧。RANSAC 算法的实时性能满足导航需求，但直线拟合结果在航向和横向方面存在一定的偏差且波动比较大，这主要是周围树林环境的复杂性导致的。

5.7.3.2 果园行间直线 EKF 滤波

为了减少 RANSAC 算法拟合的直线存在的横向和航向偏差，提升左右行直线检测的稳定性，该研究采取 EKF 算法对拟合结果进行优化，结果如图 5.18 所示，红色双直线代表EKF算法优化直线后的结果，该结果的稳定性更好，拟合直线精度更高。将EKF算法直线优化的结果和RANSAC直线拟合结果在横向偏差和航向偏差方向进行对比实验，实验过程中，两个算法存在结果相似的情况(图5.18,图5.19)，也存在RANSCAC算法结果较差的情况(图5.20,图5.21)。实验中通过人工标定出蓝色真值结果进行对比，如表5.1所示。

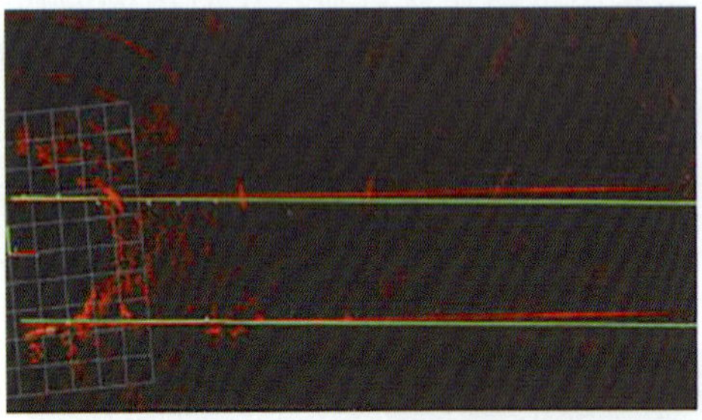

图5.18　果园行实验区域

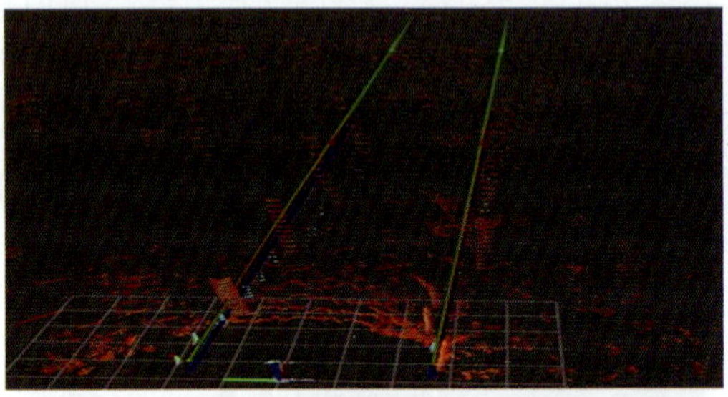

图5.19　实验区域点云

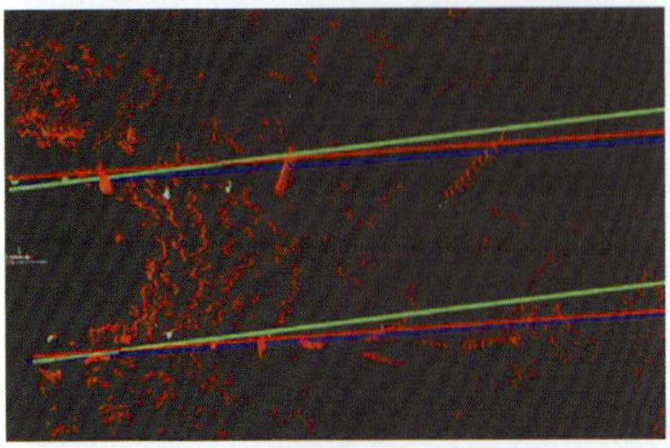

图5.20　果园行实验区域

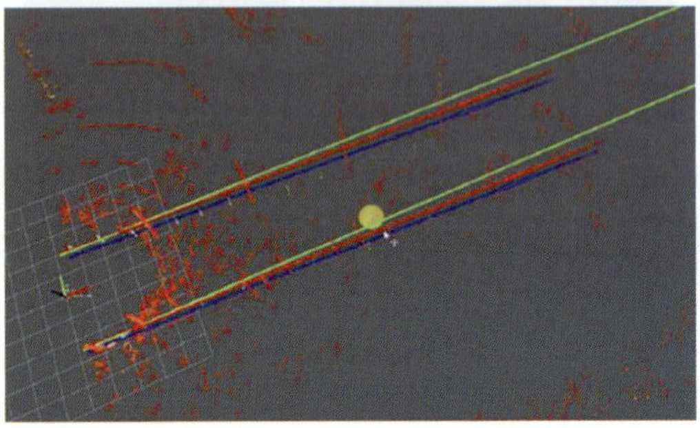

图5.21　实验区域点云

表5.1　直线拟合精度对比

实验序号	RANSAC航向偏差/°	RANSAC横向偏差/m	EKF航向偏差/°	EKF横向偏差/m
1	3.52	0.23	1.26	0.08
2	3.40	0.28	0.56	0.19
3	1.56	0.35	1.25	0.13
4	3.10	0.36	1.65	0.18
5	2.68	0.15	1.12	0.10
6	5.21	0.20	2.21	0.06
7	−1.25	0.12	−1.02	0.05
8	2.78	0.14	1.36	0.06
9	5.82	0.08	2.54	0.05
10	4.32	0.19	1.95	0.19
11	3.65	0.14	0.62	0.08

续表 5.1

实验序号	RANSAC 航向偏差/°	RANSAC 横向偏差/m	EKF 航向偏差/°	EKF 横向偏差/m
12	2.15	0.09	0.57	0.05
13	−1.68	0.26	−0.95	0.10
14	2.86	0.17	1.29	0.12
15	1.25	0.22	0.23	0.10
16	1.02	0.09	1.00	0.06
17	3.79	0.15	1.36	0.16
18	2.81	0.07	1.58	0.04
19	1.23	0.28	0.94	0.16
20	1.54	0.20	1.21	0.10
标准差	1.817 0	0.086 6	0.830 0	0.048 0
均值	2.488 0	0.188 5	1.036 5	0.103 0

为了更直观地表示 2 种算法的差异性，分别从横向偏差、航向偏差 2 个方面作图进行比较。

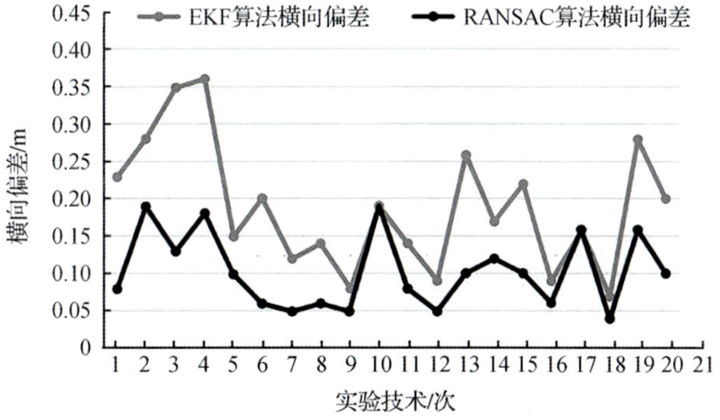

图 5.22　横向偏差对比图

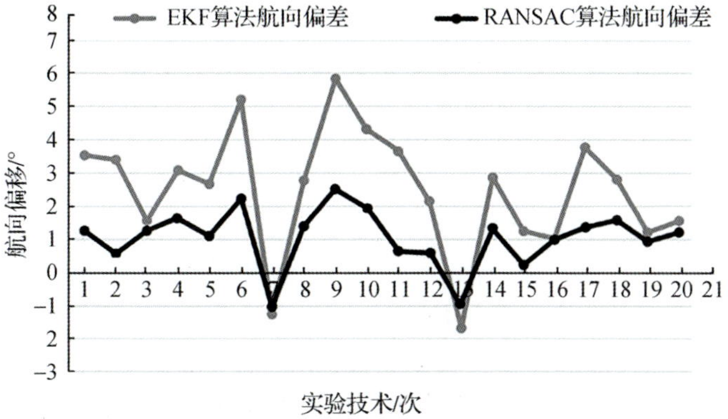

图 5.23　航向偏差对比图

从表 5.1 与图 5.22 和图 5.23 中可以得知:(1)RANSAC 拟合直线算法与 EKF 滤波算法在横向偏差均值分别为 0.188 5 m 与 0.103 0 m,标准差分别为 0.086 6 m 与 0.048 0 m;(2)RANSAC 拟合直线算法与 EKF 滤波算法在航向偏差均值分别为 2.488 0°与 1.036 5°标准差分别为 1.817 0°与 0.830 0 °。

由对比结果可知,EKF 算法相比较 RANSAC 算法在航向偏差均值上提升了 58.34%,在航向标准差方面提升 54.32%,在横向偏差均值上提升 45.36%,在横向标准差方面提升 44.57%。EKF 算法相比较 RANSAC 算法在结果的精度上大幅提升,并且获取的横向和航向偏差结果更加平滑,鲁棒性更好。该精度在 3～5 m 行距的果园中,能够满足自主导航的需求。

5.7.3.2　果园作业机器人行尾调头

由于树林的实验场景不具备调头的特征,所以通过交通锥桶围成类果园行的场景,在该场景中进行调头实验。图 5.24 为果园作业机器人自动导航进入交通锥桶行,图 5.25 为果园作业机器人检测出行特征后根据行半径和调头时间进调头,果园机器人进入下一行开始下一行工作,依次循环直至完成果园遍历,结束导航。该调头模拟的过程中,果园作业机器人能够准确地获取调头的行尾位置,并顺利完成调头操作。

图 5.24　果园机器人行内行驶

图 5.25　果园机器人调头

5.8　案例 2:“云边端一体化”的果园智能作业体系

“云边端一体化”的智能作业装备体系主要包含五方面内容,分别是“云边端一体化”智能农情信息感知装备、“天空地”大数据智能处理一体机、果园田间服务一体机、“天空地”智慧农业云平台和智能作业装备。通过“云边端一体化”的智能装备体系,能够解决果园、果树、果实等数据获取、传输、分析、可视化与装备赋能的问题,最终由驱动装备和系统在果园内高效完成智能土壤监测、智能授粉作业、智能植保作业、智能除草、智能施肥灌溉、果实智能收获、运输和分级作业等工作。

“云边端一体化”的智能作业体系技术流程如下:首先通过遥感卫星、无人机、物联网和巡田机器人从不同尺度和视角获取果树、果实和环境的大数据,该类大数据会通过无人果园通信系统(4G、5G、WiFi 或自组网)实时地传输到“天空地”大数据智能处理一体机中,“天空地”大数据智能处理一体机通过一键式的数据处理方式完成果园数据的处理,生成各类机器人的作业处方图和无人果园相关的专题图;作业处方图通过田间服务一体机下发给智能作业机器人,智能作业机器人就能依据处方图的作业位置信息,自主精准作业,无人果园专题图主要根据不同的专题种类生成,如果树分布区域图、果树树冠专题图和果树营养分布图等;田间服务一体机也支持与控制终端相连接,实时监控各类机器人任务管理和作业监测情况;“天空地”大数据智能处理一体机和田间服务一体机将各自的成果数据通过通信系统传输给“天空地”智慧农业云平台,实现数据的管理和共享,同时“天空地”智慧农业云平台也能够为“天空地”大数据智能处理一体机提供农事管理专家知识模型,能够为田间服务一体机提供决策服务。“云边端一体化”的果园智能作业体系参见图 5.26。

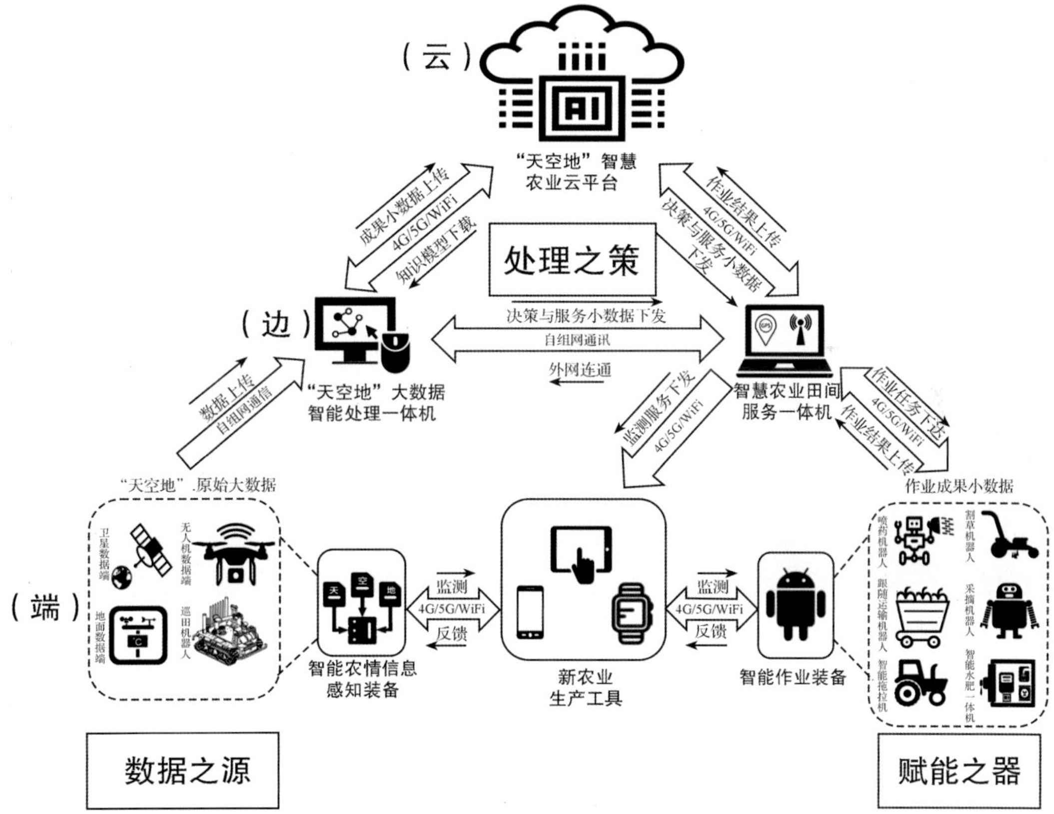

图 5.26 “云边端一体化”的果园智能作业体系

5.8.1 智能农情信息感知装备

智能农情信息感知装备主要包括农情无人机、巡田机器人和地面传感数据端等装备,可进行果园大数据采集。其中,农情无人机可用于获取中、小区域的遥感数据,农情无人机采集数据前,首先需要完成各类信息获取传感器的挂载,如可见光相机和热红外相机等，并测试传感器的拍摄状态，待测试完成后，需要进行飞行航线的设计。航线一般需要完整覆盖整个实验区域，航向覆盖区应超过测区边界至少两条基线，旁向覆盖应超过试验区域边界，约占像幅的 50%，航线一般按东西向直线飞行，特定条件下也可作南北向飞行或沿线路河流、海岸等方向飞行；在无人机拍摄时，既要保证具有充足的光照度，又要避免过大的阴影。同时航向重叠度一般应保持在 60%～80%，测图控制点与影像边缘的图上距离大于 1.5 cm，旁向重叠度应保持在 15%～60%，这样的飞行模式才能够满足区域的拼接需求。在完成航线规划后，需要执行无人机飞行任务，直到所有采集工作完成，所有的传感器数据均存储于无人机上。然后对无人机内的原始数据进行预处理，如 RGB 数据或者光谱数据需要进行影像的预处理工作，一般可以通过 Smart 3d 和 Pix4d 等软件对影像进行拼接处理，即需要将航拍的照片和 POS 数据导入，设置相应的参数后提交预处理任务。图像预处理时，首先会导入影像、传感器参数和 POS 数据；然后进行空三加密计算，获得高精度的外方位元素；再通过矫正后的影像获取高密度的点云数据和三维场景；最后导出正射影像、数字表面模型、NDVI 影像和激光点云。经过以上步骤，就完成了基于农业无人机的影像处理工作。农情采集无人机参见图 5.27，多光谱农情采集无人机的数据采集示意图参见图 5.28，多光谱农情采集无人机数据采集界面参见图 5.29，多光谱农情采集无人机采集的正射影像参见图 5.30，拼接光谱图参见图 5.31，数字表面模型参见图 5.32。

图 5.27　农情采集无人机

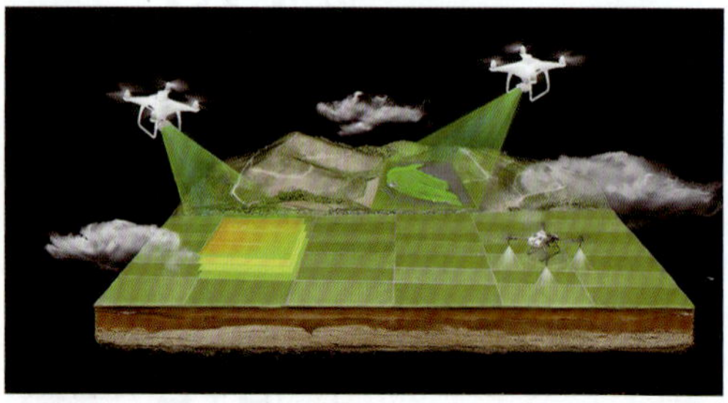

图 5.28　多光谱农情采集无人机数据采集

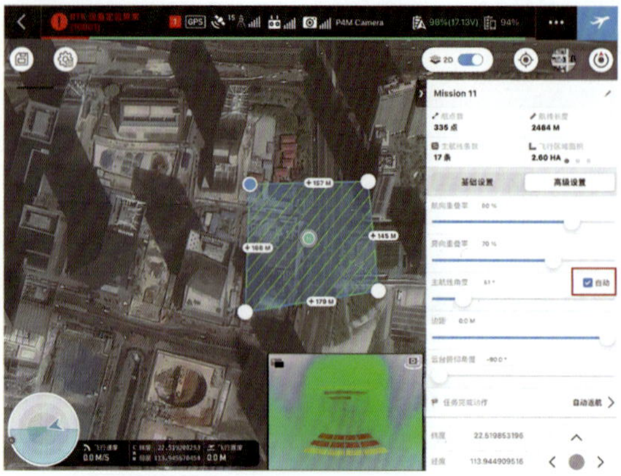

图 5.29　多光谱农情采集无人机数据采集界面

图 5.30 多光谱农情采集无人机采集的正射影像

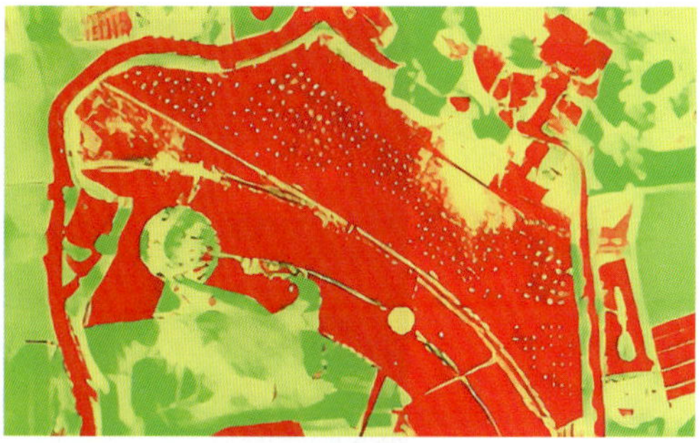

图 5.31 拼接光谱图

巡田机器人(图 5.33)用于获取高精度的果树和果实数据。巡田机器人的工作地图是由农情无人机采集生成的,具有厘米级别的分辨率。该地图存储在"天空地"智慧农业云平台上,可通过机器人管控平台(田间小精灵)加载地图。田间小精灵主要具有总览机器人的位置、显示机器人工作状态、为各机器人下发任务、从云端获取机器人作业任务、监测任务执行和任务保存及统计等功能。

图 5.32 数字表面模型

图 5.33 巡田机器人

在巡田机器人开机后,首先会进行自检,检查所有传感器是否正常运行,如果机器人设备正常,平台会自动搜索机器人并进行配对连接,机器人所有传感器的状态均会显示在田间小精灵上,田间小精灵界面参见图 5.34。在保证巡田机器人所有状态均正常后,通过智能管控端为机器人下发作业任务,下发作业任务的方式分为两种:一种是从云平台端获取作业任务巡查图,巡查图中包含了机器人作业的路线;另一种是通过路线绘制的方式为巡田机器人下发任务,路线绘制方式和绘制结果参见图 5.35。将该任务下发给巡田机

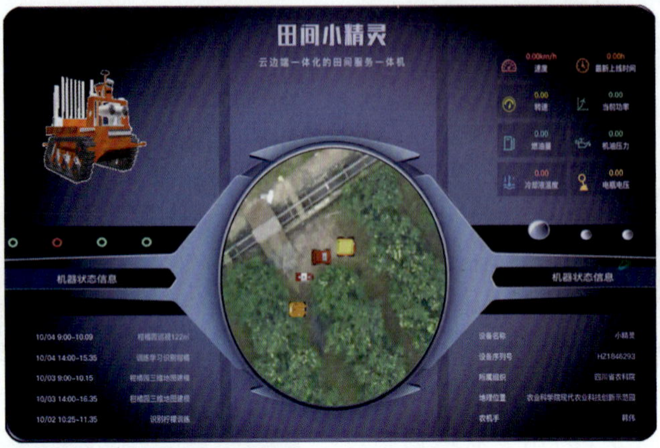

图 5.34 田间小精灵管理界面

器人后，巡田机器人会开始自主采集数据工作。巡田机器人的自主导航方式为三维激光和 RTK-GPS 融合的导航方式，该导航方式既能利用果树平行种植的方式应对果园内没有 GPS 信号的场景，又能够在有 RTK-GPS 信号下精准定位行驶。巡田机器人自主驾驶时导航视角参见图 5.36。巡田机器人在按照轨迹行进的过程中，不仅可以实时采集果园中的数据，还能够将部分传感数据实现回传，图像回传结果参见图 5.37。为了保证巡田机器人在转弯和行驶的过程中的自身安全，巡田机器人也能够观测到周围的障碍情况，识别出障碍类型，具体情况参见图 5.38。巡田机器人安装有高倍发声组件，用于驱离鸟类，保护果实不受影响。巡田机器人在果园内，进行数据采集具体情况如下：通过搭载 2 个激光雷达，可以构建果园测绘的三维场景地图，三维场景参见图 5.39。巡田机器人搭载 2 个北斗定位天线，用于高精度 GPS 定位定向。巡田机器人搭载 360°左右旋转和 90°上下旋转的变焦相机，可放大缩小果园环境中每个细节，用于实时检测病虫害和杂草种类，其杂草识别结果参见图 5.40，病虫害识别结果参见图 5.41。巡田机器人中间搭载双目相

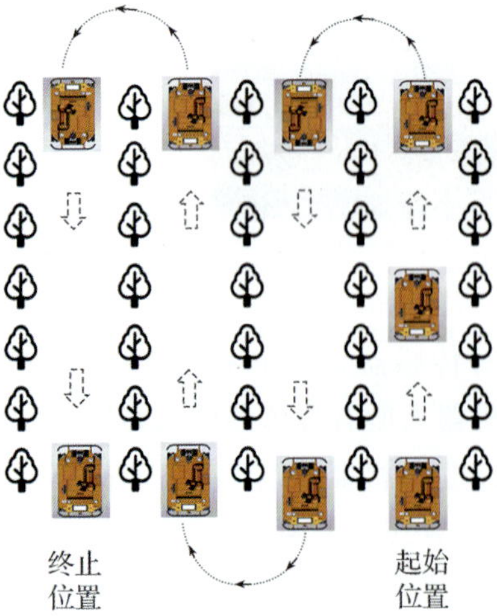

图 5.35 机器人作业路线

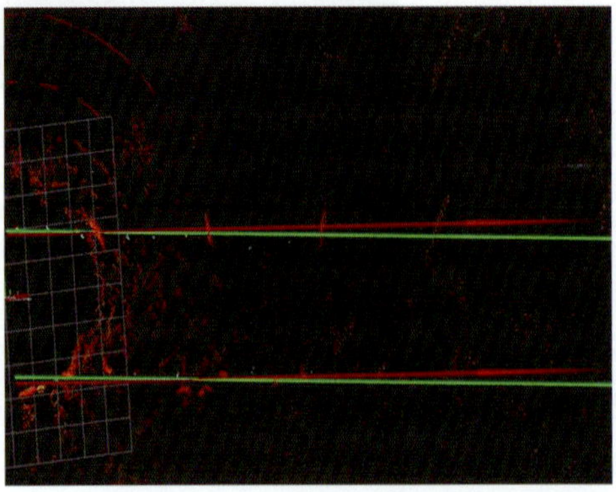

图 5.36 机器人导航视角

机，可观察到果实的位置和大小，可用于果实的分级和成熟度判断，果实识别定位情况参见图 5.42。巡田机器人具备实时果实跟踪计数技术，可实时计算出观察到的果实数量，用于辅助产量的评估，果实跟踪计数（图 5.43）。巡田机器人会将采集的原始数据和位置信息同步存储，以供“天空地”大数据智能处理一体机进一步处理。

图 5.37　机器人数据回传

图 5.38　障碍物类型识别

图 5.39　果园点云图

图 5.40　杂草识别结果

图 5.41　病虫害检测

图 5.42　果实种类和大小识别结果

图 5.43　果实计数

地面传感数据端可实现果园的无人值守和作物参数自动连续获取，该类装备主要包括农业智能相机、农业气象站和土壤监测仪。其中农业智能相机用于实时远程记录作物不同阶段的生长数据、辅助安全追溯访问和监控园区安全等。农业智能相机通过手机端和平台端实时访问，便于实时监控，农业智能摄像头安装方式参见图 5.44。土壤监测仪定时记录不同深度土壤的温度、含水量和电导率，农业气象站主要记录空气温湿度、光合有效辐射强度、降水量、风速风向、二氧化碳浓度以及 PM2.5 等数据。农业气象站和土壤传感仪的数据通过 4G 等网络传输方式，传输到智慧农业环境监测平台，平台端通过手机、电脑等工具访问以实时观察数据情况；同时土壤参数和气象监测程序会实时监测果园环境情况，当土壤和气象发生异常时，将触发阈值提醒功能，提醒用户及时处理，地面传感数据端所记录的数据主要存储在“天空地”智慧农业云平台上。农业气象站参见图 5.45。

图 5.44　农业智能摄像头安装

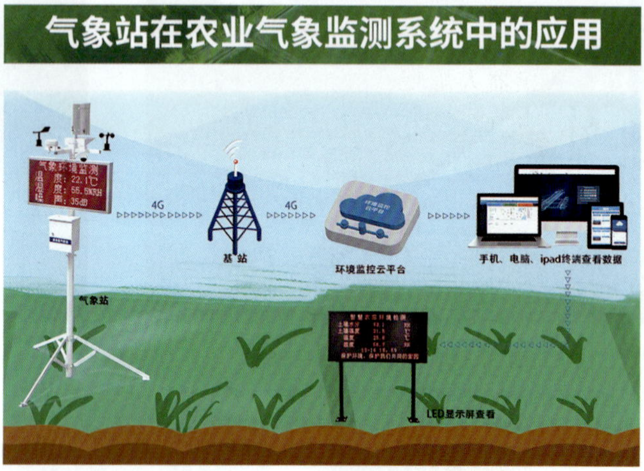

图 5.45　农业气象站

5.8.2　“天空地”大数据智能处理一体机

通过智能农情感知装备采集到的数据汇聚成了“天空地”原始大数据，以待进一步处理。“天空地”原始大数据通过自组网及时上传到“天空地”大数据智能处理一体机，该一体机通过集成固化专家知识、模型和算法或者从云平台下载最新、最高效的农情处理知识、模型和算法，实现“天空地”感知大数据的快捷处理。“天空地”一体化处理方式参见图 5.46。通过对不同类型遥感数据处理，可以获取果园种植面积，分出果园的种类，确定果园空间分布、预估产量和地形特征等结果，从而获取果园空间分布图、产量预测图和地形特征等专题图；通过对无人机各类预处理成果影像进行处理，获取果园果树的数量、高度、作物

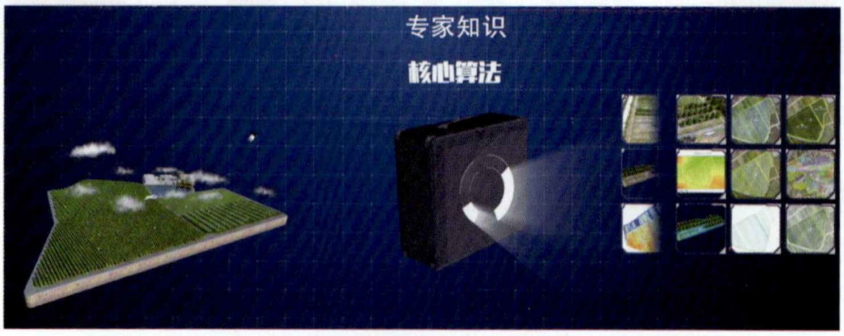

图 5.46　“天空地”一体化处理方式

NDVI 图、作物种植位置、作物冠形和株型等成果信息；通过对地面数据端采集的数据进行处理，可以获取农作物干旱、灌溉需求、营养分布、病虫害分布和叶面积指数等专题图信息；通过对巡田机器人数据的处理分析，得到单株作物的三维枝干图、每棵树上果实数目与产量、作物病虫害处方图、杂草分布处方图和果实成熟度分布专题图等。上述大数据的处理结果最终转化为农业机器人的各类作业处方图和专题图，如施药处方图、割草处方图、灌溉处方图、施肥处方图、长势专题图、产量专题图和作物品质专题图等数据成果，其中各类处方图和专题图参见图 5.47。农情处理一体机可根据各类处方图和专家知识，自动给作业机器人规划作业路线和方案，根据各类专题图和固定模型为种植者提供决策信息，然后将这些成果数据通过自组网和无线传输等方式，共享给云平台和智慧农业田间服务一体机。

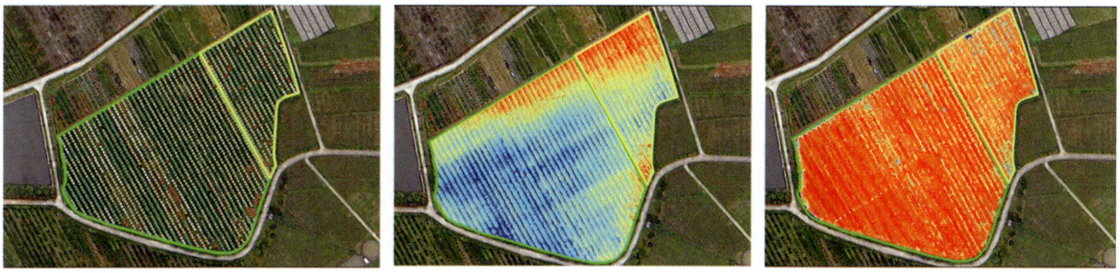

果树数目、位置分布、长势　　地表温度　　土壤水分

图 5.47　各类处方图和专题图

5.8.3　果园田间服务一体机

田间服务一体机为果园作业机器人提供田间数据驱动力，驱动田间多机器人智能变量作业。该设备具有网络通信能力、差分位置服务能力和田间多机器人通信服务能力。利用“天空地”大数据智能处理机对大数据的分析处理，生成了各类作业处方图并与田间服务一体机共享。智慧农业田间服务一体机首先会为整个作业区域提供一个高速稳定的网络环境和差分定位信号，所有作业机器人在获取差分信号和网络信号后，能够快速进行厘米级定位，实现机器人与田间服务一体机通信以及机器人之间的通信，机器人和田间服务一体机的联通方式参见图 5.48。田间服务一体机内集成了田间小精灵平台，该平台主要为所有作业机器人下发作业任务。首先平台从云端或者“天空地”大数据智能处理一体机处获取作业处方图，并根据标准协议从处方图中解析出各类农业机器人作业信息，如作业类型、作业路线、作业需求和作业规范等信息，之后计算出所需作业机器人类型、编号、作业路径、时长和空闲作业机器人等信息，以上信息确认后，下发任务给对应编号的农业机器人。作业机器人在作业过程中，会将任务反馈信息（机器人的位置、任务进度等）通过网络实时反馈到田间小精灵的服务端，可同时进行可视化监测。

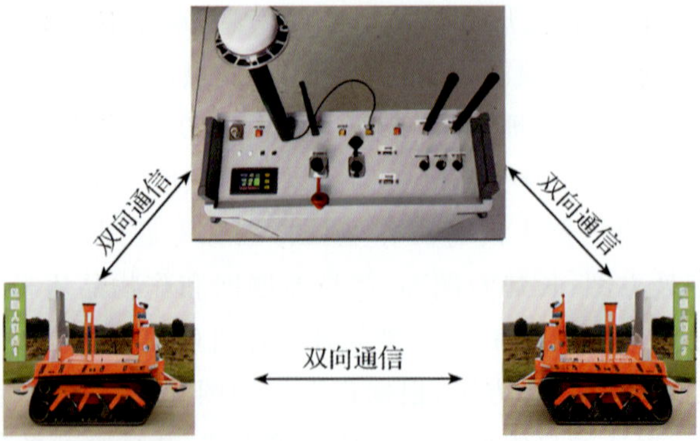

图 5.48　机器人和田间服务一体机联通

5.8.4　“天空地”智慧果园云平台

“天空地”智慧农业大平台定位于果园数据汇聚与分析展示中心、果园环境监测中心、设备综合调度中心、政务服务中心、商务服务中心和社会服务中心。云平台主要实现成果数据汇聚分析、果园大数据可视化、果园土壤墒情和环境参数监测、灾情预判、专家诊断资源库管理、农业信息发布、农产品市场行情分析和产品安全溯源等功能。“天空地”智慧农业大平台也能够为“天空地”大数据智能处理一体机提供专家知识模型，为田间服务一体机提供决策服务，助力果园智能化生产作业。

5.8.4.1　数据汇聚与分析展示中心

首先，各类专题图和处方图均会上传到云平台进行可视化管理。在果园地块分布图中，可以观察出地权的权属、面积和以往的产量分布情况，具体情况参见图 5.49；在果树长势专题图中，可以根据果树的颜色特征判断果树的长势情况，颜色越绿的果树长势越好，越红的果树代表需要重点监测，具体情况参见图 5.50；在杂草和病虫害处方图中，可以清楚地观察出杂草和病虫害的严重情况，具体情况参见图 5.51 和图 5.52；在灌溉处方图中，可以观察出土地的缺水情况，具体情况参见图 5.53。云平台集成了

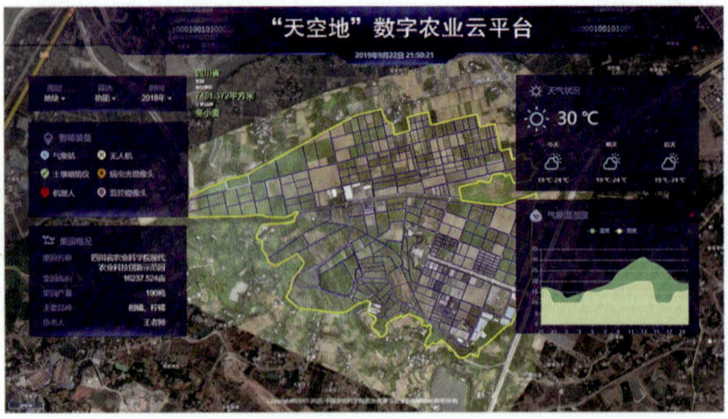

图 5.49　地块分布图

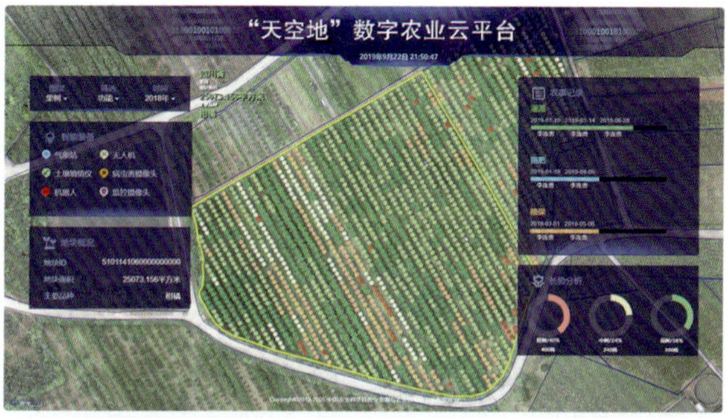

图 5.50　果树长势专题图

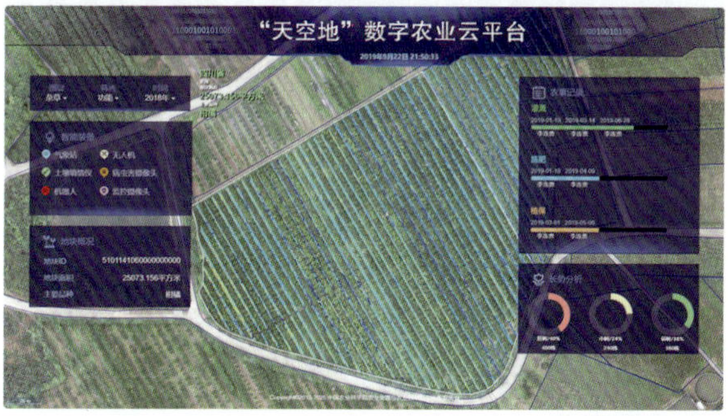

图 5.51　杂草处方图

图 5.52　病虫害处方图

图 5.53　灌溉处方图

土壤墒情和气象监测的功能，可以对土壤和环境进行全天候不间断监测和采集，并对极端天气进行预报和推送，环境数据的监测结果参见图 5.54。云平台也能够实时调用智能摄像头，对突发状况、作物生长情况进行远程监测和关键物候期数据的采集。此外，云平台集成了诊断模型管理库，主要包括了最新农作物生理特征模型、病害特征模型和杂草特征模型等，这些模型集可供“天空地”数据处理一体机进行调用，生成更加准确的处方图和专题图。

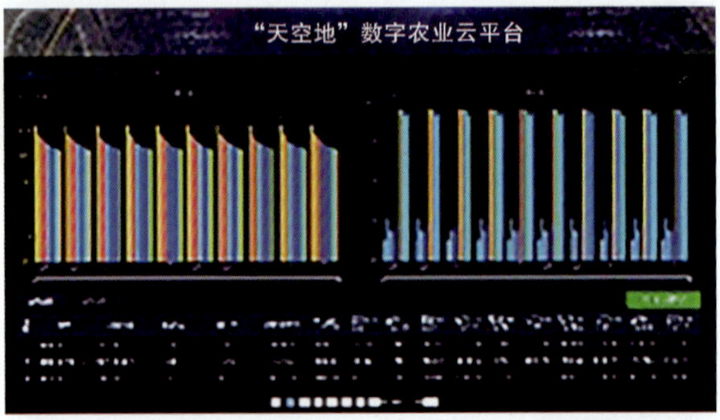

图 5.54　环境监测图

5.8.4.2　设备综合调度中心

设备综合调度中心的主要作用是提供实时任务管理、作业过程数据可视化、任务数据同步、无人农场作业分类统计和设备、团队的管理功能。管理者可以对团队的机器人和操作人员进行实时管理，在后台把控全局，满足各方面的任务和要求，其设备综合调度总览图参见图 5.55，装备全局管理图参见图 5.56。

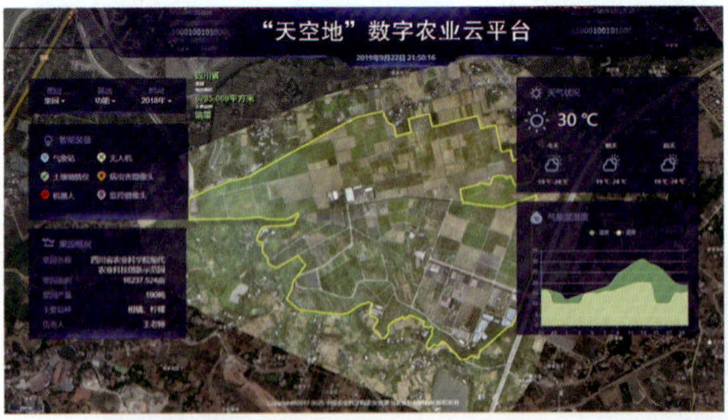

图 5.55　设备综合调度总览图

5.8.4.3　政务服务中心

政务服务中心包含了农业经营许可管理、农业执法管理等模块。农业经营许可管理主要依据国家管理条例，实现农药、化肥等农资的全面监管，强化各地各部门的台账信息互联互通，建成上下一体、信息共享、反应迅速、运行高效的现代化管理平台。农业执法管

图 5.56　装备全局管理图

理主要是农业管理和农业综合指挥系统，通过多部门信息共享、协同工作，构建起沟通便捷、责任到位、处置及时的农业管理、公共服务的新机制。

5.8.4.4　商务服务中心

商务服务中心主要包括农产品电子商务系统、农产品市场行情预测分析系统和产品安全追溯系统。其中，农产品电子商务系统实现了农产品的线上交易流程，使用该系统交易，能够让生产者和消费者直接对接，并通过第三方平台进行支付和物流服务，减少中间的流通环节，降低中间费用，让生产者和消费者都得到实惠。农产品行情预测系统是以搜集到的各类农产品市场行情数据为基础，利用商业智能和数据挖掘技术，对农产品市场行情进行分析统计，通过模式比较、差值分析和图形对比分析方式，针对不同农产品的行情变化进行日、周、旬、月的初期预测。农产品追溯系统可以帮助用户进行农产品品牌管理，并为每一份水果产品建立丰富的溯源档案。通过云平台，生产者可进行生产以及农产品检测、认证、加工和配送等信息的记录管理，相关信息可自动添加到农产品溯源档案；同时通过部署在生产现场的智能传感器、摄像机等物联网设备，平台可自动采集农产品生长环境数据、生长期图片信息和实时视频等，丰富农产品档案。平台利用一物一码技术，将独立的防伪溯源信息生成独一无二的二维码、条形码及 14 位码，用户使用手机扫描二维码、条形码，登录一品一码农产品溯源平台录入 14 位码，即可快速通过图片、文字和实时视频等方式，查看农产品从田间生产、加工检测到包装物流的全程溯源信息。并且，使用一物一码技术，一次扫码后即无效，可实现有效防伪。

5.8.4.5　社会服务

社会化服务平台可整合调度本地区的劳动力、农业资源等，如土地流转服务优化分配资源，防止资源闲置浪费，提高利用率。

5.8.5　智能作业装备

5.8.5.1　智能授粉机器人

组成　智能授粉机器人由自动驾驶组件、摄像头、空气喷射装置、喷射控制器、药量监测器和自主通信系统组成，参见图 5.57。

工作步骤 田间小精灵为授粉机器人从云平台获取作业任务或者规划好作业任务后，授粉机器人就会按照指定的路线进行授粉作业，在授粉机器人行进过程中，通过多方向观察摄像头和人工智能的花朵识别技术，可以使得智能授粉机器人准确识别和定位到准确授粉的花朵，参见图 5.58。在发现花朵后，该机器人会驱动空气喷射装置，将花粉喷射到花朵的雌蕊上，完成授粉。此外，授粉机器人搭配的智能系统可以监控授粉行为，以确保授粉成功，并与种植者共享相关数据分析结果。在机器人授粉期间，会自动将授粉作业图像上传到田间小精灵上，以供作业人员对授粉过程进行监控。机器人每天作业约 50 亩（1 亩≈666.67 m^2）。机器人在完成作业后，会及时将作业任务信息传到云平台上，便于云平台对机器人作业任务的管理，同时也会将作业信息传到田间小精灵上进行展示和存储，便于及时查看历史作业情况。

意义 该机器人是非接触式的，可以最大限度地降低授粉过程中植物病毒的传播。同时，授粉机器可以在人工照明和极端天气中正常工作，保证了授粉效率。

图 5.57 智能授粉机器人

图 5.58 果树花朵识别定位图

5.8.5.2 智能喷药机器人

组成 智能喷药机器人由自动驾驶组件、喷药机、变量喷药控制器、药量监测器和自主通信系统组成。

工作步骤 由田间小精灵为喷药机从云平台获取作业任务（作业处方图）或者规划好作业任务后，会根据喷药机器人的喷药类型进行药品的配备，然后喷药机器人就会根据处方图运行到指定的区域进行喷药作业，或者根据规划好的任务路线进行全程或者定点喷洒，机器人在行进的过程中主要利用差分 GPS 导航系统或者田间激光导航系统，再结合田间果树位置信息和病虫害发生的严重程度，进行自主行驶和喷洒作业，实现喷药机器人的自主变量喷洒作业。喷药机器人在自主作业期间，会将位置信息和药量剩余信息实时反馈给田间小精灵，便于控制人员对机器人位置的监测和药量添加管理。同时机器人会识别出自己状态信息和周围果树的状态信息，能够实现“有树才喷，树密多喷，虫害处多喷，掉头处不喷”的效果。机器人每天作业约 50 亩（1 亩≈666.67 m^2）。机器人在完成作业后，会及时将作业任务信息传到云平台上，便于云平台对机器人作业任务的管理，同时也会将作业信息传给田间小精灵进行展示和存储，便于及时查看历史作业情况。

意义 该机器人主要依靠喷药处方图进行无人化精准喷药，大大提升了农药的利用率，也降低了过度喷洒农药对环境的污染。病虫害处方图参见图 5.59，机器人植保作业见图 5.60。

图 5.59 病虫害处方图

图 5.60 植保作业示意图

5.8.5.3 智能除草机器人

组成 智能除草机器人主要由自主升降割草机、割草控制器、自主导航系统、自主通信系统和机器人底盘组成。

工作步骤 通过田间小精灵向云平台获取杂草处方图确定割草任务，在明确需要割草的位置后，机器人在行进的过程中主要利用差分 GPS 导航系统或者田间激光导航系统，再结合田间果树位置信息和杂草的严重程度，进行自主行驶和割草作业，实现割草机器人的自主变量割草作业。机器人如果遇到任务人为规划的情况，会根据自身携带的杂草数据库，识别果园中杂草的具体特征。在进行除草工作时，除草机器人上方的摄像头对果园垄间的杂草进行实时拍照，所获得的照片会传输到计算机处理中心进行比较分析，除草机器人末端的执行器打开割草刀片，完成经过区域的除草工作。割草机器人在自主作业期间，会将位置信息和任务进度剩余信息实时反馈给田间小精灵，便于控制人员对机器人位置的监测。同时机器人会识别出自己状态信息和周围果树的状态信息，能够实现“草密慢割，草疏快割”的效果。机器人每天作业约 50 亩（1 亩≈666.67 m^2）。机器人在完成作业后，会及时将作业任务信息传给云平台，便于云平台对机器人作业任务的管理，同时也会将作业信息传给田间小精灵进行展示和存储，便于及时查看历史作业情况。

意义 该机器人依靠杂草处方图进行无人化智能除草，提升了割草的效率，减少人的工作量，节省成本。杂草处方图参见图 5.61，除草机器人作业参见图 5.62。

5.8.5.4 智能水肥一体机

组成 智能水肥一体机主要包括自动上下水系统、水肥一体机（施肥泵、流量传感器、流量计、施肥罐）、智能控制器、通信系统和树下喷洒装置。

图 5.61　杂草处方图

图 5.62　除草机器人作业示意图

工作步骤　田间小精灵为智能水肥一体机从云平台获取作业任务(作业处方图)或者规划好作业任务后,会根据灌溉类型、果树生长阶段和处方图的要求,将水、肥按照一定比例进行混合,然后智能水肥一体机会根据处方图的作业要求(灌溉区域、灌溉时间等)在指定的区域打开电子阀门进行灌溉作业,灌溉过程中水肥溶液会通过管道,被压送至果树的根部土壤中,便于果树对水分和营养的吸收。智能水肥一体机在自主作业期间,会实时将水肥溶液剩余信息、作业时长、土壤传感信息实时反馈给田间小精灵,便于控制人员对喷洒区域的监测和水肥添加管理。智能水肥一体机在完成作业后,会及时将作业任务信息传到云平台上,便于云平台对机器人作业任务的管理,同时也会将作业信息传到田间小精灵上进行展示和存储,便于及时回看历史作业情况。智能水肥灌溉一体机和灌溉实例参见图 5.63 和图 5.64,智能水肥一体机作业流程参见图 5.65。

意义　智能化水肥一体机利用灌溉处方图精准灌溉,提高了水肥施入效率,节水节肥环保;同时按需智能化自动化灌溉,省钱省时省力,还有利于加快果树根系吸收速度和保持旺盛的生长速度,提高果树果实的产量和品质。

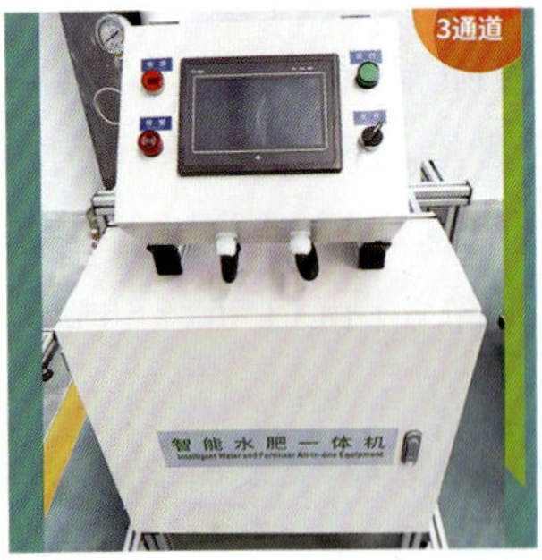

图 5.63　智能水肥一体机

图 5.64　灌溉实例

5.8.5.5　智能采摘机器人

组成　智能采摘机器人主要由通信系统、视觉系统、末端机械爪、机械手臂、中央控制系统和移动底盘组成,智能采摘机器人参见图 5.66。

工作步骤　以苹果采摘为例,通过田间小精灵为采摘机器人规划好作业任务后,果园

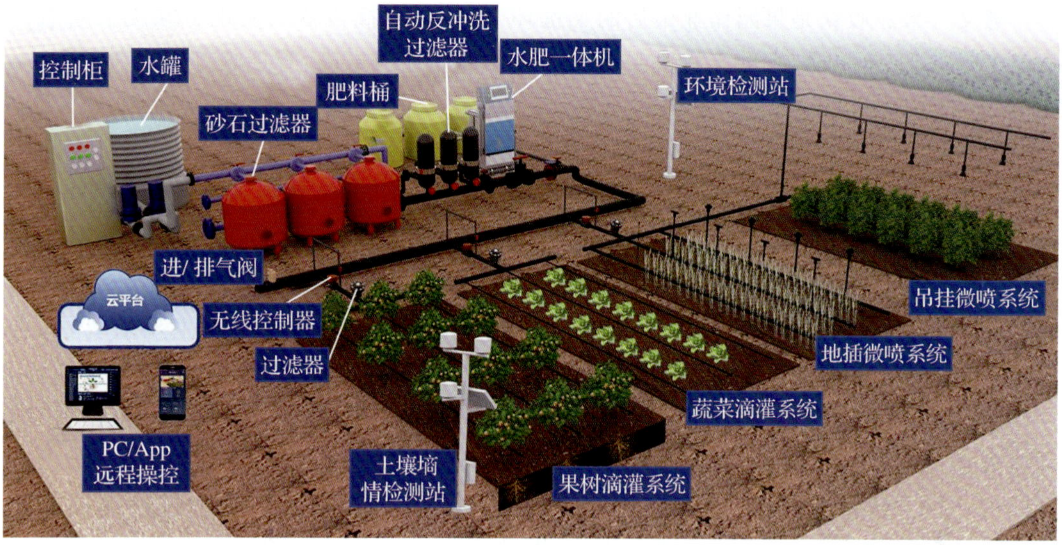

图 5.65　智能水肥一体机作业流程

采摘机器人会自主靠近果树侧边行驶，在行驶的过程中不断寻找可采摘的苹果。通过深度学习和人工智能技术发现苹果后，会及时计算出果实的位置、大小、空间遮挡和成熟度等情况，然后根据苹果的大小进行分级，依据苹果的成熟度判断是否要进行采摘。在判断出苹果可以采摘后，智能采摘机器人规划出一条无碰撞路线，驱动机械手臂运动到果实的前方，并引导机械手末端完成抓取和分离工作，最后按照苹果的不同大小进行分类存放。智能采摘机器人在作业的过程中，会存在一些果实生长位置过高导致果实无法采摘的情况，智能采摘机器人一般需要安装自动升降装置，将机械臂移动到能够采摘到果实的位置，提升果实采摘的空间范围。为了提升智能采摘机器人的作业效率，也需在一个平台上安装多个机械臂，驱动机械臂协同采摘，达到高效采摘的效果。智能采摘机器人在完成作业后，会及时将作业任务信息传到云平台上，便于云平台对机器人作业任务的管理，同时也会将作业信息传给田间小精灵进行展示和存储，便于及时回看历史作业情况，智能采摘机器人工作形式参见图 5.67。

图 5.66　智能采摘机器人

图 5.67　智能采摘机器人作业

意义 果品收获是果园作业最后的关键环节，智能采摘机器人实现了在无人看管的条件下，持续安全采摘，有助于解决采收期间劳动力雇佣成本高、管理难等问题。

5.8.5.6 智能运输机器人

组成 智能运输机器人主要由自动驾驶系统、视觉和UWB跟随系统、自主避障系统、称重运输架和全地形底盘组成，智能运输机器人参见图5.68。

工作步骤 首先通过田间小精灵或者通过人工跟随引导的方式，为智能运输机器人设定重复运输路线和卸货点。在完成基础设置工作后，机器人会启动自主导航算法，在果园行内进行自主行驶，当其发现人或者无法绕过的障碍物时，机器人会发出警铃声，并将自身的状态和位置信息发送给平台，请求处理。如果机器人工作场景比较安全，机器人在运行到终点后，会自主返航行驶。在行驶过程中，如果有货物需要装载，果农可以按下暂停按钮，使得机器人停下等待装货。等待装货完成后，关闭该按钮使其继续行驶。整个过程中，机器人会实时计算载货重量，保证运输重量不超载。待其行驶到卸货点后，会自主停下来，等待果农进行卸货。等待卸货完成后，由工人按下继续行驶按钮，机器人会继续返回原先路线再进行下一次运输。机器人在运输过程中，会实时将自身位置和状态信息上传到云平台，机器人位置显示参见图5.69。智能运输机器人在完成作业后，会及时将作业任务信息传到云平台上，便于云平台对机器人作业任务的管理，同时也会将作业信息传给田间小精灵进行展示和存储，便于及时回看历史作业情况。

意义 智能运输机器人拥有环境感知、远程通信、自动称重和自动售卖的能力，可协助农户进行运肥、运草和运果蔬的工作，有助于减轻农民劳动强度。该机器人的应用能够充分满足农民在运输中的高效率、低成本和便捷化的需求，将为种植户创造最快、最方便的运输方案。

图5.68 智能运输机器人

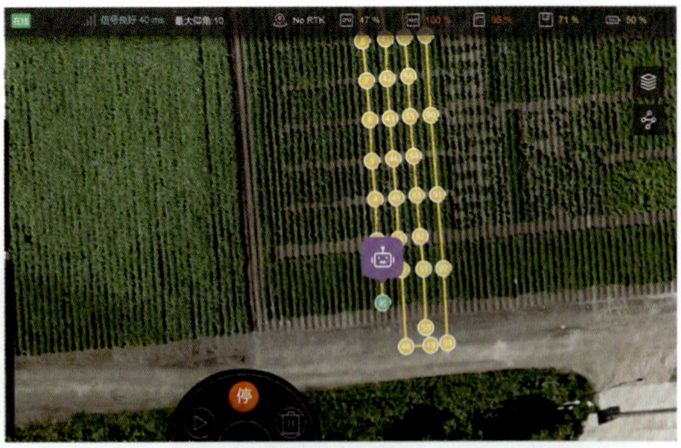

图5.69 智能运输机器人位置实时监测

5.9 案例3：苹果内外品质在线智能化实时分级装备系统

苹果是营养水果，含有丰富的维生素、微量元素和膳食纤维，素有“水果之王”的美誉。随着我国居民的收入水平和健康意识的逐步提升，人们对水果的营养含量有了更多的重视，不仅关注苹果外观，更在意苹果的内部品质，品质优良的苹果在市场上表现出更强大的竞争力。我国作为苹果产出量最大的国家，在全球范围内仍未形成足够的竞争力，国际贸易市场的参与程度不高，这是由于我国苹果的产后商品化处理程度还比较低，需要进行苹果内、外品质在线智能化实时分级关键技术的研发与集成。随着机器视觉以及高光谱技术的不断发展，对苹果内外品质在线无损检测、判断识别实时分级成为可能。本案例介绍基于机器视觉及高光谱成像技术的苹果内外品质在线智能化实时分级系统的运行流程、硬件设计、下位机系统设计及上位机软件开发。

5.9.1 系统运行流程

基于机器视觉及高光谱成像技术的苹果内外品质在线智能化实时分级系统实物如图5.70所示，其结构如图5.71所示，主要由上料装置、翻转装置、传动装置、检测装置、执行装置、控制装置和复位装置构成。其中，上料装置包括上料电机和上料皮带；翻转装置为一带有摩擦的坡轨；传动装置包括传动电机、链条、导轨和固定在链条上的果杯；检测装置包括机器视觉系统、高光谱成像系统、霍尔开关和增量式旋转编码器；执行装置由执行机构组成；控制装置包括个人计算机和PLC。

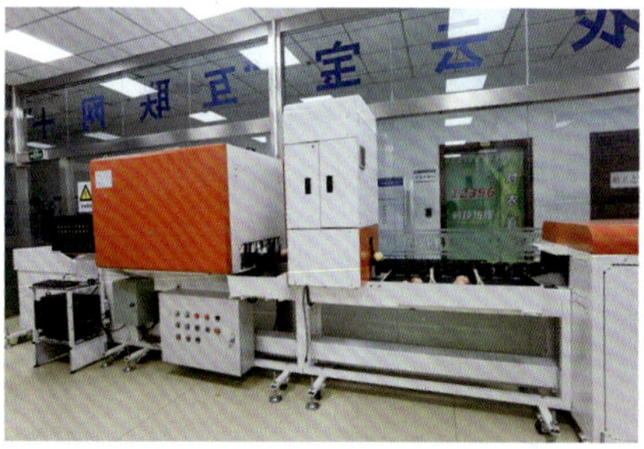

图5.70 分级系统实物

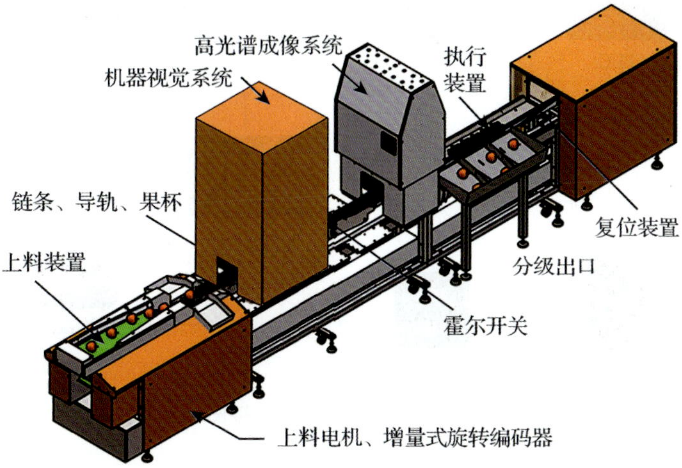

图5.71 分级系统结构

苹果分级的执行流程为：①将苹果放置在上料装置上，上料皮带在上料电机的牵引下旋转，在皮带摩擦力的作用下苹果会向右侧导轨方向进行移动，经过水平方向只有一个苹果大小间隙的窄口，该窄口每次只能通过一个苹果，因此苹果会逐个移动到导轨的果杯中，每一个苹果对应一个果杯，果杯固定在链条上，链条会在传动电机的牵引下顺时针旋转，因此苹果也在缓慢向右侧移动；②苹果逐个进入机器视觉系统，经过机器视觉系统部分的导轨有一个坡度带有摩擦，使苹果经过机器系统时能旋转 360°，采集 80 幅图像，软件系统进行苹果外部图像的三维重构，然后进行苹果大小、色泽和瑕疵等外部品质的识别与判断，并输出指令到相应的分级出口；③苹果逐个进入高光谱成像系统，该系统会对苹果的高光谱数据进行采集，然后带入事先训练好的模型进行计算，得到苹果的糖度信息，并根据事先设定的分级标准，计算出该苹果的分类等级和分级出口；④苹果继续向右侧移动，当苹果到达对应的分级出口时，控制系统会对该出口的执行机构进行控制动作，将果杯打翻，苹果落入该出口，最后复位装置会将打翻的果杯进行姿态还原。至此，苹果的分级流程执行完毕。

5.9.2　控制系统硬件设计

苹果内外品质在线智能化实时分级系统硬件部分主要包括工控机、PLC、变频器、工业相机、光源、光源控制器、高光谱成像仪、交流电机、编码器、数据采集卡、信号同步板、霍尔开关和执行机构等部分，各硬件连接关系如图 5.72 所示。

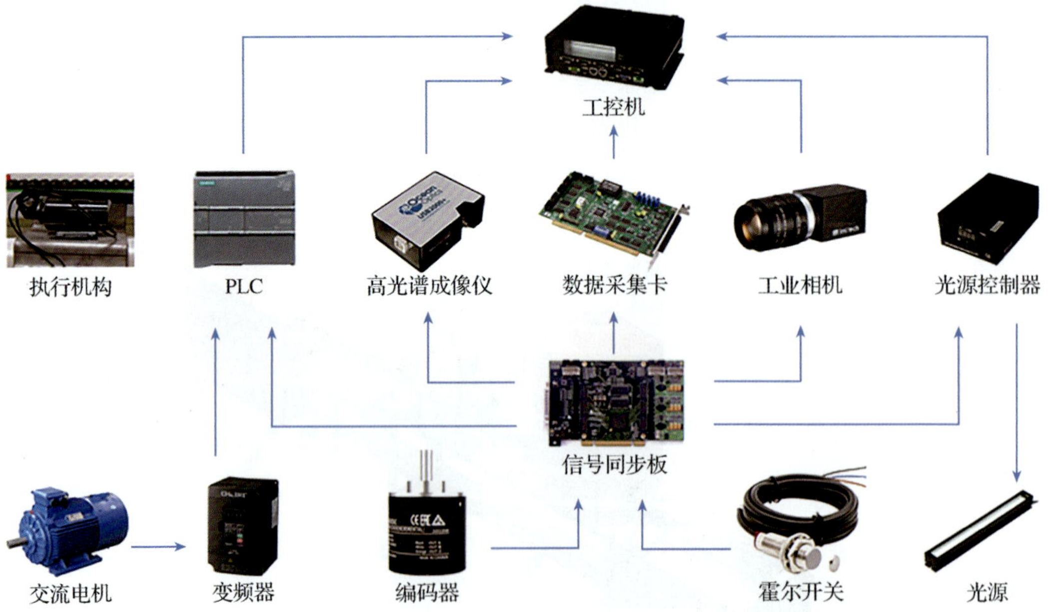

图 5.72　系统硬件连接图

5.9.2.1 编码器和差分信号转单端信号转换板

系统中用到的编码器的型号为 E6B2-CWZ6C，功能是用于整个设备的同步，实时确定苹果在流水线上的位置。流水线每运行一个果杯的距离编码器会发出 100 个脉冲信号，编码器转动一周会发出 1 200 个脉冲信号，也就是转动了 12 个果杯的距离。由于编码器输出的脉冲信号会受到环境中的电磁干扰，直接输入 PLC 进行计数，而且极有可能会出现计数错误。信号转换电路板的作用是将编码器输出的差分脉冲信号转换为单端脉冲信号，使之只占用一个 PLC 输入端子，并且在该转换板输入、输出之间进行了光耦隔离，可实现对 PLC 的保护功能，同时起到信号滤波的作用，减弱或消除了环境中的电磁干扰对脉冲信号的影响，提高了计数的稳定性。

5.9.2.2 霍尔开关模块传感器

霍尔开关模块传感器采用的是沪创公司的 CHE12-10NA-H710 NJK-5002C 三线常开 NPN 型传感器。当感应到磁铁的时候，信号线会输出一个负电压信号。使用时将磁铁固定在其中一个果杯上，作为 0 号果杯，霍尔开关模块传感器固定在流水线某一固定位置。该传感器的作用是用于对整条流水线旋转一周的检测，当整条流水线旋转一周，带有磁铁的果杯再次经过霍尔开关模块传感器位置时，产生一个负电压信号，将 PLC 内编码器的计数值重置。

5.9.2.3 执行机构

执行机构如图 5.73 所示，该部分由电磁铁和执行杆组成。当接收到电信号时，电磁铁通电产生磁力，执行杆受力弹起，将果杯打翻，苹果掉落。执行机构的主要作用是接收 PLC 命令，将苹果按照等级的不同弹出到不同的分级出口。

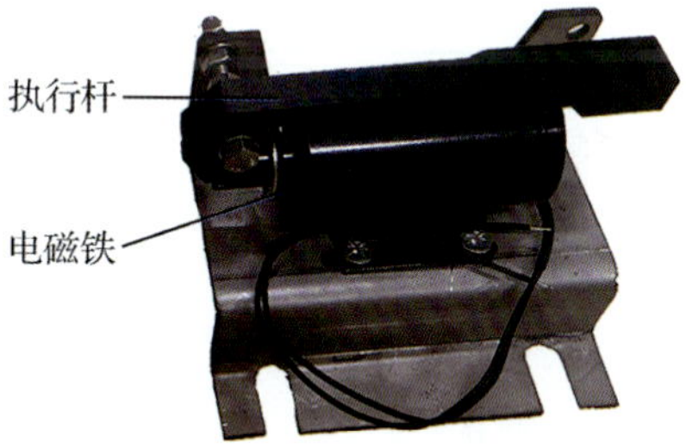

图 5.73 执行机构

5.9.2.4 交流电机

交流电机为一台 1.1 kW 的三相异步电动机，负责牵引整条流水线的旋转运动。

5.9.2.5 变频器

变频器采用紫日电气公司的 ZVF330 迷你系列高性能矢量型变频器，该设备通过 RS485 串口与计算机相连，通过 MODBUS RTU 协议接收计算机的控制信息，用于交流电机的速度和转矩等参数的控制，并为电机提供故障保护。

5.9.2.6 高光谱成像仪

高光谱成像仪采用的是美国 Resonon 公司的 Pika XC2，通过 USB 3.0 接口与计算机相连，主要功能是接收上位机发出的触发信号实现对苹果的高光谱图像数据进行采集，并将采集数据上传给计算机，为后续计算提供原始高光谱图像数据。

5.9.2.7 下位机(PLC)

下位机(PLC)使用可编程控制器，为德国 SIMATIC 公司生产的 S7-1200 1214C AC/DC/DLY，支持 14 个数字输入、10 个数字输出，支持 6 个高速计数器，支持 PROFINET、WAN、RS485、RS232、USS 和 MODBUS 等多种通信协议。PLC 通过 RJ45 接口使用 TCP 协议与工控机进行通信。PLC 实现的主要功能为：①对编码器输出的脉冲个数进行计数；②通过 TCP 协议将编码器的脉冲个数计数值实时传给工控机；③接收霍尔开关的同步信号。当整个流水线旋转一周，霍尔开关传感器再次检测到磁铁时，将 PLC 内部的编码器计数值清零；④控制电机的通电与断电，主要用在流水线的启动或关闭时；⑤控制执行机构动作；⑥实现电机故障和高温报警功能。

5.9.2.8 工控机

工控机上运行着整个系统的核心上位机软件，负责与其他核心模块进行通信，以及各个模块之间的协调运行，因此对工控机的性能要求较高，其使用的电脑型号为联想公司生产的 Y7000P，具体配置见表 5.2。

表 5.2 工控机电脑配置

配置名称	配置参数
型号	Lenovo Legion Y7000P 2019
CPU	Inter(R) Core(TM) i7-9750H CPU @ 2.60 GHz (6 核 12 线程)
内存	Samsung 16 GB (DDR4 2 666 MHz)
硬盘	Samsung 1 T (Read 3 500 MB/s; Write 3 000 MB/s)

上位机的主要功能为：①与工业相机通信，接收苹果外部图像信息，进行三维重构，判断外部品质；②与成像光谱仪通信，接收成像光谱仪传来的苹果数据，代入事先准备好的模型，计算出苹果的糖度信息；③与变频器通信，对电机的速度进行控制；④与下位机 PLC 进行通信，接收 PLC 高速计数器的脉冲计数值以及向 PLC 发送控制命令。

5.9.3 下位机系统设计

下位机设计是对西门子 S7-1200 1214C AC/DC/DLY 型号 PLC 进行设计，包括其内部程序设计和外部接线设计两大部分。

5.9.3.1 下位机软件设计

下位机软件的设计开发采用的是西门子公司 TIA portal，通过该软件可方便快速地完成对 S7-1200 PLC 的编程、调试以及程序上传和下载。在本系统中使用的 TIA portal 版本为 STEP 7 Professional V14。

下位机软件的设计是对下位机 S7-1200 PLC 进行逻辑编程，主要包括高速计数器模块和 TCP 通信模块的使用。

高速计数器模块的功能是用来对编码器的高速脉冲信号进行计数，以此来确定果杯运动的实时位置。启用 S7-1200 PLC 的高速计数器 HSC1，并启动外部同步输入。设定参数如下：①计数类型为单向计数；②同步输入的信号电平为上升沿；③脉冲信号输入为 I0.0(100 kHz 板载输入)，滤波时间为 0.2 ms；④同步信号输入为 I0.4(100 kHz 板载输入)，滤波时间为 10 ms；⑤计数器计数值地址为 I1 000.0～I1 003.7。其核心程序如图 5.74 所示。

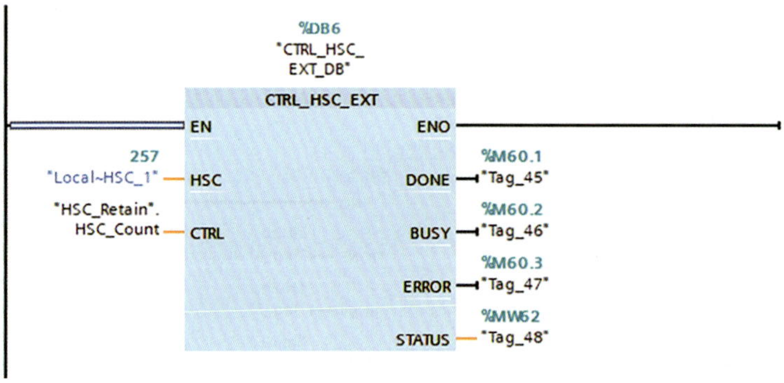

图 5.74　高速计数器模块核心程序

实际接线时，编码器脉冲信号经差分信号转单端信号转换板转换后接到 PLC 数字信号输入端子 I0.0，高速计数器便可对脉冲个数进行计数。霍尔传感器信号输出端接到数字信号输入端子 I0.4，此端子为高速计数器同步信号输入端子，当接收到上升沿信号时，会将计数值清零。整条流水线共 110 个果杯，经过 1 个果杯的距离会产生 100 脉冲，流水线旋转 1 周共产生 11 000 脉冲，因此当计数值达到 11 000 时，其计数值就会清零，并重新开始计数。

TCP 通信模块的功能主要分为两个方面：①作为发送端，将高速计数器的计数值实时传输到上位机系统，即在每个 PLC 扫描的扫描周期都尝试发送高速计数器的计数值；②作为接收端，接收来自上位机的命令，控制流水线的启停和执行机构的动作。TCP 通信模块的设置参数如图 5.75 所示。

TCP 通信模块的核心程序如图 5.76、图 5.77、图 5.78 所示。

PLC 在进行执行机构的控制时，由于执行机构本质上是一块电磁铁，当载有苹果的果杯运动到执行机构的位置时，只需给执行机构通电即可。然而电磁铁从通电到产生一定的磁力需要一定的延迟时间，因此需要持续给电磁铁通电一段时间。经测试，当电磁铁的通电时长为 200 ms 时，可产生足够的磁力将果杯推翻，因此设定电磁铁的通电时长为 200 ms。

PLC_1_Connection_DB

名称	数据类型	起始值
▼ Static		
InterfaceId	HW_ANY	64
ID	CONN_OUC	1
ConnectionType	Byte	16#0B
ActiveEstablished	Bool	false
▼ RemoteAddress	IP_V4	
▼ ADDR	Array[1..4] of Byte	
ADDR[1]	Byte	0
ADDR[2]	Byte	0
ADDR[3]	Byte	0
ADDR[4]	Byte	0
RemotePort	UInt	0
LocalPort	UInt	502

图 5.75 TCP 参数设置

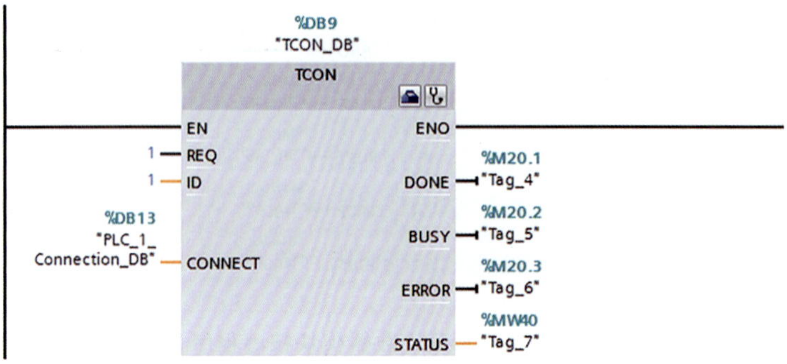

图 5.76 TCP 通信模块初始化程序

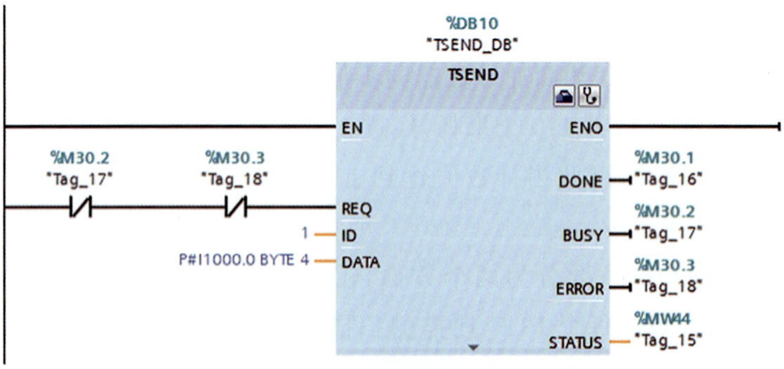

图 5.77 TCP 通信模块发送程序

5.9.3.2 下位机外部接线设计

在本系统中，共使用 S7-1200 PLC 输入端口 14 个，输出端口 6 个，高速计数器 1 个，其外部接线设计如图 5.79 所示。

控制柜实物如图 5.80 所示。

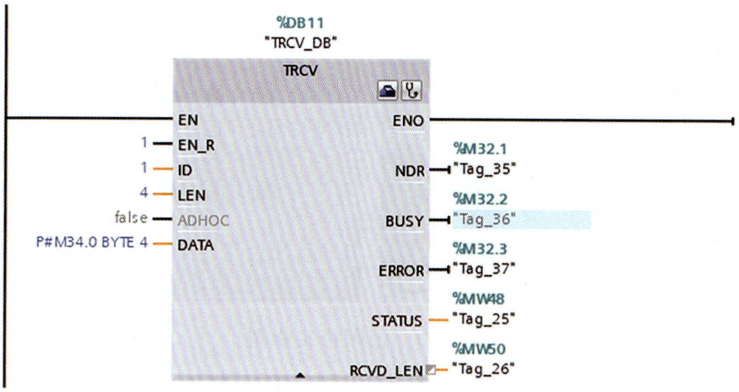

图 5.78　TCP 通信模块接收程序

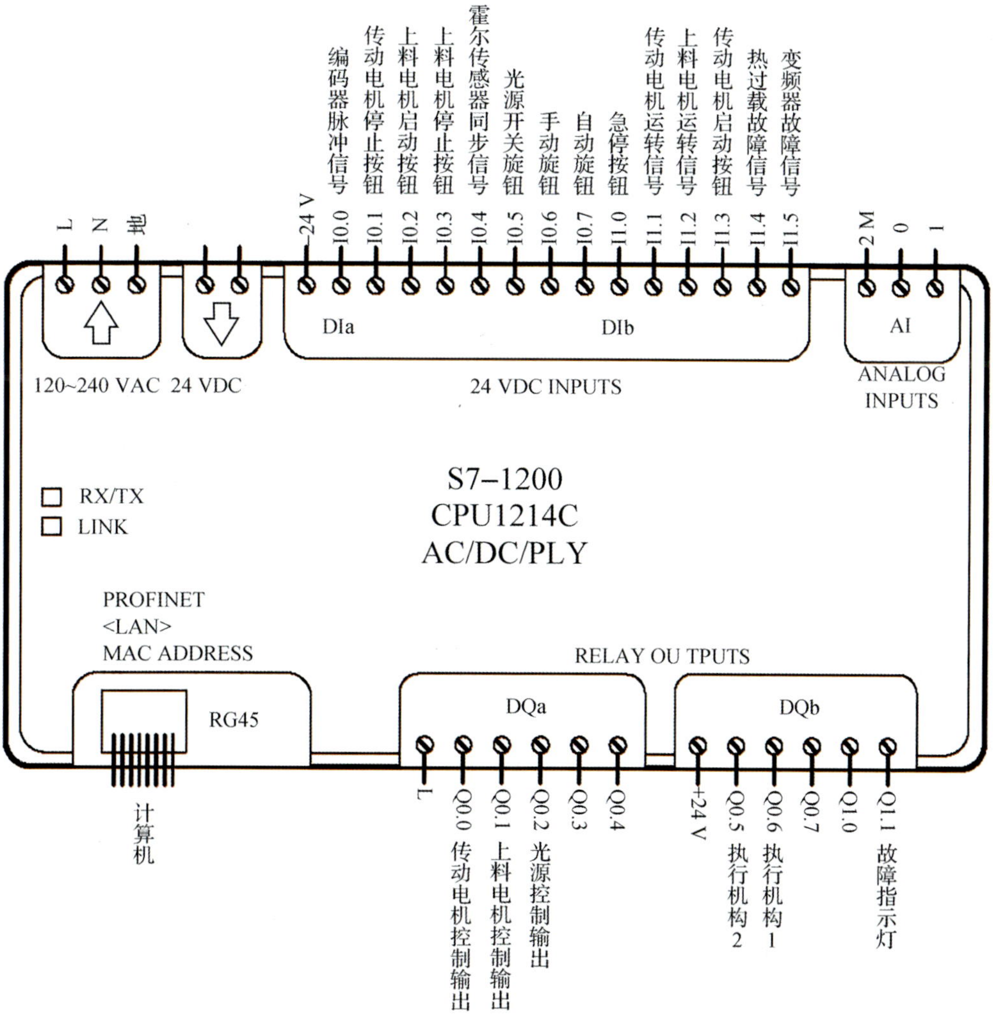

图 5.79　PLC 外部接线图

图 5.80　控制柜实物图

5.9.4　上位机软件开发

5.9.4.1　软件开发环境

上位机软件的开发采用 Qt 框架。Qt 是一款跨平台 C++图形用户界面应用程序开发框架，几乎支持所有的平台，封装了很多底层细节，开发接口简洁明了，并且有良好的社区氛围，学习资料丰富。Qt Creator 是一款适用于 Qt 应用程序开发的轻量级集成开发环境(IDE)，并提供了很多示例源码，可方便开发者更加快速方便地使用 Qt 框架。本研究使用的 Qt 版本为 Qt5.9.8，Qt Creator 的版本为 Qt Creator 4.8.2。

对感兴趣区域的选取使用了 OpenCV，OpenCV 采用 C++原生编写的代码经过高度优化，可与标准模板库中的容器进行无缝衔接，执行效率高，可用于实时图像处理；OpenCV 具备 C++、Python、Java 和 MATLAB 多种接口，支持 Windows、Linux 等多种操作系统；OpenCV 拥有超过 2 500 种算法，被广泛应用于企业、政府和研究机构。本研究中使用的 OpenCV 版本为 OpenCV4.5.0。

此外，与成像光谱仪数据交互使用了 Resonon 公司提供的成像光谱仪配套驱动程序和 SDK 开发包，苹果检测数据的保存使用了 MySQL 数据库。

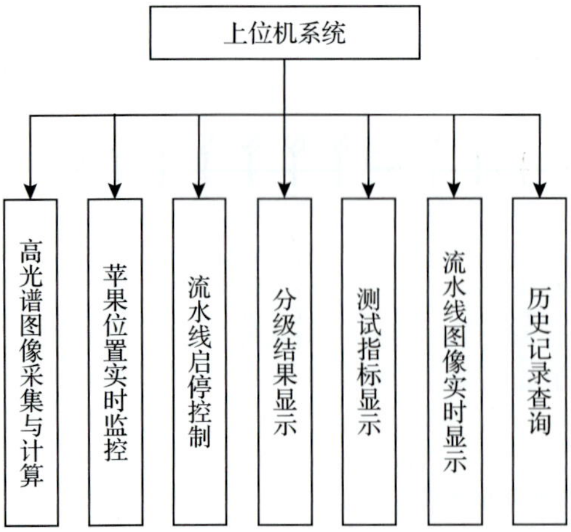

图 5.81　内部品质软件设计结构

5.9.4.2　软件功能设计

苹果内外品质在线智能化实时分级系统软件从实际需求出发设计，具有相机设置、高光谱成像仪设置、图像采集和判断、高光谱图像采集和计算、苹果位置实时监控、流水线启停控制、分选结果显示和指标检测结果显示、流水线实时图像显示和历史记录查询等功能。内部品质软件的设计结构如图 5.81 所示。

上位机软件是整个系统的核心，承担着数据采集、数据运算、位置跟踪、执行机构动作等核心任务。内部品质软件核心设计流程主要包括高光谱数据的采集、数据分析和苹果位置实时监控三个方面。

光谱数据采集流程的主要功能是实现高光谱数据的采集，并将数据信息存储到计算机系统的内存中作为后续数据分析使用。在实际开发时，此流程在一个单独的线程内执行。其运行流程如图5.82(a)所示，首先上位机每接收到一帧高光谱图像数据都会判断是否已检测到苹果，若检测到，则设置此时该苹果的位置信息为原点，将该被测苹果的信息放入苹果实时位置队列[图5.82(b)]，并将高光谱图像数据存储到缓存中，苹果位置实时流程[图5.82(c)]通过监听苹果实时位置队列就可以对该苹果的位置进行实时跟踪。之后该流程持续对采集到的高光谱数据进行存储，若一直检测不到苹果信息，表明整个苹果检测结束，此时启动新线程对高光谱数据进行数据分析。至此，一个苹果高光谱数据采集流程完毕，进入下一个苹果的数据采集流程。

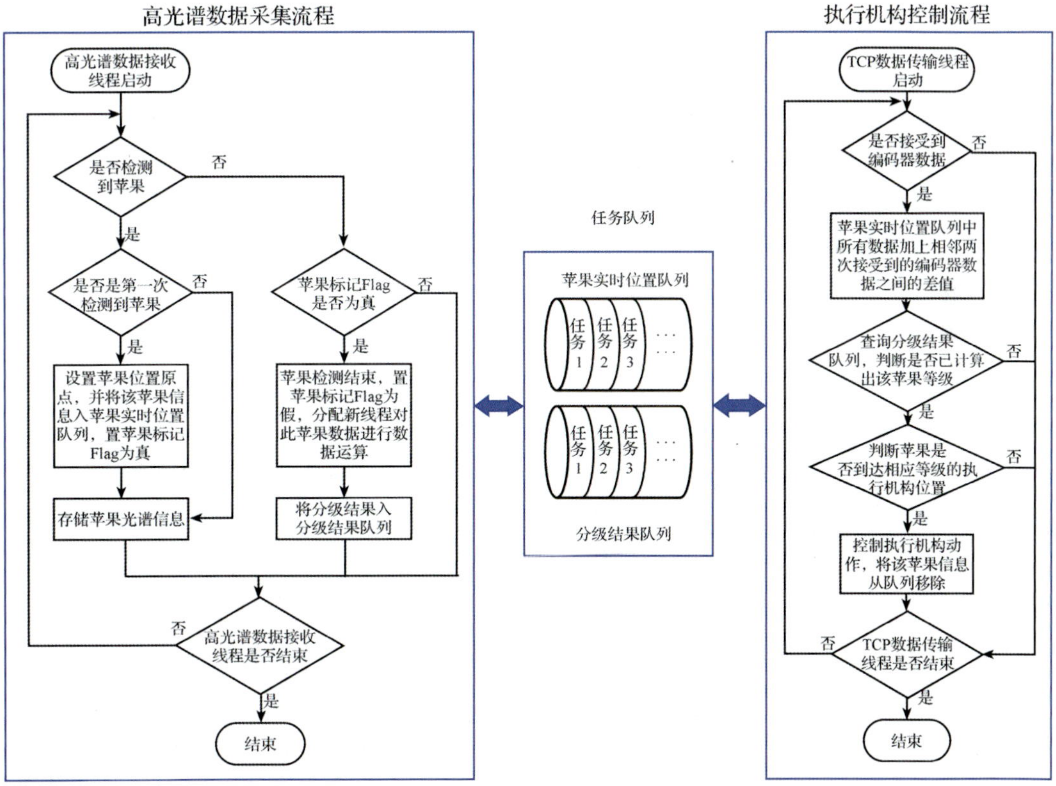

(a) (b) (c)

图5.82 内部品质软件设计流程

数据分析实现的主要功能是对将采集到的高光谱数据进行计算，计算步骤为：①得到苹果的感兴趣区域，对感兴趣区域进行黑白校正，计算其平均光谱作为特征光谱；②对特征光谱采用SNV算法进行光谱预处理；③在特征光谱中提取出特征波长对应的光谱数据;④将提取出的光谱数据与建立 PLSR 模型时得到的系数相乘,得到苹果糖度预测值;⑤根据苹果糖度预测值和设定的等级划分标准,得到最终的分级信息。因为苹果的高光谱图像的数据量非常庞大,单线程执行会非常耗时,并且容易出现最终结果尚未计算出而苹果已经过了执行机构的情况,造成分级失败,因此采用了多线程的方式对数据进行处理,多线程任务处理时序如图 5.83 所示。

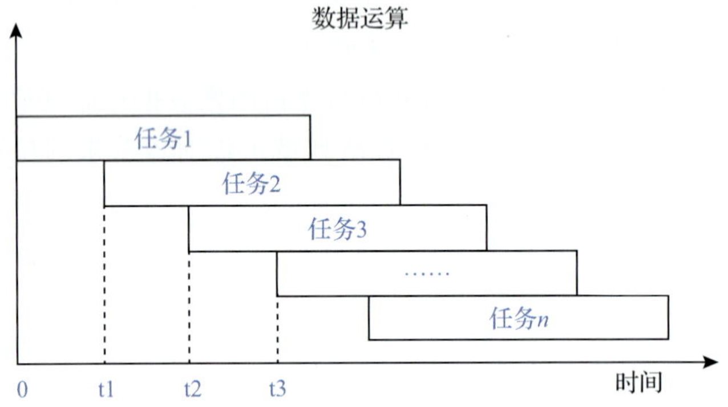

图 5.83　多线程任务处理时序

在计算任务 1 未完成时,若计算任务 2 来临,则可以分配新的线程来处理任务 2,依次类推,这样就可以在同一时间有多个计算任务并行运行,充分发挥 CPU 多个核心的优势,各个任务执行完毕后将计算得出的分级信息放入分级结果队列,使得单个计算任务的平均耗时变相的缩短为原来的 $1/n$。

苹果位置实时监控流程的主要功能是实时接收来自 PLC 编码器的数据信息,用于苹果位置的实时定位。在实际开发时,此流程也在一个单独的线程内执行。苹果位置实时监控流程是由接收来自 PLC 的编码器数据驱动完成的,每接收一次数据便进行一次运算。其运行流程如图 5.82(c)所示,对苹果实时位置队列的每个苹果进行遍历,加上两次通信之间编码器的差值,更新位置信息,并监听分级结果队列是否已计算出该苹果的等级。若已计算出来,则后续实时监测该苹果是否到达其对应等级的出口处,如已到达,则控制执行机构将该苹果弹出,并将苹果信息从两个队列删除,至此该苹果的位置监控流程结束。

因为涉及多线程,所以在多个线程同时对任务队列中的任务信息进行操作时,采用加锁的方式来解决多线程之间存在的并发问题。

5.9.4.3　软件操作界面设计

设计的上位机软件界面由设置模块、连接模块、样本采集模块、分选结果显示模块、指标检测结果显示模块、系统运动控制模块、流水线实时图像显示模块和状态信息显示模块等组成,功能丰富,操作简便。除此之外,还开发了一些额外的显示接口,如质量、果径、酸度、硬度、表面瑕疵和内部病变的显示功能,方便今后功能的扩展。开发完成的内部品质上位机软件界面如图 5.84 所示。

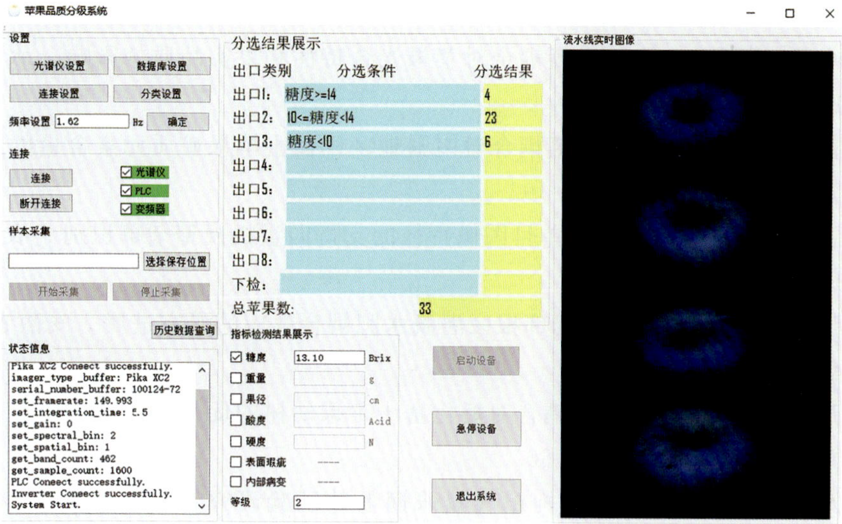

图 5.84　内部品质上位机软件界面

其中，设置模块的功能包括光谱仪参数设置、数据库设置、连接设置、分类标准设置和变频器频率设置五项内容。连接模块的功能是实现对成像光谱仪、PLC 和变频器的连接和断开功能；样本采集模块功能是实现苹果高光谱数据的采集，并将采集到的数据存储到本地磁盘；分选结果显示模块的功能是对各个分级出口分选的苹果数量进行统计；指标检测结果显示模块的功能是对苹果各项指标的检测结果进行显示；系统运动控制模块的功能是对流水线的启停进行控制；流水线实时图像显示模块的功能是实时显示流水线的运行画面；状态信息显示模块的功能是对上位机运行过程中的一些重要参数进行输出显示。

参考文献

白菲，孟超英．水果自动分级技术的现状与发展．食品科学，2005(S1)：145-148.

樊兆博，刘美菊，张晓曼，等．滴灌施肥对设施番茄产量和氮素表观平衡的影响．植物营养与肥料学报，2011，17(4)：970-976.

贡东军，牛晓颖，王艳伟，赵志磊．支持向量机在李果实坚实度近红外检测中的应用．农机化研究，2015，37(4)：172-175.

黄辰，费继友．基于图像特征融合的苹果在线分级方法．农业工程学报，2017，33(1)：285-291.

刘博瀚．灵武长枣果实力学特性与采摘机械损伤研究：硕士论文．银川：宁夏大学，2018.

刘虎成，徐坤，张永征，等．滴灌施肥技术对生姜产量及水肥利用率的影响．农业工程学报，2012，28(S1)：106-111.

孙俊，何小飞，谭文军，等．空洞卷积结合全局池化的卷积神经网络识别作物幼苗与杂草．农业工程学报，2018，34(11)：159-165.
孙霞，柴仲平，蒋平安，等．水氮耦合对苹果光合特性和果实品质的影响．水土保持研究，2010,17(6):271-274.
孙霞，郑春霞，柴仲平，等．水氮耦合对南疆地区红富士苹果矿质元素含量的影响．水土保持通报，2011，31(2):190-192
王璨，李志伟．利用融合高度与单目图像特征的支持向量机模型杂草识别．农业工程学报，2016，32(15)：165-174.
王春辉，张宇霞，于红梅，等．局部根区灌溉水肥耦合效应的研究进展．安徽农业科学，2013，41(6)：2452-2455,2458.
王进鑫，张晓鹏，高保山．水肥耦合对矮化富士苹果幼树的促长促花作用研究．干旱地区农业研究，2004，22(3)：47-50.
王荣炎，郑志安，徐丽明，等．枸杞气吸采摘参数试验研究．农机化研究，2019，41(11)：171-177.
王哲．水果外观质量智能化检测系统设计．农业工程，2019,9(5):34-37.
谢小婷，黄璜，陈玉艳，等．作物水肥耦合产量效应模型研究进展．湖南农业科学，2008(3)：58-61.
张高阳．基于位姿的苹果采摘机器人抓取研究:硕士论文．南京：南京农业大学,2012.
周雪青,张晓文,邹岚,解新创．水果自动检测分级设备的研究现状和展望．农业技术与装备,2013(2):9-11.
Dimeas F，Sako D，Moulianitis V，et al. Towards designing a robot gripper for efficient strawberry harvesting. 22nd International Workshop on Robotics in Alpe-Adria-Danube Region. Hoboken，New Jersey，USA：Wiley，2013.
Keller J，Thakur D，Likhachev M，et al. Coordinated path planning for fixed-wing UAS conducting persistent surveillance missions. IEEE Transactions on Automation Science and Engineering，2017，14(1)：17-24.
Li J Q，Deng G Q，Luo C W，et al. A hybrid path planning method in unmanned air/ground vehicle (UAV/UGV) cooperative systems. IEEE Transactions on Vehicular Technology，2016，65(12)：9585-9596.
Liang X，Meng G L，Luo H T，et al. Dynamic path planning based on improved boundary value problem for unmanned aerial vehicle. Cluster Computing-The Journal of Networks Software Tools and Applications，2016，9(4)：2087-2096.
Liu Y，Zhang X J，Guan X M，et al. Adaptive sensitivity decision based path planning algorithm for unmanned aerial vehicle with improved particle swarm optimization. Aerospace Science and Technology，2016，58：92-102.
Peng H X，Shao Y Y，Chen K Y，et al. Research on multi-class fruits recognition based on machine cision and SVM—ScienceDirect. IFAC-PapersOnline，2018，51(17)：817-821.

Preter A D, Anthonis J, Baerdemaeker J D. Development of a robot for harvesting strawberries —ScienceDirect. IFAC-PapersOnLine, 2018, 51(17): 14-19.

Solanelles F, Escola A, Planas S, et al. An electronic control system for pesticide application proportional to the canopy width of the tree crops. Biosyst , 2016, 95(4): 473-481.

Xiong Y, Peng C, Grimstad L, et al. Development and field evaluation of a strawberry harvesting robot with a cable-driven gripper. Computers and Electronics in Agriculture, 2019, 157: 392-402.

Xu S, Dogancay K, Hmam H. Distributed pseudolinear stimation and UAV path optimization for 3D AOA target tracking. Singal Processing, 2017, 133: 64-78.

第6章

果园智能管控平台

6.1 果园智能管控系统

智能管控系统是指通过组合软件、硬件与通信技术，将原本独立的各个系统整合成一个可靠且有效的整体，各部分之间能够有机协调地工作，从而发挥整体效益，达到整体优化的目的，已广泛应用于现代工业系统中（费奇，2001）。智慧果园中作业任务多，不同作业都需要对应的装备以及独立的技术系统体系，因此具有设备多、系统复杂、协调性强等特点。智慧果园建设并不只是简单地解决各个作业任务的无人化，而是要使得单一系统内部、不同系统之间相互通信、相互关联、相互反馈，这就需要对智慧果园的不同功能系统进行集成。智慧果园的运作效率和成效很大程度上依赖于智慧果园系统集成的水平（李道亮，2020；周国民，2018）。

智慧果园系统是一个复杂的工程，在建设过程中需要遵循一定的原则，以避免一些问题的发生。总体来说，主要包括实用经济性原则、先进成熟性原则、标准可扩展性原则和安全可靠性原则（林峰峻，2015；邹金秋，2011）。

（1）实用经济性原则　应是智慧果园系统集成首要考虑的原则。智慧果园系统最终使用服务对象为果农，在达到系统最大需求的前提下，应充分利用原有系统的硬件和软件资源，选用性价比好的装备，尽量减少硬件投资，从而降低整个系统的成本。

（2）先进成熟性原则　系统集成时选择的产品和技术应具有一定的前瞻性，采用国内外最先进和成熟的技术和产品，能够满足适应未来一段时间业务需求及技术发展变化的要求。

（3）标准可扩展性原则　系统集成实现应采用相关的国家标准和行业标准，采用科学和规范化的指导和制约，使得开发集成工作更加规范化、系统化和工程化；选择具有良好的互联性、互通性及互操作性的设备和软件产品，保证系统具有较好的兼容性和可扩充性。特别是数据库的选择，要求能够与异种数据库无缝连接。

（4）安全可靠性原则　是对系统集成的基本要求。系统建设应从网络拓扑、系统架构、应用设备以及数据安全等多层面进行整体的安全规划，根据不同用户角色实施不同安全策略。要具备应对各种故障、事故的机制，确保服务连续性和信息的数据安全性。

系统集成的方式主要分两大类：一是各子系统的功能重新整合、规划到唯一的全新平台上；二是保持各子系统独立存在，通过其他技术手段，达到各系统数据互通和互换。第一类方式会弃用全部子系统，时间和资金成本相对较高，同时需要考虑后期的数据移植问题，但系统管理统一，运行最高效。第二类是目前智慧果园系统集成中常用的形式，有多种实现形式，主要包括 Web Service 接口、数据库接口和文件接口等。Web Service 接口是一种跨平台的数据交互方式，其特点是只要一个系统提供了数据访问接口，其他子系统都可以获取该系统接口提供的数据；数据库接口使各系统所有数据不设防，可相互调用；文件接口则是将 Excel、XML 等通用格式文件作为数据的临时载体，用导入或者导出的方式，实现系统间数据交换。在系统集中过程中，通常根据数据特点、功能模块等有选择地对集成方式或方式组合进行优化，提高集成水平。

6.1.1 平台架构

6.1.1.1 平台架构设计

平台基于“数据-服务”的理念，以云服务的形式，面向果园管理部门、生产经营主体、种植大户、农技人员和消费者等用户，依托统一的信息通信网络、运行环境、标准规范体系、安全保障体系、运行管理保障体系和应用支撑平台，充分考虑系统的兼容性和扩展性，并能够在各种终端设备上以多种形式展现。智慧果园系统的总体架构可分为以下四个层次：

(1)数据来源层　是支持整个系统的底层支撑，是综合应用的基础。数据信息主要来源于四个方面：一是通过遥感平台及其搭载的遥感传感器感知获得与果园分布、长势、病虫害以及土壤水分等相关的遥感数据源；二是通过无人机等航空平台获得的果树数量、高度、密度与长势等果树群体参数和果树个体参数数据；三是通过传感器、视频摄像头、智能装备等形成的地面物联网获取的各类传感数据；四是通过移动终端设备等获取的统计调查数据。

(2)数据平台层　是整个平台体系的核心。数据平台层涵盖了智慧果园生产过程中的各类数据、数据库、数据仓库，负责整个数据中心数据信息的收集、存储、处理、管理和服务，为整个系统提供统一的数据交换平台。

(3)应用层　是指为完成不同作业任务定制开发的应用系统。为了便于管理和业务关系，平台挂接多个业务应用系统，基于接口实现数据交换和共享。平台结合不同用户的需求，为不同的用户提供业务应用和交互服务。应用层主要包括“天空地”一体化果园环境精准感知系统、水肥一体化智能控制系统、果园病虫害监测预警系统、果园产量精准预测系统以及果业管理业务系统等。

(4)用户层　是针对不同的系统管理和服务人员开发定制服务，由于使用环境不同开发不同的操作版本以及不同的功能版本而开展服务。基于移动应用 App、电脑端软件和嵌入式应用等多种形态的产品平台，通过各种可视化呈现、远程监控、远程控制和智能提示等形式,面向果园管理部门、生产经营主体、种植大户、农技人员和消费者等用户提供多元化信息服务。

6.1.1.2 平台功能设计

针对平台架构体系,一般应包括以下五大功能:

(1)在线监测功能　系统能够将不同采集设备获取的园区水、土壤和空气等环境要素实时监测数据以及智能装备实时状态监测信息在系统中进行可视化显示,支持 PC 端和手机等移动终端的数据查看。当监测数据超过设定的预警值时,系统会自动预警,通过手机短信或者网页报警等方式发送通知,提示管理人员或种植户进行管理和调控。

(2)查询分析功能　可以提供园区水、土壤和空气等环境要素环境监测历史数据查询,以图或者表等形式进行展示;可以查询园区资源基本信息,如行政区域、地形、土地利用现状、果园空间分布和遥感影像数据等,可通过文字、图片、空间地理图和视频等多种形式展示数据,尤其可以 GIS 地图为基础,将信息在 GIS 地图上清晰展示。

(3)诊断调控功能　可以实现果树全生产过程的长势、病虫害、水肥和产量等的智能诊断分析,并及时做出相应调控措施。可通过果树生理生物传感器、高清摄像机等获取的监测数据和视频图像对果树、果实长势进行动态远程监测和显示,对生长的关键环节进行追踪,及时发现各种不良反应并给出指导措施;采用手机等移动端 App 及园区分布式定点高清监控摄像头获取病虫害图片,充分运用物联网及人工智能图像识别技术,基于历史病虫害大数据及专家知识数据库训练自动分类识别模型,实现病虫害精准识别及预测,并将识别结果及防治措施建议上报至果园管理部门及植保专家,经审核确认后以系统、短信等多种方式同步推送至农户移动端 App,指导农户进行病虫害防治作业;系统通过收集果园中土壤信息、气象信息、果树生长状态信息及水肥设备状态信息,自行判断果树需水需肥情况,通过手机、电脑可完成远程遥控或自动灌溉、施肥操作。根据果园面积、种植结构、单株果树生产参数、气象数据等参数,结合多模型,确定最终产量之间的模型关系,实现果园产量的精准预测(Aggelopoulou et al., 2011)。

(4)专家咨询功能　借助电脑、手机终端设备,通过网络在线交流,可以实现专家、农技人员为种植户提供技术服务,提供病虫害诊断、种植措施等技术指导答疑,解决实际生产问题。此外可向种植户提供资源获取与学习平台,种植户间相互交流经验,共同提高种植管理水平。

(5)管理服务功能　可为管理部门和种植户提供果品生产、加工过程及生产流通等全环节追溯监管功能;为消费者提供溯源查询服务功能,可以通过手机、计算机、终端设备等查询工具,对消费者购买的果品进行溯源,使数据信息公开化、透明化,实现果品质量安全信息双向追溯。

6.1.1.3 用户权限设计

系统面向果园管理部门、生产经营主体、种植大户、农技人员和消费者等不同的用户,为便于管理及数据安全，系统应对平台的功能资源进行精细控制和分配，不同的用户拥有各自的权限级别和应用层次，具体信息参见图 6.1。权限设置可通过用户的角色与权限进行关联，即一个用户可拥有多个角色，每一个角色可拥有多个权限，形成多对多的关系。

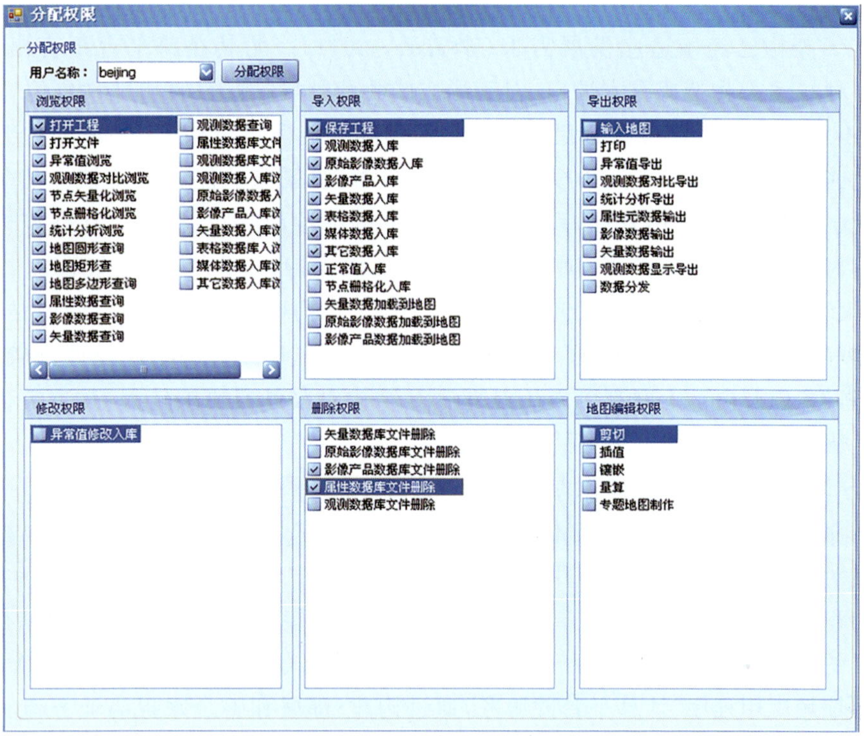

图 6.1　用户权限设置图(邹金秋，2011)

用户权限分为数据权限和功能权限两种。数据权限是控制当前登录用户能够查看的数据范围及可执行的相关操作。通过设置权限，用户只能看到自己所属权限下面的数据和操作，超出自己权限外的，用户则无法查看。功能权限是对用户可执行的动能操作的限制，通过权限的设置不同用户可以通过页面控制不同的业务功能，也可以把功能权限的粒度细化到页面级和原子操作级别的具体操作。例如后台管理用户拥有对系统后台进行全面管理的权限，包括内容发布等；而对于非管理员用户，他们则只能在各自被授权的范围内使用数据查询、监测等功能。

6.1.1.4　平台开发模式

目前，已有客户端/服务器模式(client/server，C/S)、浏览器/服务器模式(browser/server，B/S)以及面向服务的架构模式(service-oriented architecture，SOA)等技术可以实现系统的集成，达到互联互通。

(1)C/S 模式　即客户端和服务器结构。最简单的 C/S 体系结构的数据库应用由客户应用程序和数据库服务器程序组成。C/S 体系结构可以充分利用两端硬件环境的优势，将任务合理分配到 Client 端和 Server 端来实现，降低了系统的通信开销。在数据库应用中，数据的存储管理功能是分别由服务器程序和客户应用程序独立进行的，因此数据的存储管理功能较为透明。但是 C/S 架构维护成本高且投资大；其次，C/S 结构的软件需要针对不同的操作系统开发不同版本的软件，目前产品的更新换代十分快，代价高、效率低的 C/S 架构已经不适应发展需求（李云云，2011）。尤其在跨平台语言出现之后，B/S 架构对 C/S 架构造成重大冲击，对其形成威胁和挑战。

（2）B/S 模式　是 Web 兴起后的一种当前国际主流网络结构模式，是对 C/S 结构的一种变化或者改进的结构。这种模式统一了客户端，将系统功能实现的核心部分集中到服务器上，不需要安装专用软件，只要是可以联网的终端，有浏览器就可在任何地方进行登录。它对一般的应用服务器、浏览器、用户都提供支持，简化了系统的开发、维护和使用，在很大程度上节约时间、开发和维护成本。B/S 结构可支持大量用户同时访问，并可对服务器等进行同步配置，增加了系统的稳定性。此外，B/S 对网络环境要求较低，普通的低配置设备以及电话上网都可以。但是 B/S 结构对服务器要求较大，数据负荷较重时一旦发生服务器“崩溃”等问题，后果不堪设想。

（3）SOA 模式　可以看作是继 B/S 模型、可扩展标记语言（extensible markup language，XML）、Web Service 技术之后的自然延伸。它是一个组件模型，可以根据需求通过网络对松散耦合的粗粒度应用组件进行分布式部署、组合和使用（崔冬冬等，2021）。它将应用程序的不同功能单元进行拆分，并通过良好的接口和协议联系起来，使得构件在各种各样的系统中的服务可以以一种统一和通用的方式进行交互。基于 SOA 架构，可以构建不依赖应用程序、计算平台的服务，通过构建、部署和整合来提高业务流程的灵活性。此外 SOA 使用 XML 等技术标准实现，不依赖平台和软件供应商。

随着技术发展，包括云计算、企业应用集成（EAI）、机器对机器（M2M）等新兴集成技术陆续出现，为系统集成提供了更多的模式选择。

6.1.2　基础运行环境与工具

6.1.2.1　基础开发环境

系统基础开发环境包括基础系统平台（不在此处进行阐述）软件开发平台选择、数据库基础平台选择以及数据展示平台选择等。

（1）软件开发平台选择　Web 开发平台提供了设计开发工具，支持 Web 界面的布局，大大提高了软件开发效率。Web 开发技术分为前端和后端两部分，其中，前端主要包括超文本标记语言（hyper text markup language，HTML）技术、JavaScript 技术和 ActiveX 技术等。服务器端开发技术主要包括 .NET 平台、Java EE 平台等（赵胜利，2015）。

HTML 技术是一种信息的载体，它确定了信息文档的组织结构。HTML 具有简洁、易于实现的特点，方便建立各种复杂页面。HTML 经历了多次版本的更新换代，最新版本 HTML5 功能强大，增加了对新元素、结构和语义的支持，根据 HTML5 技术，文本、图像、视频、音频、动画都被标准化(刘华星等，2011)。但HTML整体交互性差、语义模糊，这些缺陷难以适应发展要求，逐渐被更为标准、简洁、结构严谨以及可高度扩展的XML代替。JavaScript脚本语言是目前在浏览器中最流行的脚本语言。JavaScript语言是一种直译式脚本语言，大多数浏览器中内置JavaScript语言的解释器——JavaScript引擎。ActiveX是一组使用部件对象模型(component object model,COM)使软件部件在网络环境中进行交互的技术集，与具体的编程语言无关。作为针对Internet应用开发的技术，ActiveX被广泛应用于Web服务器以及客户端的各个方面。同时，ActiveX技术也被用于创建普通的桌面应用程序。

NET平台是一种用于构建多种应用的免费开源开发平台，可以实现XML、Web Services、SOA和敏捷性的技术。它可以支持使用C++、Microsoft Visual Basic. NET等多种语言构建、部署及测试Web和WinForm应用程序(高扬，2011)。Java EE平台由于它的开源性，在大型企业级的Web应用开发中占据重要地位。Spring是Java EE平台中产生的最为流行的集成框架之一，能提供一个以统一完善开发环境的、更高效的方式构造应用。

(2)数据库基础平台　是用来储存各类数据的基础平台，目前按照数据组织结构分类，主要包括：数据库主要包括关系型数据库、面向对象数据库、对象关系数据库。关系型数据库是一种简单的二维表，仅能处理数值和字符串，没有丰富的数据类型，也不支持高性能的存储和查询，但是关系数据库是数据库系统的标准和基础，它的模型和语言因出现在所有数据库系统中，得以保留和提高(孟小峰等，2013)。面向对象数据模型是对象数据库系统的主要特征之一，依然继承了关系型数据库的技术，但是与多学科技术进行了有机结合，形成了分布式数据库、并行数据库、工程数据库和多媒体数据库等实例数据库(董孟秋等，2014)。对象关系数据库结合了关系数据库的关系模型和对象数据库中的对象关系模型，发展了面向对象建模能力，从而提高了操作复杂数据的能力，是三代数据库发展的产品(陆丽珍，2005)。这种数据库系统封装了数据关系，让用户不必过多地考虑数据管理问题，并使用户的应用逻辑模型可重用，从而提高数据库效率。当前主流的数据库平台有Oracle、MySQL、Microsoft SQL Server、Microsoft Access和HBase等。

(3)数据展示平台　是基于第三方平台展示部分专业数据，以获得更好的数据展示效果，提高平台研发效率。其中，GIS平台以地理空间数据库为基础，可以实现空间数据的管理、分析和展示。WebGIS空间平台ArcIMS9.2可用于发布空间数据，实现客户端浏览器、服务器平台、数据库与操作系统之间的通信。ERDAS IMAGINE基于文件型模式管理图像数据，可用于管理和显示影像文件的相关信息和快视图。

6.1.2.2 基础运行环境

基础运行环境包括硬件环境和软件环境。硬件环境即智慧果园集成平台正常运行所需的硬件设施，具体由计算机及其外围设备组成。根据不同功能可分为5类：中央处理器、主板、储存器(内存、硬盘、光盘、U盘以及储存卡等)、输出设备(显示器、打印机、音箱等)、输入设备(鼠标、键盘、摄像头等)。软件环境主要指软件的运行环境,一般包括操作系统(Windows、Unix、Linux 等)、数据库(Oracle、MySQL、Microsoft Access 等)、应用服务器(IIS、Tomcat、Jetty、Webphere 等)等。

6.1.3 软构件及其组装规范

智慧果园生产全过程产生的海量数据合理、高效、安全的组织管理是实现各个功能互通互联的保障。数据交换是指将分散在若干应用信息系统中的数据进行整合,通过中心数据库完成数据的抽取、集中、加载和展现,构造统一的数据处理和交换格式,实现应用子系统进行信息/数据的传输及共享,保证分布异构系统之间互联互通。数据交换的要求是能够提供数据传输、安全、转换、汇总、分转发、交换同步、上载/下载等功能服务,并防止数据的丢失、重传。

6.1.3.1 交换规范

智慧果园系统功能繁多,对数据交换提出了更高的要求。基于数据库技术和数据交换技术的配合,可有效提高数据交换的效率。海量数据可利用不同功能数据库组织和存储在多个分布式数据库中,对数据进行一系列的处理,统一于接口规范,方便于数据交换。数据处理主要包括数据解析、数据配准和数据转换等。

数据解析主要是对数据类型和数据精度进行校验。基于元数据和其他预定义的格式化对数据进行解析,确定数据的类型;再对记录的长度进行检校。如果接收的数据满足要求,提交数据库存储;如果出现数据不全的现象,需要向发送端申请重发指令,实现对数据的重发。表 6.1、表 6.2、表 6.3 分别为智慧果园中的属性数据、主线传感器采集参数、栅格数据的元数据表字段。通过以上机制可以保证传递数据的完整性和有效性。数据配准主要针对空间数据。在进行大面积果树病虫害预测和长势监测等过程中,必须进行多源数据间的同化与耦合,而与其他数据耦合使用时必须先进行时空信息配准。数据转换是根据数据模板和数据规则,完成数据在不同节点上的传输,并可以在不同的数据格式之间实现映射。

表 6.1 属性数据元数据表字段(邹金秋,2011)

序号	表项名称	数据类型	长度	说明
1	数据集名称	文本	100	填写数据集名称
2	属性描述	文本	200	属性数据包含的属性字段或者说明文字。字段 1;字段 2;字段 n
3	索引字段 1	文本	20	比如行政区编码、气候站点编号等
4	索引字段 2	文本	20	比如监测点编号、设备编号等
5	数据描述时间	文本	20	数据集信息所描述的时间
6	版本	文本	6	描述数据集当前的版本

续表 6.1

序号	表项名称	数据类型	长度	说明
7	数据类别	文本	20	温度、湿度、叶面积、高度等数据类别
8	数据级别	整型	6	约定级别:基础、公共、中间、成果
9	使用角色	文本	40	系统管理员、数据管理员、业务员等
10	创建日期	日期		数据入库时间
11	生产者	文本	10	
12	生产单位	文本	40	生产单位描述
13	属于数据库	文本	40	
14	涉及作物	文本	40	
15	真实路径	文本	100	
16	备注	文本	200	备注信息

表 6.2　无线传感器采集参数元数据表字段(邹金秋，2011)

序号	表项名称	数据类型	长度	说明
1	节点编号	整型	6	节点 9 位数字编码
2	节点所在地	文本	100	
3	县代码	整型	10	
4	县名称	文本	50	
5	经度	数值型		
6	纬度	数值型		
7	日期	日期型		
8	时间	文本	50	
9	空气温度	数值型		双精度浮点
10	空气湿度	数值型		双精度浮点
11	光照	数值型		双精度浮点
12	土壤温度 30 cm	数值型		双精度浮点,30 cm 深度土壤温度
13	土壤湿度 5 cm	数值型		双精度浮点,5 cm 深度土壤湿度
14	土壤湿度 10 cm	数值型		双精度浮点,10 cm 深度土壤湿度
15	土壤湿度 50 cm	数值型		双精度浮点,50 cm 深度土壤湿度
16	版本	文本	6	描述数据集当前的版本,是否经过校正
17	数据级别	文本	10	约定级别:基础、公共、中间、成果
18	使用级别	文本	40	系统管理员、数据管理员、业务员等
19	生产者	文本	10	责任人
20	生产单位	文本	40	生产单位描述
21	备注	文本	200	备注信息

表 6.3 栅格数据元数据表字段(邹金秋，2011)

序号	表项名称	数据类型	长度	说明
1	数据集名称	文本	100	填写数据集名称
2	左上角坐标	数值型		地理范围,左上、右下左边方式
3	右上角坐标	数值型		
4	左下角坐标	数值型		
5	右下角坐标	数值型		
6	空间参考	文本	20	定义投影参数
7	分辨率	数值型		栅格大小
8	图幅号	文本	40	图幅号
9	比例尺	文本	6	比例尺大小
10	数据描述时间	日期型		数据集信息所描述的时间
11	版本	文本	6	描述数据集当前的版本
12	创建日期	日期型		元数据集创建的时间
13	数据类别	文本	20	DEM、插值栅格等数据类别
14	数据级别	整型	6	约定级别:基础、公共、中间、成果
15	使用角色	文本	40	系统管理员、数据管理员、业务员等
16	生产者	文本	10	责任人
17	生产单位	文本	40	生产单位描述
18	属于数据库	文本	40	
19	涉及作物	文本	40	
20	备注	文本	200	备注信息

6.1.3.2 数据交换

不同功能模块之间通过数据利用流进行交接,各自负责不同的功能,共同构成一个完整的数据处理系统。该系统将数据从初级产品不断加工、深化,形成最后多形式的结果产品。其中,交换接口是负责数据利用流交接的主要媒介。交换接口为应用子系统提供访问其所需数据的接口,并且在结构上将数据交换与数据传输、访问和处理相隔离,从而提高交换平台的开放性和安全性。

XML 技术和 Web Service 技术是数据交换的核心技术。XML 可支持各种类型的数据源进行交换,可扩展性强,并且具有强大的自描述能力,决定了它作为数据交换媒介的重要选择,为异构系统之间进行数据交换提供一种理想的实现途径。Web Service 具有完好的封装性、松散耦合、使用标准协议规范和高度可集成能力等特点,而与 XML 结合又使其具有了数据交换能力。因此采用基于 XML 和 Web Service 技术实现异构数据交换,也就成为理想的交换方式,使跨网络协同的工作环境建设成为可能。

6.1.4 平台运行机制

为保障平台高效发挥功能作用和有效推广应用，真正实现智慧果园的数字化、智能化、无人化的精准管理，并实现其社会价值和经济价值，应建立可持续发展的长效运行机制。

(1)建立多层次的数据中心　数据是智慧果园建设的关键生产要素。土壤、气象、病虫害以及生长模型等数据库的完善建设是前提，而这是一项繁重的工作，需要多方协同完成。数据中心可由一个国家级中心与若干个省级分中心组成。其中，国家级中心具体承担整体系统数据库结构设计、标准制定、数据库平台造型及二次研发、数据库的建设与管理、为各省级分中心提供技术支撑等任务。省级分中心则可考虑分区分片设立，在数据库建设基础条件较好、技术力量较强的省级果业管理部门(包括相关果业研究机构)建立省级分中心，具体负责本省及其邻近区域智慧果园大数据的收集整理与数据库建设和系统的维护，为本地区政府管理与决策部门以及相应的科研机构提供稳定的数据服务。国家级中心与各省级中心密切联系，分工合作，相互协调，共同保障整体系统的高效、稳定运行。

(2)建立健全平台运行管理制度　一是要建立系统平台的各项管理制度，包括数据保密制度、数据加工利用制度、共享和发布制度、共享服务响应制度、数据更新管理制度、数据安全备份制度、数据库管理系统及数据共享与服务系统的操作管理制度等；二是要制定完善的运行管理制度，包括工作人员职责与义务、信息安全与保密责任、绩效考核制度等，保证整个系统平台的稳定运行。

(3)加大信息技术普及，培养专业人才　平台的使用者是果园生产经营主体，包括政府管理部门、生产企业、合作社和农民。要培养"懂文化、有技术、会经营"的新一代农民，普及科学技术，提高农民的信息技术素质是平台发展与推广的必要条件。

(4)完善平台多元协同运转机制　建立"政府-企业-科研机构-果农"的多元协同机制。政府加强政策支持、监督监管；建立起企业、专家和果农的新型利益联结机制，共商共建标准化、市场化的智慧果园系统平台和服务模式。

6.2 智能管控技术集成体系

果园智能管控技术是果园环境自主调控、无人植保以及果实的无人收获、运输和处理的核心，是实现果园生产过程中的无人化、精准化和高效化的必备条件。智慧果园中作业任务多，不同作业都需要对应的装备以及独立的技术系统体系，例如果园环境自主调控需要物联网技术、传感器技术等，无人植保需要水肥一体化控制技术、病虫害监测技术等，果实的无人收获等需要机器人技术、人工智能技术等(饶晓燕等，2021)。智慧果园建设并不是简单实现各部分的功能，而是实现各个子系统间相互关联、相互反馈，突破信息"孤岛"瓶颈，对单一的技术进行集成，形成果园智能管控技术集成体系，实现果园感知实时化、生产智能化、销售网络化、监管科学化、服务精准化的目标，解决"生产难、销售难、监管难"等困难(潘明等，2021)。果园智能管控技术集成体系的目标信息详见图6.2。

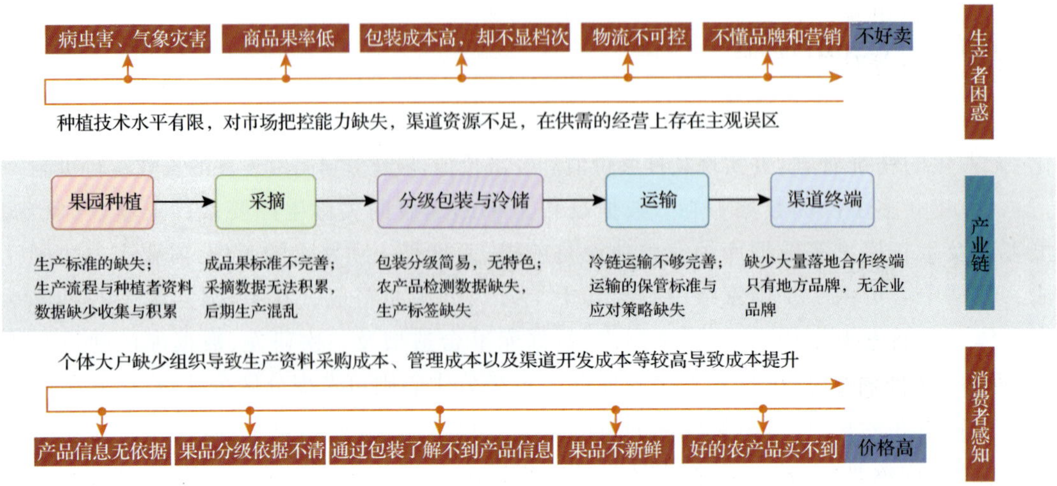

图 6.2　果园智能管控技术集成体系的目标

按照产业链环节，果园智能管控技术集成体系包括四大体系：果园数字(监测感知)体系、果园生产管理体系、果品市场销售体系和果业监管服务体系，参见图 6.3。四大体系在云框架下，基于大数据中心、一张图平台，组成一个有效的系统，实现果园生产的全链条精准管理。其中，果园数字(监测感知)体系基于“天空地”一体化果园环境及果树生育信息进行精准感知，实现数据字段采集、存储与初步分析，为果园智慧生产管理、加工销售及相关监管提供信息支撑。果园生产管理体系利用数字(监测感知)体系获取的相关信息，集成专家知识和数智设备，实现生产过程中的自动耕种、植保、采摘和田间运输及仓库存储。果品市场销售体系是基于其他市场消费信息及生产数据，开展市场仓库配送、物流及交易管理。而果业监管服务体系是针对果园生产、仓储、销售等全产业链开展信息监管和溯源，因此宜采用区块链技术进行果园智能管控，保证全程数据资源的真实、可靠利用与

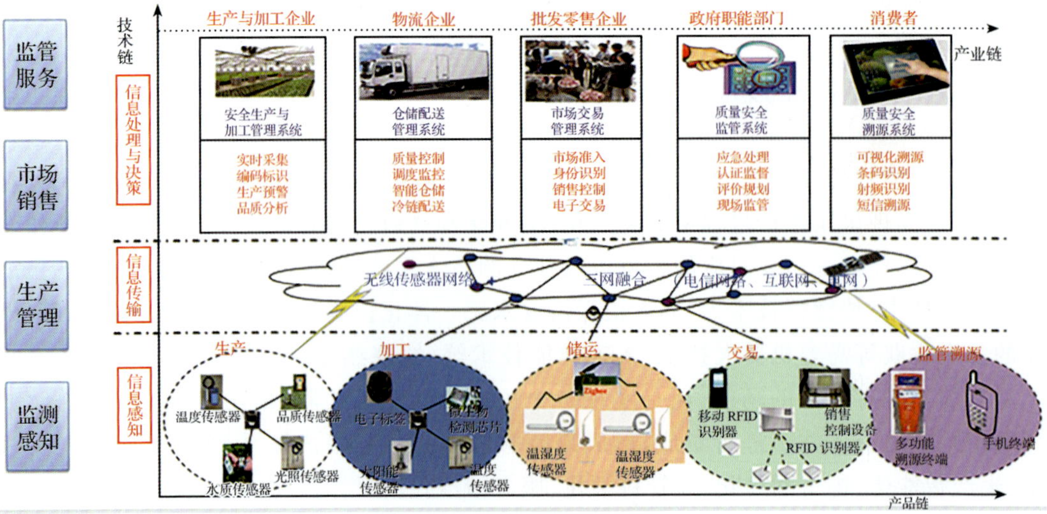

图 6.3　果园智能管控技术集成体系的组成

分析，做到可以真正服务于生产与加工企业及农户，物流企业、批发与零售企业、政府职能部门、消费者等对象。

6.3 通信与智能控制技术集成

6.3.1 硬件通信技术集成平台

果园智能管控要实现基地相关信息资源通信，必须搭建相关通信设施设备，以保证信息互通。硬件通信集成平台设计时应充分考虑果园采集参数的类型、数据格式及容量、信息传输业务运行特点。根据传输数据的类型、传输时效、容错能力等要求选用合理的传输网络结构、网络带宽设计，并结合信息安全要求确定配套的设施设备，在确保安全的情况下增强网络传输与服务能力。一般的原则和要求是必须保证果园业务数据及系统的高可靠性、高性能、高管理性和高扩展性。

一个完整的果园智慧控制系统涉及的通信平台包括 3 个部分：①果园实地信息采集与通信端设备，即作业装备单元通信与控制设备，参见图 6.4；②远程信息传输平台；③室内信息接收及存储设施设备。其中果园实地信息采集及单元通信设备部署在果园中，主要包括参数传感器、智能机器人、视频监控器、实地信息临时存储与发射装备等。远程信息传输平台实现果园基地信息与实验室信息传输，主要借助有线网、无线网、微波、4G/5G 等平台实现远距离的信息传输。室内信息接收及存储设施设备主要包括信息接收与解析设备、数据存储设备及相关服务器或者工作站系统等。本节重点说明室内信息接收及存储设施设备、指令数据的生成与发送。

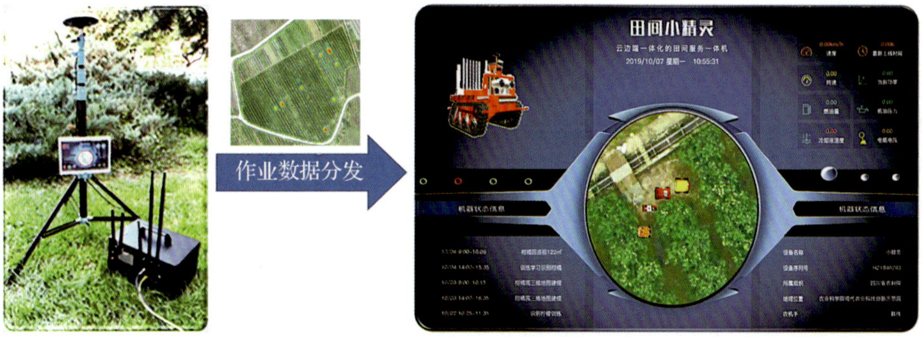

图 6.4　云边端一体化的田间服务一体机

6.3.1.1 信息接收与解析设备

果园基地信息通过远程传输平台传输到室内，需要有相应的信息接收与解析设备来存储这些信息。信息接收与解析方案应充分考虑各个采集信息的数据特点、传输网络特点及性能，进行总体统筹，将各种信息传输方案有机地结合起来，实现一个高性能、高可靠、高安全和高性价比的综合网络信息接收平台。

信息接收端一般需要有固定的外网可以访问的IP地址,信息接收端是果园信息采集所有通信流量的最终汇集点和承受者,用于实现果园数据存储及远程控制指令的优化传输及数据的快速交换。

通过无线网、4G/5G模式传输的信息接收终端,一般可以由路由器等设备进行信息解析与存储。采用有线光纤传输的,一般利用SAN光纤交换机获取。采用普通有线传输的,可以配置交换机为各业务系统提供服务,实现业务系统数据的快速交换。

6.3.1.2 数据存储系统

数据存储系统基于存储区域网络架构实现实时果园基地采集数据的集中存储与管理,一般需要建设基地设备现场存储和室内服务器存储。其中,现场存储为临时存储,用于保证数据传输不顺畅时的数据回补,存储空间一般根据采集参数的特征决定。室内存储系统在建设时,除了要满足容量要求外,还应保证有一定程度的预留空间,并保证系统的性能和可靠性。存储系统一般采用在线存储,以确保数据稳定可靠输入。在建设过程中重点开展的工作包括:

(1)数据存储量分析　根据果园采集参数的数据特征、采集频率等,在全数据入库管理期限内,充分考虑存储容量。估算完可能采集的数据量外,需要根据数据备份需求等扩大实际建设的存储系统容量,以保证数据空间在果园生命周期内信息集中储存与管理。数据存储设备一般采用矩阵、磁盘阵列、磁带或者云存储空间等。

(2)数据安全策略　在果园信息存储及使用过程中,同样需要考虑数据安全,避免数据丢失、数据被盗用或者篡改等。采用的防范措施除了数据备份以外,还需要综合利用访问控制和防火墙等技术和设备加以保护。数据备份是一种简单的措施,采用备份储存空间和服务器的方式就可以实现,有条件的可以采用异地备份的模式,进一步提升系统安全性。访问控制主要通过对数据库系统进行加密和控制。用户访问数据需要身份实名和密码验证。对于特殊保密要求的数据,还可以对数据进行加密。“防火墙”是一种用来限制、隔离网络用户在网络系统中某些活动的技术,一般安装在服务器的前端,对系统和数据起安全保护作用,有效地防止黑客对网站和网络系统的攻击。通过防火墙技术为系统提供专门的入侵检测设备,能检测系统非正常进入,如遇异常情况马上发出警报。

(3)相关服务器或者工作站系统　为合理利用果园采集数据以及分析后控制果园智能设备等,需要处理与分析这些数据,因此需要建设业务应用系统及支撑系统运行的基础环境平台,主要包括数据服务系统、业务处理工作站及相关的专业分析软件系统等。服务器的数量及性能要求根据果园数据情况、果园智能系统的运行要求等,在经费许可的情况下尽量设置备份服务器。业务运行工作站的性能及数量可以根据果园智能管理的要求、业务分析系统数量及经费情况设置。同时为了保证服务器及业务系统的运行,可能还需要设置电源保证系统,比如不间断电源等。

6.3.2 作业装备作业单元通信与控制

智慧果园中作业装备的主要任务是完成果园生产全产业链中的体力作业，实现全部作业的智能化。由于涉及的功能、任务繁多，需要不同功能的智能农业设备实现果园植保、花果管理、肥水管理、病虫害防控、果实采摘以及运输等环节的机械化、智能化和机器人化，因此需要对作业装备系统进行集成，实现装备间信息的互通互联，进而完成作业装备的智能控制。

物联网技术是集成各种智能作业装备的重要手段，为智慧果园中作业装备的通信和控制提供了平台。不同作业装备在技术、参数统一标准的基础上，通过物联网技术在统一的云平台集成，过程中可提供作业装备的位置和状态感知技术，为装备的导航、作业的技术参数获取提供可靠保证，从而实现对所有装备的数据监测和智能控制。在智慧果园运转过程中，作业设备间不是独立存在的，通常需要多个设备协同配合完成作业。在单个装备自主通信的基础上，作业装备间的互相通信、协同运行也是作业装备系统集成的要求。M2M 通信技术通过互相通信与控制，可使机器与机器间、网络与机器间达到互相协同运行，可广泛应用到各个作业装备中(李道亮，2020)。

根据作业设备工作方式的不同，不同设备的通信与控制方式也存在一定的差异性。果园作业机器人、运输作业车等移动作业装备通常都安装有定位系统、测距传感器和摄像头。通过定位系统可以实时采集作业机械的位置信息，云平台通过定位信息反馈控制作业机械进行最优路径作业；测距传感器可以实现作业装备间在作业中的自动避让；通过摄像头可以采集果树定位信息、果实、树枝等信息，云平台接收这些信息后进行相关分析处理进而进行反馈控制植保无人机、采摘机器人等完成果树农药喷洒、果实采摘等作业。

6.3.3 果园信息获取无线传感器网络

无线传感器网络(wireless sensor networks，WSN)因其具有体积小、布局成本低、维护费用低、更换升级便易、无需布线而高度自由的可移动性以及自组织能力等优点，使实现果园信息的实时监测和自动化调控成为可能。

图 6.5 为基于 WSN 的果园信息数据采集传输过程。无线传感器网络由三部分组成：①无线收发器，负责数字信号和高频无线信号之间的转换，传输过程采用高频无线信号；②运行于嵌入式设备中的软件协议栈(network stack)，负责对网络自组织、自恢复；③应用软件，实现用户应用功能，应用软件能调用软件协议栈接口。图 6.5 形象说明了利用无线传感网传输果园信息的过程，其中在果园组网的部分为无线传感器网络，其他传输过程依然借助于通信网络和因特网等。无线传感网中最关键的技术在于果园现场自组网络技术，完成数据的相互集散，同时由中心节点接入因特网或者通信网络，最终实现数据远程传输，进入服务器。

部署在果园内的各种传感器节点之间的通信主要采用 ZigBee 通信协议，支持网状拓

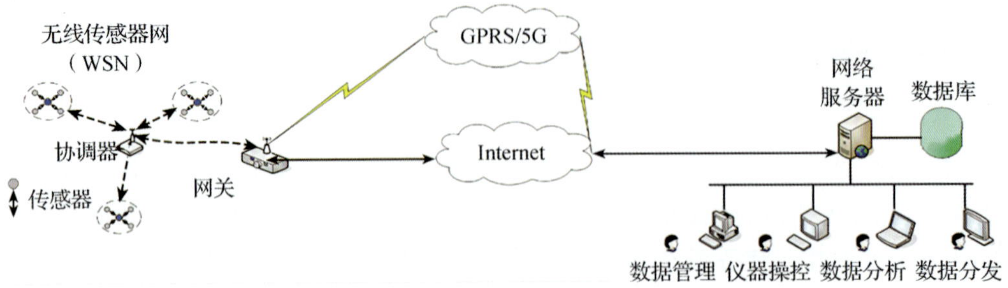

图 6.5　基于 WSN 的果园信息数据采集传输过程

扑，各采集点组成 MESH 网，扩展了网络范围。ZigBee 无线网关将 ZigBee 协议转换为以太网，从而将无线传输添加到整个无线传感监控网络模块之中，完成无线传输模块与主机系统间的通信。ZigBee 采用 IEEE 802154 和直接序列扩频（direct sequence spread spectrum，DSSS）技术，常使用 3 个频段：24 GHz\868 MHz\915 MHz，对应的信道数分别是 16 个、10 个和 1 个，传输速率介于 20～250 kbps，具有网络容量大、功耗低、时延短、链接数高和传输距离远等优点。

6.3.4　作业远程通信与监控

由于我国果园分布极为广泛，采用人工传输需要测量员亲临现场；采用有线传输方式需要铺设大量的电（光）缆；短距离无线传输也不能胜任传输需求。因此，为了解决大范围果园参数传输问题，可以借助于无线通信网络、互联网等方式，实现对数据的远距离传输，突破数据传输空间的约束，参见图 6.6。

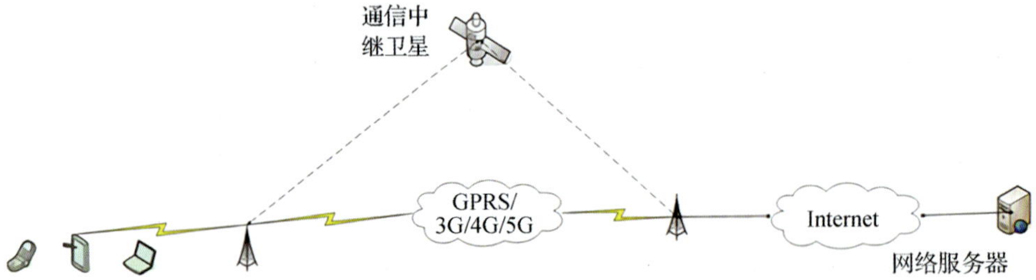

图 6.6　基于移动通信技术远程果园数据传输

基于短信的数据传输方式，是利用嵌入式可编程设备将采集的数据进行编码后，以短信的方式发送。通过短信发送野外数据时，为了分辨采集信息，需要在短信中对数据类型和设备号进行标识。服务器端接收到短信后，对信息进行分解，识别出观测数据、数据类型和位置，并存放到数据库中供分析研究用。

目前二代、三代、四代以及五代无线通信网均支持数据通信服务功能。全球移动通信系统（GSM）是移动电话用户广泛使用的数字移动网络，具有保密性好、抗干扰能力强、频谱效率高和容量大等特征，网络数据传输速率可达 96 kbps。但由于 GSM 数据流量较小、带宽较窄、网络覆盖有限，不适合大数据量的传输。

通用分组无线业务(general packet radio service，GPRS)是目前主流通信技术，也可称为 2.5G。GPRS 可在 GSM 网络中实现与高速数据分组的简便接入，理论最高数据速率为 1 712 kbps。GPRS 网络特别适用于间断的、突发性的或者频繁的、少量的数据传输，也适用于偶尔的大数据量传输。在果园远程信息监控工作中，布置的传感器所采集的环境信息可以 GPRS 网络为桥梁与远程服务器间进行数据交换，实现与远端数据的双向通信。

3G，即第三代移动通信技术，是将无线通信与国际互联网等多媒体通信结合的一代移动通信系统，主要特征是速度快、效率高、信号稳定、成本低廉和安全性能好等。3G 技术在果园环境远程监控、远程诊断、移动流媒体服务等方面可以提供更快的速度和更全面的业务内容。

4G，即第四代移动信息系统，其相较于 3G 的一个优势是将 WLAN 技术和 3G 进行了很好的结合，使图像传输速度更快且传输质量更好，提供了更多新的业务选择。4G 技术的无线宽带上网、视频通话等功能可广泛应用于果园病虫害辅助诊断、环境远程监控等，此外 4G 通信技术还可以大大提高云计算的效率。

5G，即第五代移动信息系统，具有高速率、低时延和大连接等特征。5G 通信技术是为物联网而生的，是实现人机物互联的网络基础设施。5G 技术的发展将在果园区安防、病虫害监测、种植环境监测、无人机应用等不同应用场景带来颠覆性的变化，可以解决果园管理、果品溯源、智能化操控及安全防范等多个问题。

6.4 数据模型与交换标准

智慧果园在生产过程中，通过遥感、传感器、视觉、智能移动终端等多种数据感知设备，产生海量的数据。这些数据具有来源广泛、参数复杂、类型多样的特点。例如，传感器监测的果园生长环境信息、果树生长信息等属于数值类数据；样点地理位置信息、示范区位置信息、监测目标地块地理坐标信息等属于空间矢量数据；示范区名称、示范区简介、用户信息、权限信息等属于文本数据；关键生育期遥感数据属于栅格数据；园区生产现场视频监控设备的视频信息等属于多媒体信息。不同的数据获取方式是不一样的，采集设备对采集方式也有相关的限制；考虑到数据格式不同对应的数据传输方式也会不完全相同。因此在进行数据采集时需要按照不同的数据获取要求进行设计和实现。根据研究采用的数据分类方法，将智慧果园数据分为数值类数据、文本数据、空间矢量数据、栅格数据和多媒体数据。

表格数据和文本数据的采集、传输和存储通常采用 UTF-8 编码方式，这种方式不仅可以涵盖西文还可以涵盖中文等文本字符，方便嵌入式软件的开发。空间矢量定位信息的获取主要是在移动状态下获取样点的位置信息、样区内果园格局变化信息、果园生长环境变化信息等。空间矢量数据中既包括空间属性数据和专题属性数据，在对数据格式定义时，基于 ArcIMS 实现数据的显示和编辑，数据格式采用 SHP 文件存储。栅格数据主要是通过航空平台、航天平台等采集的遥感影像数据，数据格式通常采用 TIFF 文件存储。多媒体数据主要包括图片、照片、声音和视频等。数据采集时，也经常获取各类照片数据，特别是与作物长势、病虫害、作物结构相关的照片，并且可以从这些照片中判读和提取相关信息。传统的多媒体获取方式是通过照相机、摄像机等设备现场采集，然后导出后加工。目前可以在移动载体（如飞机、汽车、飞艇、轮船等交通运输设备）上动态采集多媒体数据，也可以定点安装监视设备采集。根据照相机和视频设备等常用的数据格式，一般采用 JPEG 格式。控制过程中将照片和视频全部采用 JPGE4 格式压缩编码传输。

对多源、异构、多时态、多尺度的智慧果园大数据，原始的文件存放、管理和分析方式满足不了实际需要。数据库技术作为数据最有效管理方式和技术，已经相对成熟并被广泛普及应用。科学开发和建设智慧果园数据库是对果园大数据进行合理组织、科学存储、高效管理和挖掘利用的保证，其中合理、规范建立数据概念模型和数据逻辑模型是数据库设计的关键。

6.4.1 数据概念模型

概念模型是把现实世界中的具体事物抽象、组织为某一数据库管理系统支持的数据模型，用来描述一个单位的概念化结构。概念模型完全不涉及信息在计算机系统的表示，只用来描述某个特定组织所关心的信息结构，是数据库系统开发的开始阶段。

实体联系模型（entity relationship diagram，E-R 图）是描述现实世界关系概念模型的有效形式，提供了表示实体类型、属性和联系的方法（袁帅等，2019）。E-R 图可以用来描述实体集之间的数量约束：一对一联系（1∶1）、一对多联系（1∶n）和多对多联系（m∶n）。图 6.7 为一种智慧果园主要模型 E-R 图，该系统将每一个具体事物抽象为一个实体对象，主要包括用户、园区、田块、作物、网关和设备等（袁帅等，2019）。

空间数据概念模型是用于描述空间实体及其相互间的联系，为描述栅格数据和矢量数据等空间数据和设计 GIS 空间数据库提供了基本方法。空间数据概念模型分三种：场模型、对象模型、网络模型（汤国安，2007）。场模型用于模拟一定空间内连续分布的现象，常用来描述栅格数据模型；对象模型和网络模型则主要用于矢量数据模型的描述。

6.4.2 数据逻辑模型

逻辑模型是指数据的逻辑结构，是数据仓库实施中的重要一环。数据逻辑模型主要包括层次模型、网状模型、关系模型和面向对象模型等。

层次模型是指用一棵“有向树”的树状结构来表示各类实体以及实体间的联系，树中每一个节点代表一个记录类型，树状结构表示实体型之间的联系（王珊，2016）。层次模型的基本特点是一个给定的记录值只能按其层次路径查看，不能表示多对多联系。

网状模型是用网络结构表示实体类型及其实体之间联系的模型，取消了层次模型的

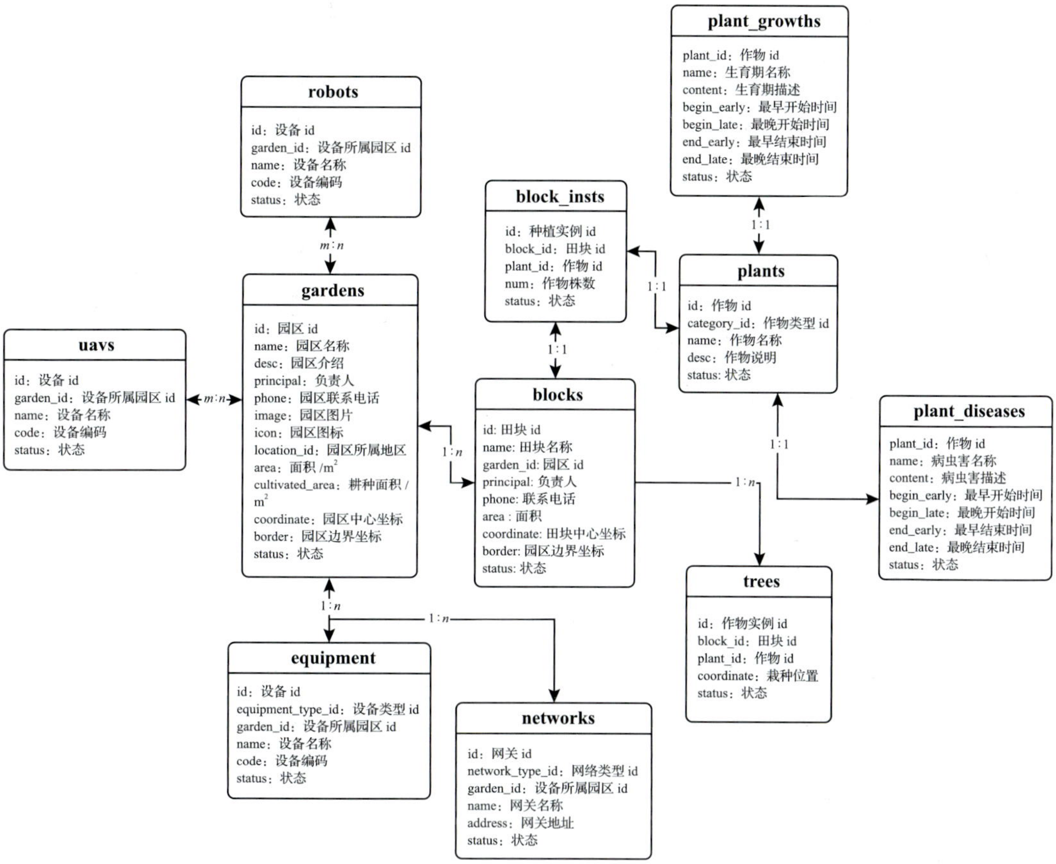

图 6.7　智慧果园主要模型 E-R 图(袁帅等，2019)

不能表示非数状结构的限制，可以实现多对多联系的表示(周屹，2013)。网状模型的缺点是结构比较复杂，应用程序在访问数据时要指定存取路径，数据独立性差。

层次模型和网状模型较好地解决了数据的集中和共享问题，但是在数据独立性和抽象级别上仍有欠缺，而关系模型则较好地解决了这些问题。关系模型是由若干个关系模式组成的集合，关系模式的实例称为关系，每个关系实际上是一张二维表格。关系模型用键导航数据，其表格结构简单，用户只需用简单的查询语句就可以对数据库进行操作，并不涉及存储结构、访问技术等细节(唐鹏，2010)。智慧果园中采集的时间序列记录型测量数据都可采用关系数据模型表示。

在关系型数据库基础上，引入面向对象技术，从而使关系型数据库发展成为一种新型的面向对象关系型数据库。面向对象的数据库存储是以对象为单位，每个对象包含其属性和方法，具有类和继承等特点(周屹，2013)。面向对象模型适合存储不同类型的数据，如图片、声音、视频、文本和数字等。智慧果园生产过程中产生的时空系列照片和影像和空间矢量数据都可采用面向对象模型。此外面向对象数据模型通过继承、多态和动态绑定等特性，可有效地提高开发效率。

6.5 案例1：无人机遥感与大数据驱动的果园精准管理系统

我国果园面积和水果产量均居世界第一，水果产业是我国种植业中位列粮食、蔬菜之后的第三大产业，是农民增收的支柱产业，在我国农业农村经济发展中占有重要地位。近年来，我国水果生产区域集聚格局已经形成，规模化生产优势明显，但与发达国家相比，仍然面临很多问题。例如目前果园生产管理总体较粗放，水肥药施用没有实现精准管控，影响果品产量与质量；果园管理效率低，费时费工，数字化、机械化管理水平低，生产成本逐年增加，成为制约果农收入增加、水果产业综合竞争力提升的瓶颈。因此，迫切需要加快转变水果产业发展方式，从粗放发展模式向精细管理发展模式转变，走产出高效、产品安全、资源节约和环境友好的现代果业发展道路（吴文斌，2019；陈健等，2011）。

随着数据成为关键生产要素，数字技术与农业产业的深度融合已成为产业转型升级的重要驱动力。党中央、国务院一直高度重视数字农业和数字中国的发展。习近平总书记指出，大数据是信息化发展的新阶段，要推动大数据技术产业创新发展，构建以数据为关键要素的数字经济，发挥数据的基础资源作用和创新引擎作用，加快建设数字中国。面对新形势、新需求，如何利用数字技术，推动水果产业全方位、全角度、全链条数字化改造，释放数字对水果产业的放大、叠加、倍增作用，促进生产成本节约、要素配置优化、供求有效对接、管理精准高效，实现水果产业发展质量变革、效率变革、动力变革，这对于我国水果产业供给侧结构性改革、加速缩短与发达国家差距、提高产业国际竞争力具有重要意义。

水果产业链包括生产、加工、流通、经营等多个环节，其中生产是产业发展的基础和关键。果园作为水果生产的空间载体，加强数字技术与果园生产的融合，构建现代化果园栽培与管理数字化技术体系是水果产业数字化的优先领域。随着空间技术的不断发展，新兴的遥感技术因高时效、宽范围和低成本的优点被广泛应用于对地观测活动中。不同的时间、空间、光谱、辐射分辨率，多角度和多极化的遥感卫星不断涌现，对地观测探测能力不断增强，为果园生产快速监测和精准管理提供了新的科学技术手段。

中国农业科学院智慧农业创新团队研发出一套“天空地”遥感大数据驱动的果园生产精准管控平台，具体表现在利用航天遥感、航空遥感、地面物联网等构建“天空地”一体化的果园观测技术体系，解决了“数据从哪里来”的基础问题；集成“天空地”遥感大数据、果树模型、图像视频识别、深度学习与数据挖掘等方法，实现果园生产的快速监测与诊断，解决了“数据怎么用”的关键问题；结合自动控制、传感器、农机装备等，利用数据赋能作业装备，实现果园生产的精准和无人作业，解决了“数据如何服务”的重要问题；建立果园生产大数据分析与决策管理平台，推进果园资源环境及权属数字化，加强果园生产过程监测、灾害动态监测和智能作业，服务宏观管理决策，指导果园生产，推动水果生产数字化以及网络化和智能化发展。

6.5.1 无人机遥感数据采集技术

利用无人机遥感技术，凭借其高分辨率、多传感器搭载和灵活的飞行特性，能够高效地为果园管理提供精准数据支持。无人机可以实时采集果园的环境数据，如作物生长状况、土壤湿度、病虫害情况等信息，尤其适用于对中小规模果园的精确监测。无人机的优势在于能够在短时间内完成大面积区域的飞行监测，并将数据即时传输至数据平台，供后续分析和决策使用。地面传感器网络结合物联网技术，能够实时监测果园内的环境变化和作物生长情况。通过布设各类传感器，果园管理系统能够获取土壤湿度、温度、光照强度等环境信息，这些信息通过无线传输至中央平台，为决策提供实时数据支持。地面传感器和无人机遥感数据的融合，能够有效解决果园管理中数据获取的时空不连续问题，提供全面的实时监测。通过结合无人机与地面传感器的多源数据，果园管理系统能够在全天候、大范围内实现对果园生产信息的动态监控与精准管理。系统能够显著提高信息获取的保障率，帮助管理者精确调整管理策略，优化资源配置，并提升生产效率。图6.8为果园环境精准感知的示意图。

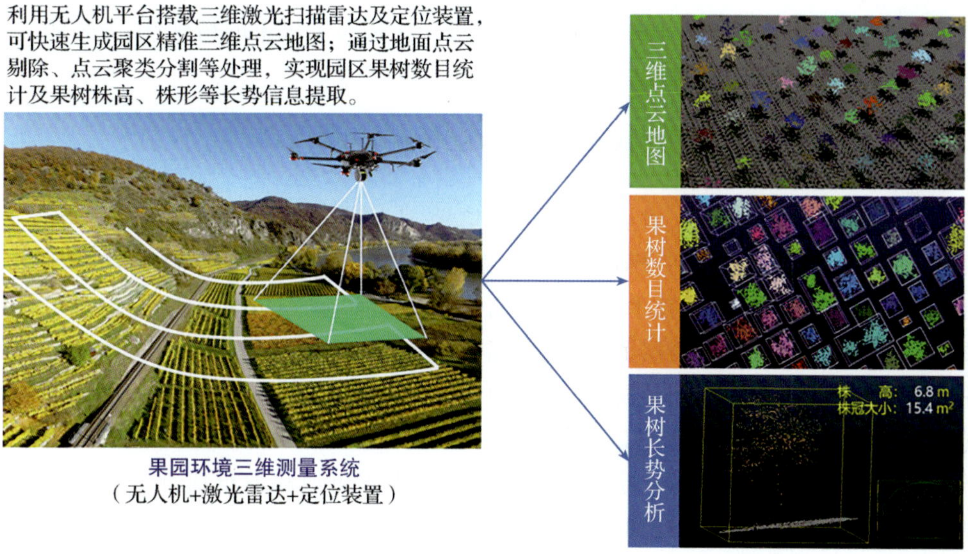

图6.8 果园环境精准感知

(1)无人机遥感数据采集技术以及处理技术　无人机遥感技术作为果园精准管理系统的重要组成部分，利用其高分辨率、多传感器搭载和灵活的飞行特性，为果园管理提供了高效、精准的数据支持。无人机通过搭载高光谱、热红外、多光谱等传感器，可以快速、准确地获取果园不同区域的环境数据和作物生长状况，尤其适用于对大面积果园的高效监测。此外，高效的金字塔算法、高精度图像配准算法、退化函数提取算法、图像恢复算法和基于深度学习的超分辨率重建算法能够迁移到无人机影像处理方法，保证图像处理的精度。

(2)地面传感网数据实时感知　地面传感网是果园智能化管理系统的另一核心组件。通过在果园布设不同类型的传感器,能够实时监测果园内的气象、土壤和植株生长情况。具体而言,传感器可以测量土壤湿度、温度、光照强度、空气湿度等环境数据,这些数据通过无线传感网络传输到中央数据平台,用于实时分析与管理。通过布设土壤湿度传感器和温度传感器,果园管理者可以实时监控土壤的水分和温度变化,进而调整灌溉系统的运行,避免过度灌溉或灌溉不足,确保作物的最佳生长条件。传感器获取的数据能够实现自动化控制,大幅提升果园管理的自动化和智能化水平。此外,气象站通过采集空气温湿度、风速和光照强度等气象数据,能够为果园的生产活动提供科学指导。结合历史气象数据,平台能够预判未来天气变化,帮助果农做出更科学的灌溉、施肥及病虫害防治决策。

(3)数据融合与动态更新技术　随着多源数据的不断积累,如何有效融合不同来源的数据,成为提升果园管理精度的关键。通过智能整合无人机遥感数据、地面传感器数据和气象数据,果园管理系统能够更加精准地进行实时监控和决策。结合无人机的冠层影像和地面传感器的土壤湿度数据,系统可以分析土壤水分分布与作物需求,从而优化灌溉计划。在病虫害防控方面,平台结合历史病虫害数据和实时遥感影像,能够提前预测病虫害发生区域并采取有效防治措施。此外,果园管理者通过手机、平板电脑等终端,基于地图和遥感影像等信息确认地块并采集决策数据,进一步提高了决策的精确性,为果园大数据研究提供了支撑。

6.5.2　大数据驱动的果园精准作业与智能诊断技术

综合运用地球信息科学、农业信息学、栽培学、土壤学、植物营养学、生态学等多学科、多领域的理论,利用遥感识别、模拟模型、数据挖掘、机器视觉等技术方法,建立遥感大数据驱动的果园生产智能诊断技术体系。在精准感知层面,重点包括果园位置、环境和本体感知的关键技术;在智能诊断层面,重点包括果实全生产过程长势、病虫害、水肥和产量诊断分析的关键技术;在智能作业层面,重点包括水肥精准施用、果实自动采收、品质分级分选技术。

(1)精准灌溉与施肥技术　是果园数字化管理中不可或缺的组成部分。通过大数据分析,果园管理平台能够根据实时获取的土壤湿度、气象条件、作物生长状态等信息,精确预测每个区域的水肥需求,避免不必要的资源浪费。这一技术的核心优势在于能够根据具体的土壤和气候条件,自动调整灌溉和施肥方案,从而实现精准、高效的资源利用。通过结合无人机遥感数据与地面传感器的数据,系统能够实时分析果树的水分需求并精确调节灌溉量。系统根据土壤湿度和气象数据的实时变化,自动控制灌溉的开关与水流量,避免了传统灌溉方法中常见的过量灌溉,最大限度地提高了水资源的利用效率。在施肥方面,果树的营养需求因品种、土壤质量、气候条件等因素而异,通过大数据分析,果园管理系统能够根据果树的实际需求精确制定施肥计划。通过对土壤养分状况的实时监测,系统能够根据作物的生长需求调整施肥量,从而确保果树在不同生长阶段的最佳营养供给。

(2)果树生产精准诊断技术　果树生产全过程精准诊断分析是果园生产智能管理的关键。利用无人机遥感技术,以单株果树为基本单元,结合机器视觉、深度学习、模拟模型等技术,建立果树单株识别、长势监测、产量预测等技术方法(图6.9),形成开放兼容、稳定成熟的果树生产全过程诊断技术体系,实现果树生长动态变化的快速监测。目前,果树生产精准诊断包括三方面的技术体系:一是针对果园群体参数的诊断分析,通过建模分析,研究不同栽植密度、不同树形构建、不同营养水平以及不同生长阶段的果园群体光利用率、生产效率,提出果园生产的最佳群体参数。二是针对单株果树个体参数的诊断分析,对树形构建、光利用率、冠层分布、枝条组成、果实分布等参数进行分析,建立单株果树优化管理的参数指标。三是以果实为研究对象,基于果实生长发育与其周边微环境因子、营养供给等因素之间的关系,构建单株生长模拟模型,模拟监测果实生长过程,以果实的需求来确定果树树体管理指标(Susan et al., 2003; Lentz, 1998)。此外,干旱、低温冻害等非生物灾害以及生物灾害对果树生长、果实发育和形成等具有重要影响,建立灾害发生时间、范围、强度等灾情动态监测与损失评估技术,进行实时监测和快速预警,提升果园灾害应急管理能力。

图6.9　树体长势、产量监测识别技术

(3)果园数字化管理平台技术　围绕提高果园生产决策管理、服务数字化水平和质量的目标,构建技术先进、系统开放、以"天空地"大数据为支撑的果园数字化管理平台(图6.10),该平台采用云计算模式和云化系统架构,以生长管理模型为核心,开发环境监测、果园测绘、果树识别、长势监测、水肥药管控、产量估测、品质监测、分级分选、应急管理等专业模块,在国家级、省级或县级层面提供资源调查、生产调度、灾害监测、市场预警、政策评估、舆情分析等专题服务,构建"用数据说话、用数据决策、用数据管理"的辅助决策系统,实现政府宏观决策科学化、公共服务高效化。同时,在微观层面推进数字化信息服务和远程诊断服务,通过数据挖掘和模型分析,为果农、农场、企业等多元经营主体提供个性化、多元化、精准化的剪枝、气象、植保、农机等信息服务,实现果园生产信息获取、诊断、决策调控全过程的数字化、网络化、智能化管理,提高果园生产效率,实现节本增产和高质量发展。

当前,国家在大力实施国家大数据战略、加快建设数字中国的新形势下,加快推进数字技术与水果产业的深度融合,构建数据驱动的果业生产精准管理模式,对促进数字果业

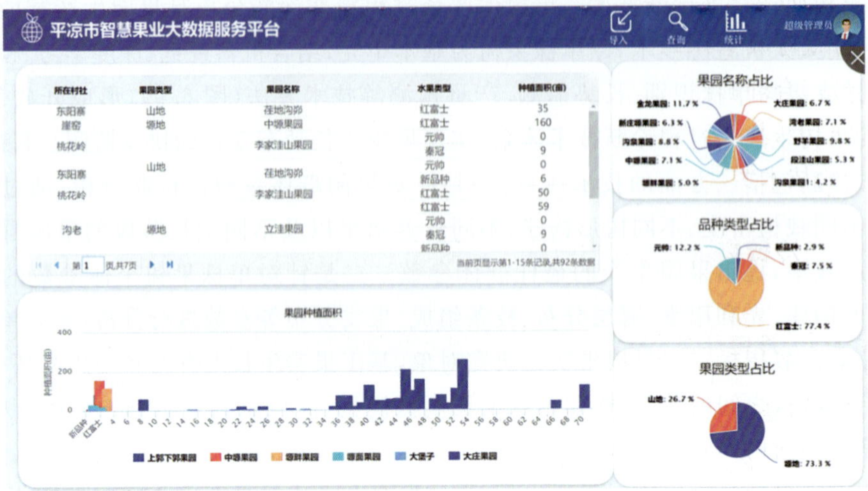

图 6.10　果园数字化管理平台

经济发展具有重要意义。利用航天遥感、航空遥感、地面物联网等现代空间信息技术，构建“天空地”一体化的果园感知系统，建立“天空地”遥感大数据驱动的果园生产诊断与作业决策系统，可优化果园资源要素配置，提高果园生产率、土地产出率和劳动生产率，打造新型的果业生产发展模式。

6.6　案例 2：基于适宜环境的果品冷链物流精准调控云平台框架设计

冷链物流是以冷冻工艺学为基础，以人工制冷技术为手段，以生产流通为衔接，为保证产品质量安全，减少因腐败变质引起的损耗，从而将易腐生鲜农产品在生产、贮藏、运输、销售乃至消费前的各环节始终处于规定的低温环境下的特殊供应链系统。冷链物流也是一项系统工程，从技术角度，冷链物流涉及温度控制、采后生理、保鲜工艺、信息管理等；从产品角度，冷链物流包括果蔬、肉蛋乳、水产、速冻食品、药品等；从环节角度，冷链物流涵盖加工、贮存、运输、销售等。

近年来，随着我国经济社会日益发展及人民生活水平的不断提升，加之深化供给侧结构性改革和推动消费升级的新形势，冷链物流快速发展。冷链基础设施设备水平进一步提升，2018 年全国冷库总量达到 5.238×10^{7} t（折合 1.3×10^{8} m^{3}），新增库容 4.88×10^{6} t，同比增长 10.3%。但与发达国家 85%以上的果蔬冷链流通率、95%以上的果蔬冷链使用率和 5%左右的产后流通腐损率相比，我国果蔬实际冷链流通率与冷链物流使用率较低，而产后流通腐损率相对较高，冷链物流使用率远低于发达国家。随着国内市场对冷链物流需求的快速增长，近年来我国冷链物流市场规模迅速上涨，冷链物流行业正进入快速上升通道。

采后果品是一个活的有机体，其生命代谢活动仍在有序进行；呼吸作用是果品变质的主要原因,因此要长期贮藏果品,就需要在维持其活体特征的前提下通过合理低温减弱呼吸作用,降低呼吸消耗,延长保鲜时间;同时,湿度、空气成分等对果品品质维持也有重要影响。因此,合理调控环境已成为冷链发挥效率的关键。本案例总结主要果品冷链适宜环境的基础上,基于云架构体系提出了果品冷链物流精准调控云平台框架,并给出了主要组成部分的技术实现方法。

6.6.1 冷链物流信息技术发展及问题

6.6.1.1 冷链环境感知正向实时化、动态化方向发展

环境感知是实现冷链合理调控的基础。冷链环境监测已由单点向多点、有线向无线、延时向实时方向发展。无线传感器网络(wireless sensor network,WSN)技术具有易于布置、方便控制、低功耗、通信灵活等特点,可为冷链过程温度的实时在线监测提供支撑;而无线射频识别是利用射频信号进行空间耦合实现非接触信息传递的自动识别技术;集成温度传感器的RFID感知标签是实现定时离线温度监测的有效方式。

冷藏车厢、冷库等载体在不同空间位置,其温度存在着不均衡性。有限点的温度监测无法反映载体内温度的空间分布特征;利用计算流体力学(computational fluid dynamics,CFD)技术可有效模拟不同冷链载体的空气流动类型和环境温度分布情况。有研究以基于差压原理的运输车厢为研究对象,利用CFD模拟不同果蔬堆栈方式下厢体不同截面的温度分布情况。还有研究模拟了不同冷链条件下果品包装内的温度场分布,并比较了不同包装箱的温度场均一性。这些研究将实时监测与计算模拟结合,以其"点-面"互补的优势,为冷链温控奠定了基础。

6.6.1.2 冷链调控正向精准化、智能化方向不断深入

温度控制是解决"冷链不冷"的技术关键。对于温度控制主要有基于模型控制和基于知识控制两种方式。前者主要通过建立不同的数学模型,对模型所采用的控制方法有PID(proportion integral differential)控制、预测控制、优化控制和自适应控制等;后者通过建立数据库、知识库,依靠专家系统完成对目标的温度控制。传统PID控制具有结构简单、易实现的优点,在工业控制领域被广泛使用;但对于复杂的控制系统,由于各参数之间的强耦合,传统PID方法不能根据控制对象参数的变化对自身参数做出适当调整。

人工智能技术的发展使多种温度智能控制方法被研究和应用。基于反向传输(back propagation,BP)神经网络与PID相结合的控制算法,大大提高了控制系统性能。但BP神经网络学习速率和收敛速率均较慢,且训练时间过长。自适应模糊PID的控制方法被应用于温室温度控制中,可实现在季节、时令等交替变化下对温室温度系统的优化控制。

6.6.1.3 存在问题

(1)采集因素单一,影响调控辅助决策　温度对物流中的果品品质有重要影响,温度

也是最受关注的环境条件之一；但适宜的湿度及气体条件也是保持较好的新鲜度和品质的必要条件。尤其是在冷链物流中，由于冷链载体的密封性和产品堆积的高度密集，若不能很好采集湿度及气体等因素，只以单一的温度进行环境调控，易导致调控不精确。

(2)调控参数静态，影响品质维持效果　不同果品有不同的冷链环境要求，只有在适宜的环境下，才能有效抑制果品微生物的生长，减缓呼吸作用，达到延长货架期和维持品质的作用。若不能根据不同果品的冷链环境需求获取动态调控参数，则容易影响品质维持的效果。

(3)信息共享度低，影响冷链过程追溯　冷链物流过程是一个多因素融合的动态过程，过程中产生的位置、环境等信息对供应链上下游及冷链承运商至关重要。若不能实现信息有效共享，将导致信息不对称，既不易判别冷链状态，也容易产生纠纷。

6.6.2　主要果品的冷链适宜环境

对于果品来说，呼吸作用是维持果实活体特征的主要生理代谢方式，因此要长期贮藏果品，就要通过适宜的低温减弱呼吸作用，降低呼吸消耗延长保鲜时间。湿度对于果品冷链来说也同样重要，若环境中的湿度过高，则会使水分凝结在果品的表面，引起霉菌生长，导致腐败变质，同时包装纸箱吸潮后抗压强度降低，可能使果品受伤；若环境中的湿度过低、空气过干，则会使果品极易蒸腾失水而发生萎蔫和皱缩，导致组织软化。表 6.1 所列为不同果品的适宜贮藏温度和湿度；但不同种类果品采后生理特性不同，亦受品种、成熟度影响。

表 6.1　不同果品适宜冷链环境

种类	贮藏温度/℃	相对湿度/%	种类	贮藏温度/℃	相对湿度/%
苹果	−1～0	90～95	甜橙/柑类	4～7	90～95
梨	−1～0.5	90～95	橘类	3～5	85～90
桃/李/杏/樱桃	−0.5～0.5	90～95	西柚/柠檬	12～13	85～90
冬枣	−2.5～−1.5	85～90	沙田柚	6～8	85～90
鲜枣	−1～0	90～95	莱姆	9～10	85～90
葡萄/柿	−1～0	90～95	香蕉/杧果/山竹	13～15	85～90
猕猴桃	−0.5～0.5	90～95	菠萝	10～13	85～90
草莓/蓝莓	0～2	90～95	番木瓜	13～15	85～90
山楂	−1～0	90～95	枇杷	0～2	90～95
石榴	5～6	85～90	杨梅	0～1	90～95
西瓜	8～10	85～90	荔枝	1～2	90～95
薄皮甜瓜	5～10	80～85	龙眼	3～4	90～95
厚皮甜瓜	4～5	80～85	榴莲	4～6	85～90
伽师瓜	0～1	80～85	番荔枝	10～12	90～95
板栗	−2～0	90～95	红毛丹	10～13	90～95
无花果	−1～0	85～90	鳄梨	7～9	85～90
哈密瓜	3～5	75～80	橄榄	5～10	90～95

6.6.3 果品冷链物流精准调控云平台总体框架

果品冷链物流精准调控云平台总体框架如图 6.11 所示。该平台以主要果品的冷链仓储和冷链运输精准调控为目标，以不同果品冷链需求特征为核心数据，将果品冷链基础数据物化到硬件设备中，研制冷链环境监控终端，终端设备应用于不同冷链环节，实现温湿度、气体、位置、开门状态等信息的实时感知。终端采集数据传输到冷链管理云平台，云平台实现动态跟踪、实时监测、货架预测、异常报警、冷链反演、产品追溯、统计分析等智能处理功能；并将智能处理的结果实时反馈至冷链操作人员的手机 App 中，对冷链设备状态进行动态调控。

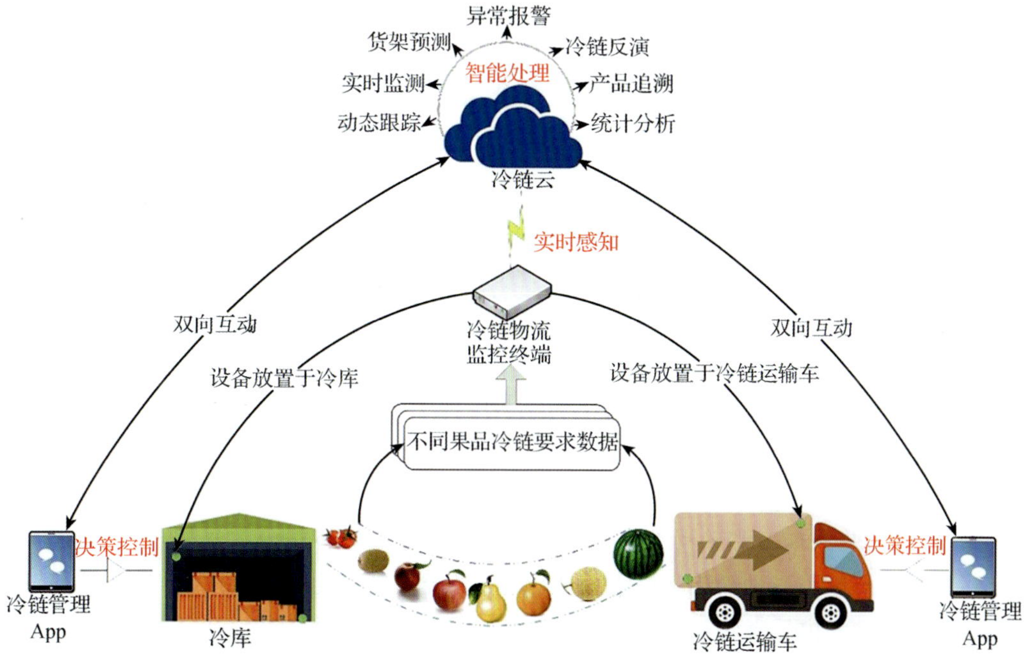

图 6.11 总体框架

6.6.4 技术实现

6.6.4.1 多参数冷链环境监测装置

为了实现空气温度、空气湿度、光照度、乙烯气体体积分数、位置等多个环境参数的监测，自主研发了由电源、传感器和通信模块 3 部分组成的多参数冷链环境监测装置。装置通过低功耗无线调制技术 LoRa(long range radio)将采集到的信息发送给通信网关，并由后者将监测数据发送到云端。装置结构如图 6.12 所示。

电源部分由充电控制电路、电压监测电路、数字电源电路和精准电压基准组成，实现

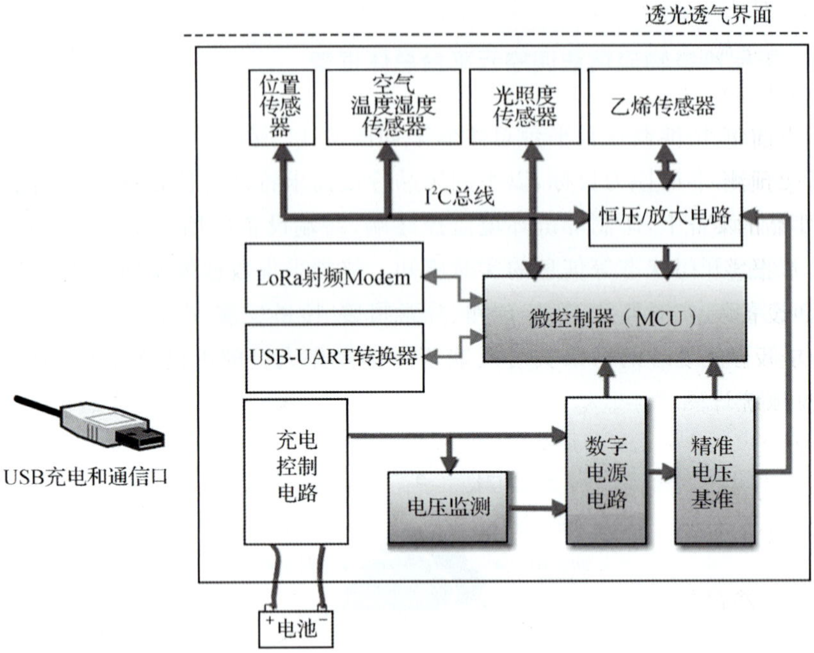

图 6.12　多参数冷链环境监测装置结构图

电池充电控制和电路电源分配。电池充电控制电路采用高效的锂电池专用充电芯片，使用 CC/CV 充电模式，最大充电电流 400 mA，并在电池中内置了过流、过压、过温保护电路，并提供了充电指示；电压监测电路用来监测电池工作状态，以确保电池的安全，并在电量过低时自动关断电源，保护设备。

微控制器通过 I^2C(inter-integrated circuit)总线接口与空气温湿度、光照传感器、乙烯传感器通信，并根据需要进行参数设置及数值测量。乙烯体积分数采用电化学传感器，该传感器由恒压电路激励输出 nA 级信号，该信号经由放大电路放大后输出到微控制器的 A/D 转换器，并由后者转换为乙烯浓度。

射频 Modem 采用支持 LoRa 的 SX1278 芯片，采用直序扩频方式进行通信，实现射频信号的发送和接收；USB-UART 转换器用于实现 USB 与微控制器的通信，将 USB 协议转换为 UART。

6.6.4.2　冷链云管理平台

集成供应商、冷链车辆、冷库等静态资源数据，采集温度、湿度、位置、光照、乙烯气体等动态监测数据；基于公有云平台提供的虚拟化基础设施资源部署果品冷链物流精准调控云平台，采用基于 Spring Cloud 的微服务器架构，结合 Docker 容器技术，为平台管理者、冷链物流委托方、上下游供应商等主体提供不同功能，实现服务业务的可伸缩、可灵活扩展。冷链云管理平台功能主要功能如下。

(1)动态跟踪　接收终端设备发送的位置信息，实时显示目前的位置状态，并在电子地图上显示，对于冷链仓库中的设备，由于其移动性不强，只采集初始位置，对于冷链车，需动态跟踪其运输路径的轨迹变化。

(2)环境监测　根据一定时间接收到的温度、湿度、气体等信息，在平台界面实时显示，可查看当前每个设备所采集的环境信息，可以在不同信息之间切换。

(3)货架预测　根据产品入库时间以及所处的温度状态，建立动态货架期预测模型，预测不同果品的剩余货架期。

(4)异常报警　对于温度偏离果品所需冷链温度、运输过程车厢门被打开等情况，平台会接收到设备发来的警报，并自动记录下警报信息。

(5)冷链反演　选择某个时间段并选择某个仓库或车辆后，这段时间内的温度、湿度、气体等信息以统计图的形式展示出来，位置信息则以路径轨迹的方式展示。

(6)产品追溯　上下游供应商可输入产品的订单，追溯出果品在冷链过程中的相关信息。

(7)统计分析　可对冷链仓库、冷链车辆等资源进行统计，也可以对环境变化、货架期变化等进行决策分析。

6.6.4.3　冷链管理 App

为了便于在冷链现场进行信息查询及现场调控，开发冷链管理 App，将其安装于冷链仓库、冷链车辆的操作人员手机中，主要功能如下。

(1)参数设定　根据所贮藏或运输的果品，设定其最佳冷链温度，并通过云端发送到冷链监控设备进行设定。

(2)状态监测　可以实时监测所操作的冷库或车辆内的环境信息和位置信息，以动态图表的形式展示。

(3)预警处置　对于监测到的冷链环境异常状态，App 端会在第一时间接收到云端发送的信息，并为合理调整冷链工况提供决策。

6.6.5　结论

冷链物流在我国快速发展，但采集因素单一、调控参数静态、信息共享度低已成为物流信息技术发展的瓶颈。本部分在分析冷链物流信息技术发展及问题的基础上，从温度和相对湿度两方面总结了主要果品的冷链适宜环境，提出了果品冷链物流精准调控云平台框架，并从冷链环境监控终端、果品冷链物流精准调控云平台、冷链管理 App 等方面探讨了技术实现的可行性。平台框架既较好考虑了冷链调控中的多参数特性和动态特性，又有利于实现冷链数据的充分共享。

参考文献

陈健，杨志义，李志刚．苹果精准管理专家系统的设计与实现．科学技术与工程，2011，11(6)：1231-1236.

崔冬冬，王晓芳，李晨，等．山东省智慧果业云服务平台的设计与实现．中国果树，2021，(6)：71-76.

董孟秋，李景文，张紫萍．基于面向对象数据模型的地理实体距离度量关系分析方法．测绘与空间地理信息，2014，37(5)：64-67.

费奇，余明晖．信息系统集成的现状与未来．系统工程理论与实践，2001，21(3)：75-78.

高扬．基于.NET平台的三层架构软件框架的设计与实现．计算机技术与发展，2011，21(02)：77-80，85.

李道亮．无人农场——未来农业的新模式．北京：机械工业出版社，2020.

李云云．浅析B/S和C/S体系结构．科学之友，2011(2)：6-8.

林峰峻．象山县智慧农业综合服务平台设计与实现：硕士论文．大连：大连理工大学，2015.

刘华星，杨庚．HTML5——下一代Web开发标准研究．计算机技术与发展，2011，21(8)：54-58，62.

陆丽珍．基于数据库方式的遥感图像库内容检索研究：博士论文．杭州：浙江大学，2005.

孟小峰，慈祥．大数据管理：概念、技术与挑战．计算机研究与发展，2013，50(1)：146-169.

潘明，张丽慧，黄晓财，等．空天地一体化智慧果园平台设计与应用．现代农业装备，2021，42(4)：43-47.

饶晓燕，吴建伟，李春朋，等．智慧苹果园"空-天-地"一体化监控系统设计与研究．中国农业科技导报，2021，23(6)：59-66.

汤国安.地理信息系统．北京：高等教育出版社，2007.

唐鹏．云南及周边地区农业生物资源调查信息系统．北京：中国农业科学院，2010.

王珊，萨师煊.数据库系统概论.5版．北京：高等教育出版社，2016.

吴文斌，史云，段玉林，等．天空地遥感大数据赋能果园生产精准管理．中国农业信息，2019，31(4)：1-9.

袁帅，宗立波，熊慧君，等．一种智慧果园系统的设计与实现．农业工程，2019，9(4)：20-25.

赵胜利．作物生长感知与智慧管理物联网平台架构与实现：硕士论文．南京：南京农业大学，2015.

周国民，丘耘，樊景超，等．数字果园研究进展与发展方向．中国农业信息，2018，30(1)：10-16.

周屹，李艳娟．数据库原理及开发应用.2版．北京：清华大学出版社，2013.

邹金秋．农情监测数据获取及管理技术研究：博士论文．北京：中国农业科学院，2011.

Aggelopoulou A D，Bochtis D，Fountas S，et al. Yield prediction in apple orchards based on image processing. Precision Agriculture, 2011,12(3): 448-456.

Lentz W. Model applications in horticulture: a review. Scientia Horticulture, 1998,74(1/2): 151-174.

Susan M H, Oscar C. Modelling apple orchard systems. Agricultural Systems, 2003,77(2):137-154.

第7章

智慧果园应用案例

7.1 应用主体

7.1.1 政府部门

目前随着政府的重视以及技术的发展，智能感知技术不断发展，并在国内外智慧果园中得到大力应用和推广。

广东茂名果旺荔枝智慧果园是全国首个荔枝智慧果园项目，通过物联网、追溯、大数据应用等信息化技术手段，实现数据统一存储、统一管理。中央控制系统根据遍布整个园区的喷灌、滴灌系统、各类气象、土壤监测设施和高清视频监控等各监测设备上反馈的信息，确定作物生产、虫害情况，精准控制每一地块的水肥药实施方案。通过“智慧果园”系统可以监测出作物生长环境的微量元素变化所致“不平衡”的地方，并通过精准施肥解决“大小年”问题。此外，各种各样的大型农业机械为农业生产提供了强大助力。果农可以通过单轨运输机为荔枝树运输肥料，使用履带自走式升降采摘平台方便地采摘荔枝；果树修剪、除草、土壤改良等其他关键作业环节，机械装备都将进行配套建设。这些设备将接入精准作业智能信息化管理系统，实现远程监控、安全报警、信息采集和整理等功能。

四川省都江堰市猕猴桃种植基地建立物联网可视化追溯系统，同时安装水肥一体化自动管理系统并接入物联网。物联网可视化追溯系统通过物联网传感器采集并控制着棚内土壤湿度、温度、二氧化碳体积分数等环境参数。与此同时，它还实时监控着大棚内的田间管理、投入品使用等情况，通过数据实时传输实现农产品质量安全可溯源。同时，不同基地的所有数据通过系统分别传输到省级、市级的农产品质量安全监管平台上，进行数据统一存储和管理。这样一套物联网可视化追溯系统不仅协助农户实现精细化、自动化田间管理，还能满足农产品质量安全监管需求。

山西省运城市水果出口标准化示范园区部署了智慧果园物联网系统——KLWW智慧果园监测站。在安装智慧果园监测站后，足不出户就可以监控果园的环境信息、气象信息；果树的生长情况等，同时对病虫害和灾害能支持辅助预警功能。KLWW智慧果园监测站可对气温、湿度、土壤温度、土壤湿度和降水量等数据进行采集和监控;同时可将这些数据上传至美农链 App,通过美农链 App 可实现果园的智能生产管理、智能农事分析、农产品全链路溯源和专家远程实时在线服务等。

7.1.2 企业和农场

以色列 Statures 公司研发了茎水势传感器及灌溉决策系统。通俗来说,茎水势传感器,就是给果树量一量血压,从而判断是否需要浇水。茎水势传感器灌溉决策系统,能够适时、自动、连续获得植物茎水势的精准数据,再与气象数据、土壤数据等要素进行综合处理,通过人工智能技术对积累的大数据进行分析后,决定灌水时间和灌水量。它能够通过控制水分、调节养分,起到增大果实、提高糖度、控制病虫害等作用。

拼多多联合科研院所,基于农业物联网、人工智能、5G 等先进技术建设精准果业管理体系,先后在武定、勐海、怒江、寻甸、会泽与澜沧等地,建设了一批智慧农业技术应用示范基地,围绕林下柑橘、核桃等高原特色产业,大力发展智慧果业,大幅提升了该地区的特色农产品的市场竞争力。示范区建设了"天空地"一体化精准农情检测系统,集成果树环境监测、无人机监测、地面气象监测、虫情监测等多种设备。果树环境监测站能够实时采集果树间空气温度湿度、土壤温度湿度、土壤电导率、光照强度等信息,指导生产,让柑橘更甜,产量更高。多旋翼植保无人机配备有精准变量施药控制器,能够实现精准施药,起到减少农药用量的目的。在智慧农业体系的帮助下,柑橘过上了"智慧生活"。同时建立大数据平台,统一存储、管理、分析数据,可实时展示多个示范基地的实况及数据分析,同时还可对农园进行远程访问和作业。

阿里巴巴翠冠梨数字农业基地综合多项技术实现了"天知,地知,你知,我知"。"天知"是指园区内覆盖了全域物联网传感器,能够及时感知作物生长过程中的温、光、水、肥、气等环境气象变化,无人机定期测绘园区作物变化,发现病虫害时,无人机起飞植保,定量喷洒农药;"地知"是指梨园内部署了土壤、水肥相关传感器,能够动态感知土壤肥力,含水量状况,智能补充作物生长所需水分、营养元素,使得梨的生长过程营养适量;"你知"是指实现了农作物生长全程数据的监测,并能够将监测结果通过视频、文字、图片等多种形式全程传递给消费者,让消费者吃上优质安全放心梨;"我知"是指农业行业人员和农业专家能够借助丰富的全程数据,持续积累不同条件下,作物从产到销,直至消费反馈的全程数据,获取梨的产品化方向,以持续生产出可以稳定供应的高品质农产品。

极飞科技公司基于三维测绘和 AI 识别技术研发出全新的无人机果树植保模式,不仅做到了厘米级精度的仿地飞行效果,更实现了无人机果树植保的效率革新。研发的极限测绘无人机,具备厘米级精度的全自主飞行能力,并可进行全地形作业。用户只需在智能手机上进行简单的预设操作,即可灵活、快速地开展多种航线的测绘作业,每小时测绘面积高达 300 亩(1 亩≈667.67 m^2)。图像拼接完成后,便能获取高精度的三维地图。开发的管理系统 XAI 基于极侠拍摄的高清果园地图,智能识别、定位与统计果树,查准率与查全率已分别高达 98.60% 、98.04%。XAI 在 1 s 之内,可完成面积高达 256 m×256 m

（约 100 亩）的果园区域识别。即使出现低概率的统计遗漏情况，用户在智能手机操作界面上，一键补选即可。

科百科技推出的 Caipos 第二代产品包括 CaipoBaseLite Ⅱ（物联网微基站）、GHWave Ⅱ（温室控制节点）和 IrriWave Ⅱ（灌溉控制节点）。这套系统的落地意味着科百将拥有更强的农业数据转化应用能力。第二代科百农业物联网新品升级了无线通信技术，传输距离达到 3 km、拥有较好的抗干扰能力。升级后的科百农业物联网系统可连接传感器 1 000 个以上、可连接各种温室设备 400 个以上、单套农业物联网设备可覆盖农田 6 000 亩以上。新一代的控制系统则实现了秒级响应的控制能力。100 d 无源实时待机的低功耗设计减少了设备维护成本。对卷帘、风机湿帘、门窗、棉被、施肥机、电磁阀等农业设备的无线智能控制实现了对连栋温室、传统日光温室的精准控制，同时也能匹配果园、茶园、水稻等大田作物的精准栽培。

大疆农业发布了植保无人飞机 T20。在作业安全性上，T20 配置了全向避障雷达，针对果树种植进行了飞防技术的改进，其采用点云成像，除了可 360°感知障碍物并自动绕障外，还可实现定高作业，且运作不受环境光线及尘土影响，可为全天候作业提供保障服务，基本解决果树植保药液穿透性和全自动化问题。

7.2 苹果全产业链大数据平台

7.2.1 案例概况

7.2.1.1 实施背景

大数据是信息化发展的新阶段，农业农村大数据是一个复杂的系统工程，现阶段缺少现成的经验和模式，急需在单品种全产业链上进行探索创新。我国苹果产业已有相当规模，产业链条完整，国际竞争和市场潜力大，对数字化改造的需求迫切。

农业农村部信息中心在 2018 年就启动了苹果大数据发展应用的初步探索。2019 年，农业农村部提出开展苹果、大豆、茶叶、油料、天然橡胶、棉花等 6 个单品种全产业链大数据建设试点，其中苹果全产业链大数据建设试点项目由农业农村部信息中心负责组织实施。苹果全产业链大数据平台的建成，在示范引领农业农村大数据发展应用上迈出了坚实一步。

7.2.1.2 案例简介

在渤海湾、西北黄土高原和黄河故道三大苹果产区建设 5 个智慧果园，形成“果园环境—生长过程—作业过程—果园管理”全链条的数字化采集技术体系，并利用区块链技术实现苹果质量溯源查询。构建苹果全产业链大数据平台，如图 7.1 所示。通过汇聚、治理来自试点智慧果园的物联网数据、农业农村部已有数据、外部购买数据及互联网合规爬取数据，建设苹果全产业链数据资源体系。充分发挥大数据预测预警和优化资源配置两大核心功能，开发深度挖掘系统和监测预警系统，对苹果全产业链关键环节进行精准动态监测和预警结果展现。打造面向社会公众的公共数据频道和公共服务 App，为政府部门和苹果产业主体提供信息服务。

图 7.1 苹果全产业链大数据平台入口

7.2.2 具体做法

所谓全产业链大数据，就是要实现产业链的全过程每一个环节都要有数据支撑，发挥数据作为生产要素的关键作用，把数据转化成价值，利用数据驱动苹果产业高质量发展。

7.2.2.1 试点建设 5 个智慧果园

在陕西、山东、山西、甘肃 4 个省份对 5 个试点果园进行数字化改造，安装集成一批数字化采集设备，实现苹果生产端的自动化数据采集，初步形成了试点果园“天空地”一体化的数字化采集技术体系。结合果园数据采集体系，突出数据的标准化传输、可视化展示、全链条溯源，开发建设了果园数据集成服务平台和苹果区块链溯源系统，为果园数字化管理及苹果全产业链大数据分析奠定了基础。

一是构建果园“天空地”一体化数据采集体系。立足果园优质苹果的生产经营，综合应用农业物联网、智能装备等多种现代信息技术，安装无人机遥感监测系统、小型气象站、农业土壤墒情仪、果树病虫害监测仪、视频监控等设备系统，开展空中果树群体无人机遥感监测、地面果园气象和虫情等监测、地下土壤墒情和养分等监测，软硬件融合衔接，构建起果园“天空地”一体化数据采集体系，为果园数字化管理奠定数据基础，提升果园信息监测与生产决策的智能化水平。二是开发果园数据集成服务平台。结合果园“天空地”一体化数据采集体系，突出数据高效传输和利用，开发果园数据集成服务平台，以接口形式对外服务。平台包含数据采集、数据存储、数据接口服务三个功能，先对果园各类数据进行计算、存储、加工等操作，同时统一标准和口径，形成标准化数据；然后根据具体业务需求将一系列相关数据封装成一个个接口，服务于数据产品以及各个应用系统。截至 2022 年 12 月底，已采集推送气象、墒情、虫情等各类数据 21.2 万余条。三是打造苹果区块链溯源系统。利用国家农业数据中心现有资源，依托 Fabric 技术，创建了 1 条包含各参与主体，并满足高性能和可扩展性需求的苹果联盟链，开发了智能合约、成员身份证书、API 接口（应用程序编程接口）等区块链功能，搭建形成了覆盖节点管理、证书管理、合约管理、数据存储、区块链监控等多功能为一体的区块链基础平台。此外，还建设了苹果区块链溯源系统，面向果园管理者、生产者、消费者等不同用户群体，提供覆盖苹果生产、管理、销售、消费全链条的苹果区块链溯源服务，做到了将区块链技术与农产品溯源深度结合，建立了全面立体、安全可信的苹果产品质量溯源体系，已覆盖苹果品种 21 个，溯源码签发量 1 542 个，上链区块数 642 个，溯源扫码 580 次。

总体来看，智慧果园的"智慧"一是体现在生产作业的数字化改造和数据的自动采集上；二是体现在苹果生产信息的数据链和安全溯源上，以一物一码的方式为苹果贴上数字标签，打造数字苹果，提高苹果价值。

7.2.2.2　构建苹果全产业链数据资源体系

按照苹果产前、产中和产后，建成了苹果全产业链数据资源体系，包括苹果生产、价格、流通、贸易、成本收益、消费、加工、舆情等 8 个环节的数据。一是建设了苹果全产业链数据资源体系，形成种质资源、栽培管理、生产资料、产后加工、产业支撑、气象数据、经济数据 7 个一级指标、39 个二级指标和 485 个三级指标，并编制了《苹果全产业链数据资源体系元数据表》。二是设计了苹果全产业链关键环节数据库，建设了 16 个数据库、68 张数据表，已入库结构化数据总量约 3.3 亿条，覆盖了苹果产前、产中、产后的各类数据，丰富了数据资源体系，为苹果全产业链大数据平台提供了基础数据支撑。三是建设了大数据管理系统，利用数据管理工具、数据治理工具以及 Hadoop 软件，对苹果全产业链环节数据进行清洗、管理，实现了数据的标准化、自动化更新。

7.2.2.3　开展深度挖掘分析和监测预警

基于苹果全产业链数据资源体系建设成果，对结构化和非结构化数据进行深度挖掘，提供通用模型算法，涵盖分类、回归、聚类、关联降维、时间序列、识别、预测、优化等类型，提供从传统的统计分析、计量分析到预测分析、机器学习的模型算法支持，构建了气象灾害预测、产量预测、价格预测等 6 大类 13 个子模型，在建立的模型中输入数据形成分析预警决策结论，提升了全产业链数据分析能力。以苹果气象灾害预警模型为例，通过对苹果主产区历史气象数据和花期数据的机器学习构建模式，预测当年各地苹果花期时间，根据苹果初花期、盛花期等不同时期的冻害温度临界点，判断未来 10 天哪些主产区会发生冻害并自动预警。2023 年 4 月初，农业农村部信息中心基于系统预警结果和专家会商结果，在《农民日报》、中国农网等媒体上发布 2023 年中国主产区苹果花期冻害预警分析，有效指导了果农防灾减灾。

此外，还利用 ECharts 可视化、GIS 地理信息系统、物联网在线视频监控等技术，建设苹果全产业链监测预警系统，构建苹果全产业链监测预警一张图，实现苹果生产、流通、价格、加工、消费、贸易和舆情 7 个全产业链关键环节数据精准动态监测预警、报告自动生成及多维度数据查询，并通过可视化直观展示监测预警结果，为产业生产、经营、管理与服务等提供数据服务和决策支持。

7.2.2.4 提供苹果全产业链信息服务

以网站、手机为载体打造了服务于社会公众的国家苹果大数据公共数据频道和国家苹果大数据公共服务 App，提供相关数据查询服务，监测分析预警结论并发布。

国家苹果大数据公共数据频道主要包括首页、资源目录、价格指数、数据解读、数据地图、新闻舆情等栏目。通过面向社会公众提供苹果相关数据的展示、发布和查询等服务，建立了苹果全产业链数据发布机制，同时展示价格指数、数据地图、新闻舆情等内容，提供精准的苹果产业数据信息，用户可及时了解苹果各环节信息，提前预测市场发展趋势。国家苹果大数据公共数据频道接入了全国重点农产品市场信息平台，持续发布苹果产业相关市场信息。

国家苹果大数据公共服务 App 则是苹果全产业链大数据平台中面向社会公众以移动终端为载体的服务产品，定位为“可用、易用、实用”。主要包括“首页”“智慧果园”和“我的”三个栏目。“首页”包括了资讯、价格、生产、流通、消费和品牌六个模块。“智慧果园”包括了物联网数据的展示分析以及果园农事管理的人工数据采集上报和统计。“我的”包括了用户信息管理、用户认证等内容。依托国家苹果大数据公共服务 App，广大果农可以用新方式开展农事管理和产品质量追溯，是手机成为“新农具”的具体实践。

7.2.3 经验成效

7.2.3.1 经济效益

通过建设苹果全产业链大数据，建立“用数据说话、用数据管理、用数据分析、用数据决策”的机制，开发了一系列苹果大数据基本服务产品，特别是深度挖掘分析系统和监测预警系统的功能作用已在生产指导中充分显现，有效指导了果农防灾减灾。此外，实现了对我国苹果进出口数据和生产数据等多维度数据的实时监控和分析，帮助政府和相关企业及时掌握浓缩苹果汁的贸易现状及未来走势，找到新的市场需求点，增强我国苹果深加工行业的国际竞争力。

7.2.3.2 社会效益

利用现代信息技术促进果农与现代果业有机衔接，培养新型职业果农。在提高果农收入的同时，让果农掌握现代化农业种植技能，享受数字化红利，共享信息化发展成果。同时有助于推动苹果产业供给侧结构性改革，提升苹果产业质量效益和竞争力，助力我国从苹果大国向苹果强国转型。

7.2.3.3 生态效益

通过对传统果园的数字化改造,有效提高了土地利用率、水资源利用率,降低了农药、化肥使用量,增加了人均管理果园面积,有助于提升苹果品质、打造绿色高品质苹果品牌,更好地践行“绿水青山就是金山银山”的发展理念。

7.2.3.4 示范推广效益

苹果大数据实践案例多次被作为相关培训班的主体课程,首届全国苹果大数据发展应用高峰论坛被主流媒体广泛宣传报道,“数字苹果”案例并在世贸组织农业政策趋势研讨会和全球食品与农业论坛上被分享,苹果全产业链大数据平台以“数字苹果”项目入围FAO2020全球农创客大赛总决赛。通过开展苹果全产业链大数据建设,“单品种突破”的理念引发了更多关注,影响带动了更多其他产业的数字化转型,进而推动了农业农村大数据的发展应用。

7.3 山东智慧果园

山东省是我国的农业大省,尤其是蔬菜和果品的生产大省,在全国蔬菜和果品产业中具有举足轻重的地位。山东蔬菜种植面积约占全国的1/10,产量约占全国的1/7,产值约占全省农业产值的43.45%,这些生产指标一直稳居全国首位。近年来,日光温室、大中拱棚等设施蔬菜产业发展迅速,播种面积超1 460万亩,约占全国设施蔬菜种植面积的1/4。作为北方重要的果品生产基地之一,山东以苹果、桃、梨、枣、葡萄等为主的水果总产量同样多年一直居全国首位,出口额占全国的40%左右。尤其是苹果的栽培面积、产量与效益多年居全国第一。

当前,山东蔬菜和果品产业发展面临农产品价格“天花板”封顶和生产成本“地板”抬升等新挑战,农业资源环境制约、农业生产结构失衡和发展质量效益不高等新问题日益突出,迫切需要加快转变蔬菜和果品发展方式,从粗放发展模式向精细管理、科学决策的发展模式转变,走产出高效、产品安全、资源节约和环境友好的农业现代化道路。信息技术代表着当今先进生产力的发展方向,农业信息化成为引领我国现代农业发展、创新农业管理服务和破解农业发展难题的必然选择。因此,加快智慧型蔬菜和果品产业发展是推进山东蔬菜和果品产业现代化建设的迫切需要,有助于促进信息化与农业现代化的深度融合,推动蔬菜和果品全产业链改造升级,进行资源优化配置和科学管理,提高蔬菜和果品生产经营效率,做大做强山东设施蔬菜和果品优势产业,全面提升山东现代农业发展水平。

山东苹果主产区地形多为丘陵山地,特别是栖霞市,有“六山一水三分田”的特点,一方面该地理自然环境非常适宜栽植苹果,另一方面该复杂地形给传统的苹果果园面积统计调查带来巨大挑战。因此,借助卫星遥感技术进行大区域果园空间分布调查成为必然趋势。针对该目标,建立空地多平台融合的地面数据采集和信息解析、多源数据协同和多特征量优化组合的果园智能分类关键技术,实现"数据获取-果园制图-精度验证"等流程化和集成化作业。

7.3.1 "智慧触角"为果园提供精准感知

首先,利用无人机观测平台进行目标地物地面样方信息采集,为基于卫星的区域果园识别分类提供地面信息支撑(图 7.2)。无人机地面样方采集根据果园类型、面积数量及空间分布进行地面样方布设与优化,以保证样方数量足够饱和、空间分布均匀,满足高精度果园遥感制图精度需求。2018 年,在栖霞市利用无人机采集了 20 个果树分布样方影像,利用无人机影像进行果园识别分类,获取地面样方中各类地物的面积及分布,保障地面样方信息获取的效率和可靠性。

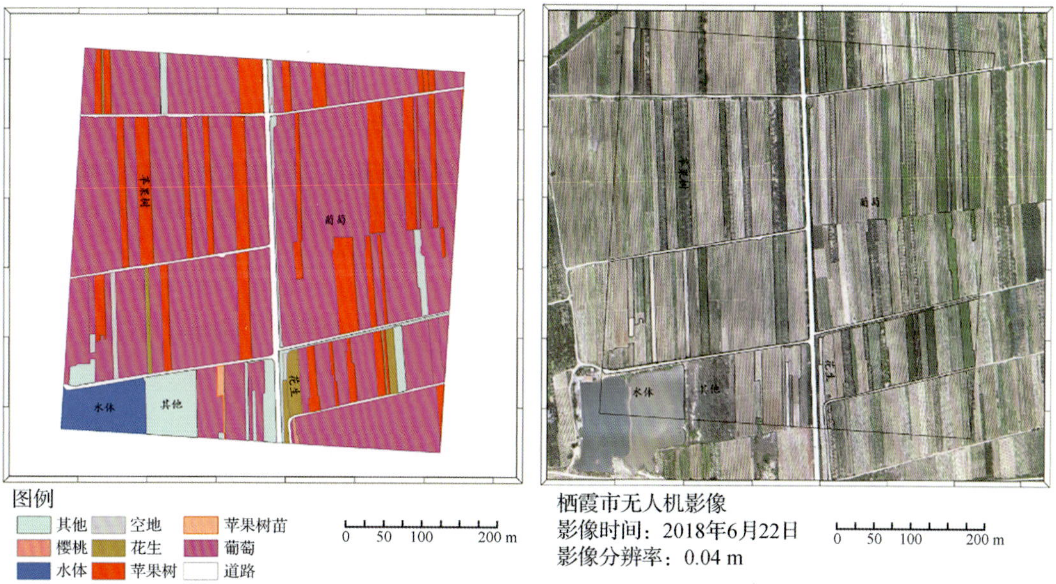

图 7.2　果园样方无人机影像及地物识别

其次,卫星观测影像是果园种植面积空间分布调查的主要数据源,覆盖目标作物主产区,在空地获取的地面样方信息支持下,利用果园独特的光谱反射、时间和空间特征,构建多个目标地物识别的最优遥感特征量,实现目标地物的高精度识别(图 7.3)和空间分布制图。栖霞苹果果树开花期为每年 4 月 15—25 日;5 月下旬至 6 月开始疏果,进行套袋;早熟苹果在 7—9 月采摘,'富士''金帅'等主力品种集中在 10—11 月采摘。采用 Sentinel-2 卫星影像,考虑果树和其他植被的物候期差异,利用果园在红外-近红外波段与其他地物的光谱差异,构建栖霞果园识别模型,进行识别。提取了 2018 年栖霞市苹果果园空间分布,总体精度达到 90.00%,为农作物种植面积监测和产量估测提供了科学准确

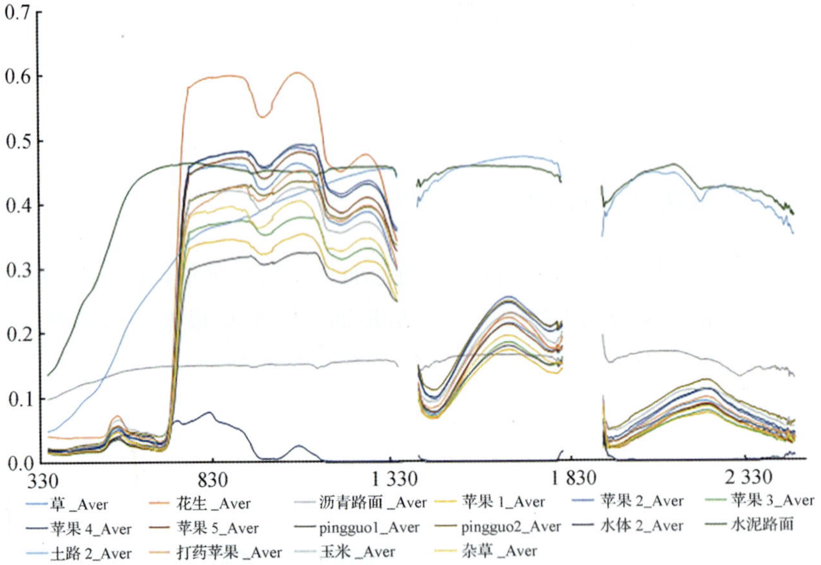

图 7.3　果园与其他地物的光谱曲线

的本底数据。

此外，构建全方位、高通量、标准化果园环境信息采集体系，突破果园场景三维建图、果园杂草分布建图、每棵果树精准定位、每棵果树树冠大小、每棵果树长势等信息采集技术，打通了“果园-果树-果实”“地块地形-气象数据-土壤墒情”全链条全要素信息采集，构建了果园“环境与资源家底”一张图。

7.3.2　“智慧大脑”为果园提供智能诊断

利用三维激光扫描雷达及定位装置，生成果园精准三维点云地图，重建果园高精度三维，融合颜色纹理特征、果树高程特征以及果树种植规律特征，解决了传统密集果园环境下果树分割难度大、易受杂草等植被干扰等难题，获取果树数目、果树株高、密度等群体信息。此外，利用深度学习，搭建目标识别（YOLO 优化版）与目标跟踪（deep sort）的网络框架，构建了单株果树果实的实时识别与检测技术，精准获取果树数量、大小、纹理等个体参数信息（图 7.4 和图 7.5）。

目前，受制于精准定位、数据通信和控制系统的不足，我国果园生产环节信息化装备水平较低，缺乏成熟、可靠、易用的精准作业技术和装备。围绕产中环节，利用“天空地”遥感得到的果园环境信息、果树分布、长势与病虫害信息、生产作业的处方图，结合果园机械精准导航和控制技术，实现果园植保、花果管理、肥水管理、病虫害防控等生产环节的机械化、智能化和机器人化，减轻劳动强度，为果树生长发育创造良好条件，促进果品优质高产。

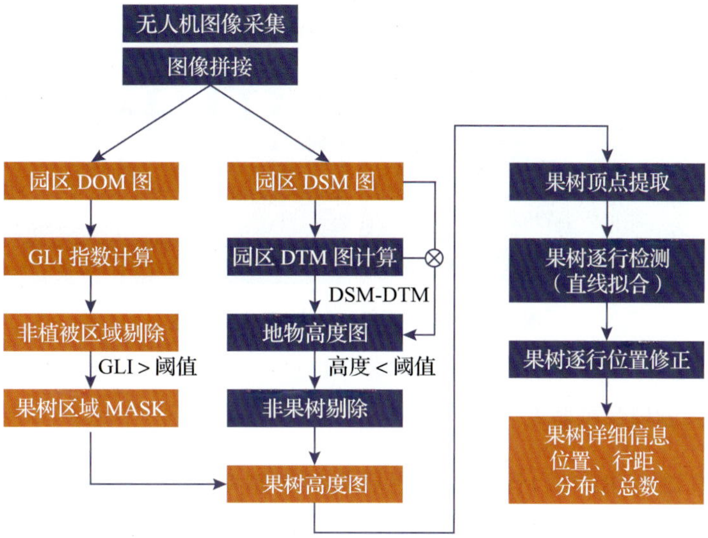

图 7.4　果树个体信息监测技术流程

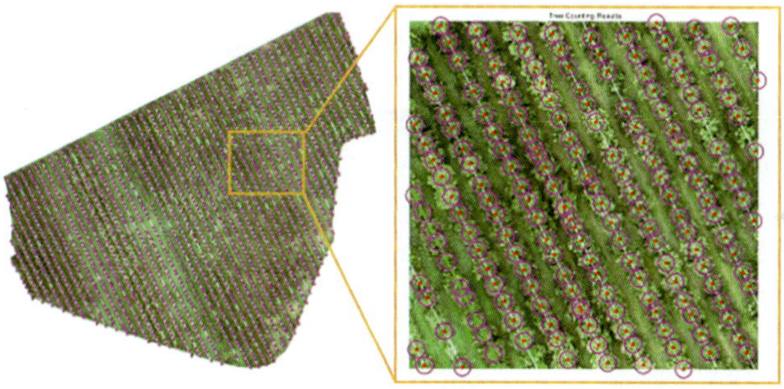

图 7.5　果树数量监测结果

7.3.3　“智慧手脚”为果园智能作业装备

7.3.3.1　苹果品质智能精选分级装备

苹果品质智能精选分级装备围绕产后精细化、智能化、商品化处理环节，基于机器视觉、人工智能的方法，结合特征波段选择和主成分分析方法，实现果品大小、形状、缺陷和轻微碰伤等无损检测技术；利用传感器、图像视觉、光谱检测等技术方法，构建果实自动采摘、品质智能分级分选、自动包装技术及装备，提升果实处理自动化、装备化和信息化水平，缩短工作时间和效率、节约人力资源（图 7.6）。从关键技术看，未来需要研发果园作业服务一体机，在无网络情况下提供田间地头的数据链路，实现作业装备的互联互通；同时进行装备智能化管理与状态监测，为作业装备提供变量作业的决策数据和多机协同的作业能力。

图 7.6　苹果品质智能精选分级装备

7.3.3.2　果园植保机器人

果园植保机器人(图 7.7)针对稠密冠层内部雾滴穿透难、农药雾滴难以沉积到冠层深处和叶片背面的难题,集成了 RTK 导航/视觉组合导航、激光雷达探测、施药决策、气力辅助输送等多项发明专利技术,为智慧果园"最小喷雾量获得最佳防治效果"施药要求,提供一种精准高效的喷雾技术。该机器人的底盘结构如图 7.8 所示。

图 7.7　果园植保机器人

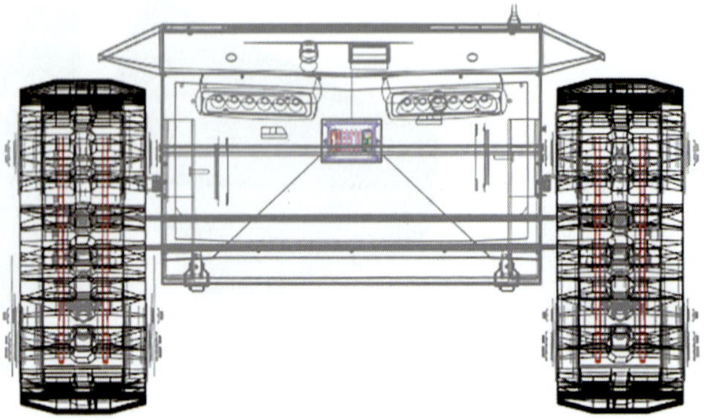

图 7.8　底盘结构示意图

7.3.3.3　第二代苹果智能采摘机器人

第二代苹果智能采摘机器人(图 7.9)加入了交叉机械臂、便捷收纳管,升级了果实识别定位技术、双机械臂协同技术,实现了任务规划、果实分割与定位、移动式采摘等功能,提升了果实的识别精度,拓展了机器人的抓取的高度和宽度,同时融入了移动式采摘技术,为大范围苹果采摘奠定基础。

图 7.9　第二代苹果智能采摘机器人

7.4 陕西智慧果园

陕西省是全国苹果种植第一大省。2017 年陕西省苹果产量占世界的 1/7，占全国的 1/4，生产量及出口量连续多年稳居全国第一，苹果产业已成为陕西农业的支柱产业，是农业科技含量最高、生态效益最好、对农民增收贡献最大的产业。2018 年陕西省政府工作报告指出，要加快建设苹果优势产业带，推动果业高质量发展，建立陕西农业大数据平台，积极推广"互联网＋现代农业"，实现"果业强、果农富、果乡美"的果业梦。在全面实施国家大数据战略加快建设数字中国的今天，立足于陕西省苹果优质产区优势，率先提出制定省级智慧果园建设相关标准，建立陕西省智慧果园大数据中心与全产业链精准管理服务平台，建设覆盖全省主产县区的智慧果园生产管理体系。

陕西智慧果园生产管理大数据服务平台总体框架如图 7.10 所示，包括：一个平台，五个应用系统，N 个示范基地建设。

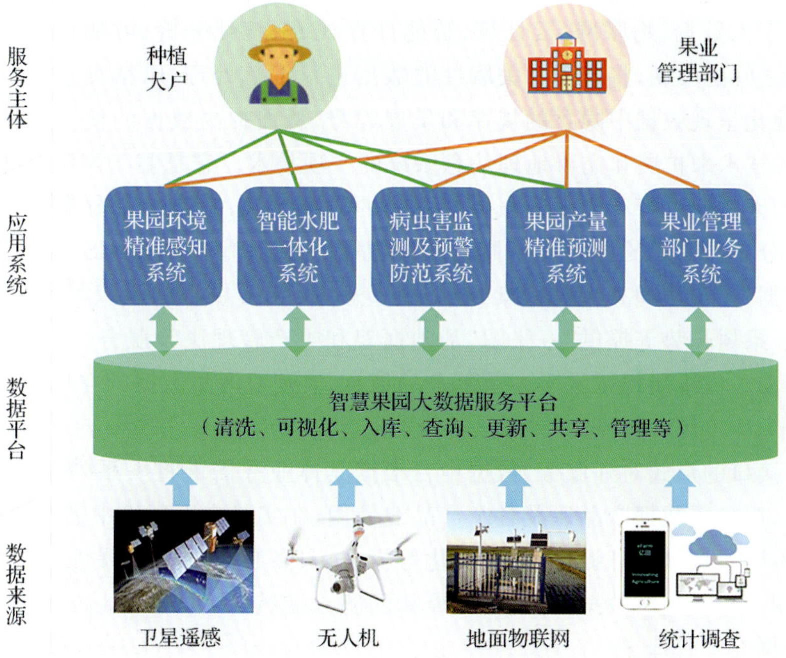

图 7.10 陕西智慧果园生产管理大数据服务平台总体框架

7.4.1 一个平台

一个平台是针对果园生产与管理环节建立的大数据服务平台，通过云存储、云计算、虚拟化、可视化分析等技术，分步实现单品种、全产业链数据整合，通过对采集的产前、产中、产后数据进行清洗、整合、加工后，按照数据属性形成不同维度的主题库，依托相应数据分析模型，开展大数据分析应用与可视化呈现，从而实现“天空地”一体化果园环境精准感知系统、水肥一体化智能控制系统、果园病虫害监测预警系统、果园产量精准预测系统、果业管理业务系统五大应用系统的数据链的收集、清洗、入库、查询、统计、可视化、更新、共享与管理等功能(吴升等，2021)。

针对信息数据模态、来源和质量不一等问题，平台对采集和其他系统接口传输过来的数据进行鉴定、分类、清洗、标注等一系列处理，根据数据管理标准，集成整合后建立图像、文本、信息图等多种形式的数据库，形成不同的数据存储库。根据数据类型和特征，智慧果园大数据服务平台主要包括四类数据库：基础地理信息数据库、环境信息感知数据库、果树生长信息感知数据库和节点位置信息数据库。基础地理信息数据库主要存储地区基础地理数据(矢量边界图、地形图、土地利用图、土壤分布图等)和各种高中低分辨率遥感影像及其产品等的数据；环境信息感知数据库负责存储物联网传感器感知的作物生长环境信息的数据；果树生长信息感知数据库主要存储果树生长相关的数据；节点位置信息数据库主要存储节点信息。平台基于 Hadoop 架构实现了分布式存储系统 HDFS 和 MapReduce 并行处理分析数据，实现海量数据的存储、备份、分析与管理，提供智能检索和数据共享、共建。

平台基于大数据、物联网、云计算、智能计算、GIS、统计分析、可视化管理等技术，挖掘多源数据之间的关联，将若干有关联性的数据进行汇总处理，以精美直观的地图、图表为载体，可视化呈现数据中隐含的规律和发展趋势，从而提高数据的使用效率。WebGIS 是利用 Web 技术来扩展和完善地理信息系统的一项技术。它是基于网络的客户机/服务器系统；利用因特网进行客户端和服务器之间的信息交换；它是一个分布式系统，用户和服务器可以分布在不同的地点和不同的计算机平台上。基于 WebGIS，对园区核心数据资源进行数据发布、空间查询与检索、空间模型服务、Web 资源的组织等，为园区规划、果园种植环境、果树长势等提供“一张图”基础框架和生产管理决策服务。利用大数据可视化管理技术和二三维展现技术来表示复杂的信息，实现对海量数据的立体呈现，打破传统的表格、文本，让资源 GIS 化、可视化(李雅丽等，2018)。

平台以接口的形式对外服务，数据中台根据具体业务需求将一系列相关数据封装成一个个接口，服务于数据产品以及各个产品线使用，在实际应用环境中需要根据调用方的业务需求，不断对接口服务提供升级、优化等操作，具备良好的可扩展性。在数据安全方面，平台利用分布式网络数据管理技术、最新的防火墙技术、身份认证技术与数据加密技术等进行数据安全管理。

7.4.2 五个应用系统

五个应用系统即“天空地”一体化果园环境精准感知系统、水肥一体化智能控制系统、果园病虫害监测预警系统、果园产量精准预测系统、果业管理业务系统。

7.4.2.1 “天空地”一体化果园环境精准感知系统

“天空地”一体化果园环境精准感知系统是利用航天遥感、无人机、物联网等手段进行果园信息获取，实现果园基础数据精准获取，建立果园生产管理基础数据地图（梁悦等，2019）。利用"天"（航天遥感）、"空"（无人机遥感）、"地"（地面物联网）一体化技术手段，对果园位置、环境和本体精准感知。

系统形成了以国产高分卫星、资源卫星、环境卫星为主，国际 MODIS、Landsat、Sentinel 系列卫星为辅的多层次、多平台、相互补充的遥感卫星全覆盖数据库和多源卫星遥感快速处理系统，实现多源卫星数据的快速浏览、辐射校正、几何校正、多光谱和全色影像的融合、镶嵌、裁剪、图像恢复和超分辨率重建，为果园种植和空间分布调查提供支撑。通过充分挖掘卫星遥感的光谱、时间和空间特征，构建时序光谱特征量与纹理特征量，建立果园识别技术，进行果园空间分布制图，得到陕西果园空间分布"一张图"及时序变化结果。

利用遥感、地理信息系统、全球定位系统、互联网等技术，基于车载遥感平台，系统建立了基于人工智能技术的无人机及配套传感器集群系统。利用无人机平台搭载的三维激光扫描雷达及定位装置，可快速生成园区精准三维点云地图；通过地面点云剔除、点云聚类分割等处理，实现园区果树数量、种植密度、果树株高、株形等基础信息精准获取（束美艳等，2021；Zhang et al.，2012）。

系统通过物联网和传感器技术可实现无人值守的果园环境和果树生产信息自动、连续和高效获取。利用传感器对果树和果实全生长阶段进行准确、实时地监测空气温湿度、光照、土壤水分、植物生长状态等数据，通过与专家知识经验相结合，配合控制系统，保持果树、果实最佳的生长条件，为标准化生产提供精准指导。具体对果园气象传感器、果园土壤传感器、果园生命信息传感器、果园视频监控系统进行重点介绍。

（1）果园气象传感器　在果园内关键位置安装多气象传感器集成的小型户外气象台站，实现对果园内的空气温湿度、风速、风向、光合有效辐射、降水量与日照时长等环境参数有效监测，提供科学的气象数据。

（2）果园土壤传感器　在果园内灵活布置土壤水分、温度、电导率等传感器，满足多个被测样地的同时观测，并将传感器布置在不同的深度，长时间连续监测土壤水分、温度与电导率等墒情变化，监测数据存储在数据采集器中。

（3）果园生命信息传感器　在果园内布置作物茎流传感器、茎秆微变化传感器、叶面温度传感器、叶面湿度传感器和果实膨大传感器等植物生理传感器，可连续监测果树、果实生长过程中的生理参数。

（4）果园视频监控系统　在果园内架设高清摄像机球机，360°旋转，用于观测园区整体视频图像，全天候监控生产区域，随时远距离查看园区内果树情况，帮助管理者快速应对现场突发情况。在树上装置叶片摄像头、果实摄像头，可以采集果树的叶片、果实图像信息，基于网络技术和视频信号传输技术，对果树生长状况进行全天候视频监控。

监测设备采集的气象、土壤墒情数据、视频监控数据会定时通过无线网关或有线网络发送到智慧果园大数据服务平台，可实现在线监测、查询分析、智能预警等功能。系统能够支持电脑端及手机端的数据可视化显示及查看，指导生产。系统提供空气温湿度、风速、风向、二氧化碳体积分数、光照、土壤墒情等环境监测数据的历史数据查询功能；同时可以将环境监测数据以图表形式显示，供管理人员做出适当的作物生长管理、分析与决策。当空气温湿度、土壤含水量等监测数据超过设定的预警值时，系统自动预警，通过手机短信、网页报警提示进行管理和控制。

7.4.2.2 水肥一体化智能控制系统

水肥一体化智能控制系统可实现水肥灌溉自动化，提升生产效率，节省人力成本，逐步实现智能化管理，节省水肥资源，提升资源利用效率。

水肥一体化智能控制技术是将灌溉与施肥融为一体，借助压力系统，将可溶性固体或液体肥料，按土壤养分含量和作物种类的需肥规律和特点，将配兑成的肥液与灌溉水一起通过可控管道系统供水、供肥，使水肥相融后，通过管道和微喷头形成均匀、定时、定量的浸润区域，肥水下渗并浸润作物根系发育生长区域，使主要根系土壤始终保持疏松和适宜的含水量。同时根据不同的作物的需肥特点，土壤环境和养分含量状况，作物不同生长期需水、需肥规律情况进行不同生育期的需求设计，把水分、养分定时定量，按比例直接提供给作物(邴兆珍，2021)。

在果园内建设水肥一体化智能灌溉设备，可以自动执行灌溉、施肥决策，从而实现种植环境的自动调控，保证作物在适宜的种植环境中生长。水肥一体化系统与农情环境实时监测相结合，以实时监测获得的土壤湿度、土壤温度、土壤 pH、土壤盐分电导率等土壤要素数据作基础，实现作物水肥浇灌联动式、智能化控制。

水肥一体化智能控制系统由灌溉系统和肥料溶液混合系统两部分组成。其中，灌溉系统主要由灌溉泵、稳压阀、控制器、过滤器、田间灌溉管网以及灌溉电磁阀构成，负责灌溉施肥；肥料溶液混合系统由控制器、肥料罐、施肥器、电磁阀、传感器以及混合罐、混合泵组成，实现了水溶性肥料与水充分混合的功能。

系统提供两种控制模式：全自动控制和半自动控制。全自动控制模式是根据“天空地”一体化果园环境精准感知系统收集到的果园中土壤信息、气象信息、果树生长状态信息及水肥设备状态信息，自行判断果树需水需肥情况，并自动进行灌溉和施肥。设备感知的各种环境信息传输给大数据服务平台，服务器根据各种实时采集的数据结合训练模型进行运算，计算蒸发、蒸腾引起的土壤水分损失，自动编制灌溉程序，实施灌溉或终止灌溉。当土壤湿度达到预先设定的下限值时，电磁阀可以自动开启，当监测的土壤含水量及液位达到预设的灌水定额后，可以自动关闭电磁阀系统。通过手机、电脑即可完成远程遥控或自动灌溉、施肥操作，数据自动上传、分析，真正实现灌溉施肥智能化。半自动控制是通过手动设定，定时定量的一种自动控制方式。用户通过控制系统软件在现场和远程设定灌溉作业参数，如设定灌水时间、灌水时长、灌水周期等控制参数，系统根据设定的参数对作物进行自动灌溉。

7.4.2.3 果园病虫害监测预警系统

果园病虫害监测预警系统为农户及种植专家提供病虫害诊断辅助工具，积累病虫害样本数据，迭代训练病虫害自动诊断识别模型，实现病虫害在线诊断识别，节省人力，同时实现果树病虫害即时防治，降低病虫害损失。具体为采用手机等移动端 App 及园区分布式定点高清监控摄像头获取病虫害图片，充分运用物联网及人工智能图像识别技术，基于历史病虫害大数据及专家知识数据库训练自动分类识别模型，实现病虫害精准识别及预测，并将识别结果及防治措施建议上报至果园管理部门及植保专家，经审核确认后同步推送至农户移动端 App，指导农户进行病虫害防治作业。果园病虫害监测预警系统包括病虫害监测、病虫害预警、专家远程诊断三个子系统。

病虫害监测子系统通过病虫害监测物联网感知设备进行病虫害的识别、信息采集（曹学仁等，2016）。感知设备包括自动虫情灯、自动性诱仪、孢子捕捉仪等多种传感器设备和高清摄像机。其中，自动虫情灯是利用现代光、电、数控技术，实现虫体远红外自动处理、接虫袋自动转换、整灯自动运行等，可对病虫害的发生、发展进行实时自动拍照、实现图像采集和监测分析，自动上传到云端服务平台，在无人监管的情况下，自动完成诱虫、杀虫、收集、分装、排水等系统作业。采集的果园病虫害信息通过病虫害分析模型，进行观察分析，可以提供病虫害发生、发展的定性和定量及空间分布信息，进而为生产经营者在病虫害发生早期采取措施提供数据支持，避免病虫害的扩大以造成更大的损失。此外，利用高清摄像头进行实时监控，实现了远程在线查看果树植株生长情况及病虫害发生、侵害情况，为工作人员判断病虫害类型及发展程度提供了参考依据。

病虫害预警子系统通过建立病虫害气象条件预警模型，进行病虫害预警（昂韶宇，2020）。历史专家知识数据库、当前专家知识数据库是病虫害预警子系统关键所在。该子系统连接着两个信息端：一个是物联网传感设备信息采集端，利用内置超高清摄像头对储虫盒的虫体进行拍照，通过无线网络及时将照片发送至远程信息处理平台，利用最前沿的图像处理技术，对照片进行分析处理，即可对测报设备每天收集的害虫进行分类与计数；另一个是人为监测端，采用移动端 App，获取病虫害图片。这两端所采集到的信息均会汇总到虫情预警管理中心，形成数据库。通过海量数据的深度分析和挖掘，将采集到的信息与专家库资料比对，建立病虫害发生关联条件预测模型。若比对结果达到阈值，将会发出病虫害预警提示。预警信息在 GIS 地图上显示可以以系统、短信、可视化专题分析结果等多种方式，将病虫害预警信息及时发放，以便农户等有关人员及时处理。

专家远程诊断子系统一是对识别结果及防治措施建议进行审核确认，审核确认后同步推送至农户移动端 App，指导农户进行病虫害防治作业；二是提供问诊服务，通过向植保专家提出问题并发送病虫害相关照片、视频，由农业植保专家通过系统专家端进行诊断、答复，或是专家通过远程视频查看病虫害情况，实现远程诊断并提供防治方法。

7.4.2.4 果园产量精准预测系统

果园产量精准预测系统根据遥感影像、无人机影像、果园统计信息等获取果园面积、种植结构、单株果树的果树形状、枝条数量、枝干比等生长状况、气象数据，构建果园面积提取模型、果树检测模型、枝形提取统计模型、时序生物量监测模型、花果识别统计模型，确定最终产量之间的模型关系，实现果园产量的精准预测（Bai et al.，2021；Samuoliene et al.，2016）。

7.4.2.5 果业管理业务系统

果业管理业务系统服务当地农业果业管理部门，对主管单位历史存档的果园管理数据进行归集，包括果园生产管理数据、果品产量数据、果品品种数据、果品出入库数据、果品生产流通数据、生态环境数据以及果品生长各个时期的管理数据，对数据进行统一管理与在线更新，实现果园行业主管部门数据编辑、更新、可视化查询等业务管理功能。该系统的主要功能包括：图层管理、数据浏览、数据查询、图形编辑、属性更新、专题数据更新、数据质检、资源报表、系统维护、专题制图和辅助功能。智慧果园数字化生产管理服务平台界面见图 7.11。

图 7.11　智慧果园数字化生产管理服务平台

7.4.3 N 个示范基地

在苹果优质产区建立示范性建设基地、开展智慧型苹果生产关键技术与集成系统的集中示范应用，探索智慧果园发展的标准技术模式。通过集成示范吸纳个体农户加入，推动苹果产业集约化、规模化发展。

7.5 四川无人果园农场

四川省是我国的水果大省，特别是晚熟柑橘规模在全国排名第一。然而，四川的果树普遍种植在丘陵山区，地块小，常规大型作业设备无法适应大面积推广应用。结合四川的产业实际和地形条件，成都天府童村打造了智慧果园示范基地，熟化、应用了一批“天空地”一体化农情信息采集系统、智慧农业大数据处理一体机、智能水肥一体灌溉系统、无人喷药机器人、无人除草机器人、跟随搬运机器人、智能巡田机器人、智能采摘机器人、冷链环境多参数信息保障设备、果品区块链追溯平台等智慧农业核心技术和装备。同时，打通了数据采集、数据处理及分析、多机协同、品质管控等关键环节，形成全链条数字化环境，打造出无人农场整体解决方案，构建全方位、高通量、标准化果园环境信息采集体系。

基地内，将语音控制、视觉识别、无人驾驶、人工智能等技术进行融合应用。通过应用果园场景三维建图、果园杂草分布建图、每棵果树精准定位、每棵果树树冠大小、每棵果树长势等信息采集技术，打通了“果园-果树-果实”“地块地形-气象数据-土壤墒情”全链条、全要素信息采集，构建了果园“环境与资源家底”一张图。

图7.12　果园三维激光点云地图

在果树密集、传统GPS导航方法失效的情况下，采用基于三维激光点云地图匹配的方法实现精准定位导航，为实现果园无人化作业奠定技术基础(图7.12)。同时，筛选了8 000余张不同品种果实在不同形态下的图片，让机器进行深度学习，以判别果实的颜色、大小、成熟度，判断果实是否被树枝遮挡，并且根据采摘位置规划路径，完成采摘和放篮等任务，采摘准确率大幅提升。此外，针对劳动密集型的水果采摘任务，通过研发协作系统，将研发的果品运输机器人与采摘机器人联动，实现跟随与搬运，并且可以24 h作业，降低劳动成本。

依托成都无人农场基地，2019年10月11日—12日智慧农业科技创新研讨会暨示范观摩会在成都召开。会议的主题是“科技兴农　数据赋能”。在田间分会场，中国农业科学院智慧农业创新团队展示了农业云操作系统，包括“天空地”农情信息时空数据库系统、物联网观测系统、农业大数据多维可视化系统、农情智能诊断与监测系统、智能装备对接与管理系统、智慧农业云平台的现场运行情况；并演示了云边端一体化的农业智能作业装备，包括智能巡田机器人、作业跟随机器人、无人除草机器人、无人喷药机器人、果蔬采摘机器人、水肥智能一体化灌溉系统的田间工作情况。

2019年11月12—14日，由中国农业科学院与联合国粮农组织(FAO)、国际农业研究磋商组织(CGIAR)、国际原子能机构(IAEA)和成都市人民政府共同主办的第六届国际农科院院长高层研讨会(GLAST-2019)在成都召开。会议围绕“农业绿色生产体系构建”“农业自然资源与生态环境保护”“食物营养与健康”“农业经营主体赋权与能力建设”和“农业信息化与智慧农业”5个议题，共同探讨农业科技创新促进农业发展方式转型的新思路和新举措，为促进全球农业优质、高效、绿色、可持续发展共同谋划行动。“农业信息化与智慧农业”分论坛就“智慧农业在不同国家的发展态势”“智慧农业成功样板”“智慧农业如何服务小农”“智慧农业国际交流”等热点话题，展开了深入的交流与讨论。

参考文献

昂韶宇．基于物联网技术的果园病虫害监测研究：硕士论文．合肥：安徽农业大学，2020.

邴兆珍．滴灌水肥一体化技术在果树上的应用探究．农业开发与装备，2021(7)：207-208.

曹学仁，周益林．植物病害监测预警新技术研究进展．植物保护，2016,42(3)：1-7.

李雅丽，魏峰远，陈荣国，等．基于物联网和WebGIS果园监测系统的设计与实现．测绘与空间地理信息，2018，41(8)：75-77.

梁悦，刘俊峰，孙贵先，等．果园环境远程监测系统构建与设计．河北农业大学学报，2019,42(2)：116-122.

束美艳，李世林，魏家玺，等．基于无人机平台的柑橘树冠信息提取．农业工程学报，2021，37(1)：68-76.

吴升，温维亮，王传宇，等．数字果树及其技术体系研究进展．农业工程学报，2021，37(9)：350-360.

Bai X，Li Z，Li W，et al. Comparison of machine-learning and CASA models for predicting apple fruit yields from time-series planet imageries. Remote Sensing，2021，13(16)：3073.

Samuoliene G，Viskeliene A，Sirtautas R，et al. Relationships between apple tree rootstock，crop-load，plant nutritional status and yield. Scientia Horticulturae，2016，211(1)：167-173.

Zhang C，Kovacs J M. The application of small unmanned aerial systems for precision agriculture：a review. Precision Agriculture，2012，13(6)：693-712.

第 8 章

未来展望

自 1998 年“数字地球”概念提出以来，数字信息化经过 20 多年的发展，在高分辨率影像、空间信息、大数据、可视化、虚拟现实等技术上获得了长足进步，数据量激增并海量聚集，已进入大数据时代。数据成为关键生产要素，数字技术与农业产业的深度融合已成为产业转型升级的重要驱动力。在新一代信息技术大发展的背景下，国内外一系列政策规划、科技攻关的部署和实施极大促进了智慧农业的基础研究、技术攻关、成果产业化等全过程创新生态链纵深发展。顺应时代发展潮流，及时整合果园生产要素，积极引入现代信息技术，更新换代传统经营模式，加快果业升级，已成为广大果农及果树经营组织的迫切需求。然而，与“数字地球”要求相比，仍然面临很多问题。由于果园多处于非结构地形的丘陵山区复杂环境，果园生产管理总体较粗放，水肥药施用没有实现精准管控，影响果品产量与质量；果园管理效率低，费时费工，数字化、机械化管理水平整体偏低，生产成本逐年增加，成为制约果农收入增加、果业综合竞争力提升的关键瓶颈。本章尝试从智慧果园的现状出发，全面总结果园生产全程机械化、果园生产全程信息化、果园生产过程智慧化的发展和需求，系统展望智慧果园未来的发展趋势、重点方向，分析存在问题。

8.1 信息技术从单项应用向集智攻关发展

智慧果园是信息技术在果业中由单项应用走向综合应用的必然体现。智慧果园着眼的不仅仅是信息技术的单项应用，而是把信息技术综合、全面系统地应用到果园的生产、管理和经营之中，使之成为一个有机联系的系统，并且各个环节相互协调、促进，实现果园数字化管理水平的提高，并使得果园系统按照人类需求的目标和方向发展。因此，围绕果园的智慧感知、智慧诊断、智慧装备与智慧服务，建立智慧果园的底盘技术和系统集成，是未来智慧果园技术发展的热点方向。

8.1.1 智慧感知

8.1.1.1 感知手段立体化

随着空间技术的快速发展，航天遥感(天)、无人机为主的航空遥感(空)、地面物联网

(地)方兴未艾,在果园的应用广度和深度不断发展(吴文斌等, 2018)。然而,不同观测平台所获取信息量、观测范围和观测尺度都有所差异,单一传感器或单一遥感平台的果园观测在实际应用中存在较多局限性。目前,果园智慧感知手段和监测技术也逐渐向综合化、规模化和多尺度的方向发展。果园信息的感知从原有的单一时间点、人工观测为主导向着全生命周期、多尺度、多平台和自动化的方向改进。综合天基、空基和地基观测的"天空地"协同感知成为果园智能感知的发展方向。

"天"具有覆盖范围广、获取信息量大、适于进行长期动态监测等优势,高低轨组网、多手段协同的综合监测系统将为大区域尺度果园感知提供支撑。"空"光学相机、高光谱成像仪、合成孔径雷达和激光雷达等常用的航空遥感传感器在果园生产中迅速应用和发展,具有可云下作业、较高的时空分辨率、数据采集灵活、应急调度方便等优势,可以弥补卫星遥感受云层影响大、数据获取时效性难以保障、任务定制成本高等应用瓶颈,是中小尺度果园遥感观测的重要信息来源。"地"通过综合应用地面常规监测技术、便携式采集设备,以及地面种植环境监测网络、作物监测网络、地面气象站、地基遥感站点、采样点等地面监测网络,实现对既定区域内果园要素进行精准监测(Shi et al., 2014)。在观测手段上,利用卫星遥感系统、航空遥感系统、地面监测系统,构建"天空地"一体化的果园感知系统,是感知手段立体化的生动实践,可实现果园环境和果树本体多元参数的连续观测,但同时也面临诸多挑战(韩冷等, 2022)。一方面,开发可连续测量的立体观测网络本身,就极具挑战。另一方面,面对爆炸式数据增长和数据应用难题,如何打通数据链路,构建全链路数据能力,是果园感知立体化场景应用的关键。

在未来几十年的果园智慧感知领域里,感知平台与感知技术将逐步成熟,多平台、多传感器与控制策略集成的知识和技术必将不断进步,按需定制果园感知解决方案逐渐成熟,为全面激活智慧果园提供基础保障。

8.1.1.2 感知对象一体化

除了果园感知手段的立体化,感知对象的一体化监测是智慧果园发展的另一重要方向。现有的研究多以单一的果园、果树或者果实为信息主体进行感知,难以满足综合管理、智能决策的需求。受自然环境中的光照变化以及风、雨等干扰,以及遮挡条件影响,感知对象往往仅针对单个器官,尤其是在果实自动检测研究中大多基于果实单个器官简单的视觉特征,如颜色、形状、纹理等,果园智能感知的效果并不理想。从区域尺度看,果园分布范围广,地域广阔,地形复杂多样,难以通过人力对果园进行精细的管理与调查。以园区为单位,准确、高效地获取果树数量和位置、合理的种植密度、果树生长检测,有利于果园的管理和水果的生产,已成为智慧果园精细化管理的重要内容。因此,"果园-果树-果实"一体化的感知体系有助于提高果园精准化生产管理水平。

果园施肥是结构化的复杂系统。果业生产过程的主体是果树生物,存在多样性、变异性和不确定性。果园中的地形变异、土壤养分含量变异、土壤水分含量变异、果园温湿度等小气候变异,使得果园中不同果树、果实的状态和参数存在客观差异。因此,果园感知对象存在季节性、地域性、时效性、综合性和多层次性等特征，在具体应用场景上，开展多个领域的交叉，如气象、土壤、水肥等，有助于激发多元对象交叉动能。建立“果园-果树-果实”一体化的感知体系是破局智慧果园高密度高通量感知的关键，并通过果树数字化管理模型的模拟运行与决策，将果园管理的农艺措施精准到每棵果树，做到精准施肥、精准灌溉、精准施药、精准花果管理等，实现果园生产管理的精准化，提高果园精准化生产管理水平的基础。

8.1.1.3 感知参数多维化

果园种植环境是各种果树生存生长的基础与决定条件，也是进行果园数字化管理的基础。果园种植环境是一个开放、复合的生态环境，包含土壤、气象、生物等多类因子。及时、准确了解和掌握果树各类因子信息，是重构果树生长状态、做出科学决策的重要基石，也是建设智慧果园的难点所在。

宏观尺度的果园空间分布是果园生产精准管理的底图基础。针对果园种植家底资源不清、权属不明的关键问题，利用中高分辨率卫星影像全覆盖，充分挖掘卫星遥感的光谱、时间和空间特征，构建时序光谱特征量与纹理特征量，研发基于深度学习的果园智能识别技术，突破高精度果园空间分布遥感制图的技术瓶颈。未来智慧果园多维参数感知还有以下几个方面需要深入研究：①加强多源数据协同利用。单一遥感数据源往往难以完整覆盖整个产区和果树生长季节。估计果园基因型-环境相互作用的复杂性，通过重构高空间和高时间分辨率的遥感数据，预测果园种植环境参数和果树生长状态之间的确切关系，有助于提高果园智慧感知的准确性，辅助农业决策。协同光学与雷达数据的同时，关注农业统计数据、气象数据、地形数据、生长度日指标等其他数据，有利于提高果园智慧的精度与模型的鲁棒性。②强化历史观测数据的融合应用。开展适合于遥感影像深度学习训练与测试用的数据库类型动态扩展与自动化机制研究，提高历史观测数据的利用率。③改进模拟算法性能。针对遥感影像特点和应用需求，研究遥感影像深度神经网络开源架构与模型，构建顾及遥感影像特性的专用遥感网络模型。因此，“一套”遥感框架与模型是实现果园准确分类亟需突破的技术。

目前，按照果树观测数量的多少，基于航空遥感的果树智能感知可分为果树群体感知和单株果树感知。果树群体感知的热点主要包括果树数量、高度、密度与长势以及果园杂草等群体参数监测，研究不同栽植密度、不同树形构建、不同营养水平以及不同生长阶段的果园群体光利用率、生产效率，提出果园生产的最佳群体参数；针对单株果树个体参数的感知主要包括对树形构建、光利用率、冠层分布、枝条组成、果实分布等。从技术体系看，以计算机视觉技术为主的果树数量统计、基于图像分割技术进行果树的冠层面积、果树高度、枝条和骨架结构等提取，以及多源数据融合的果树生长和产量数字模型等是未来优化果树管理的关键技术和重要突破口。从实际应用角度，未来迫切需要研发果树生产感知分析一体机，将复杂的诊断模型与算法集成固化到装备，实现田间地头一键式、简单化、便捷的数据诊断与分析，解决数字技术应用中数据处理难和分析难的问题。

智慧果园感知的多维参数的深度和广度不仅仅取决于植物生理，还受传感器成本及类型、植物生长模型、机器学习方法等影响。因此，基于数据挖掘、数据融合、数据协同等关键技术，提供面向果园观测任务的优化组合方法和观测模型评价指标，是未来实现对果园生产信息更加准确感知的有效途径。

8.1.1.4 感知装备专业化

果园传感器是在果业全产业链体系中，用于感知果园环境、果树植株本体、农机作业及农产品等相关信息，并将其转换为便于处理和传输的信号的器件或装置。与大田种植场景相比，果园专用传感器的品种、规格不全，技术指标不高，在测量精度、温度特性、响应时间、稳定性、可靠性等指标上与应用需求还有相当大的差距。按照感知功能，果园感知装备可分为感知环境装备、感知果树生理装备、无线传感器网络。

果树生长受到环境的强烈影响，高分辨率且精准稳定的感知环境装备，对于预测和管理生物质生产至关重要。目前测量果园空气压力、温度、辐照度和湿度等环境参数的传感器已被广泛应用，并且成本低，还可以集成在移动设备中。用于测量 CO_2 水平和挥发性有机化合物的气体传感器逐渐推广，但成本略高(Peter et al.，2023)。为了评估果树冠层内的气流速率，中等成本的风速计应运而生。土壤湿度传感器使用电和微波技术有效评估生根介质，土壤湿度传感器利用电导和光学技术对土壤 pH 和离子组成进行感知。然而，在确保可靠运行的同时，保持足够低的应用成本，仍然具有挑战性。

新兴的植物生理学传感器对果园生产产生了革命性变化。质量测量装置、茎流传感器、茎直径传感器、多光谱照相机和叶绿素荧光分析设备在果树生理感知中发挥了巨大作用。未来电生理学和超声波传感器将用于表征果树健康和检测生物与非生物胁迫。此外，用于感知疾病、昆虫侵扰或植物防御性化学物质的电子鼻将有效提升果品安全性，特别是在气候变化而导致的极端天气事件增加的背景下，可有效感知极端天气事件，减少农业灾情损失。

无线传感器网络是基于无线通信自主运行的网络，由电池供电的低功率电子设备、太阳能的能量收集模块或基于从果树植株中获得的电化学能量。实际上，在不中断正常园艺操作的情况下，将传感器模块安装在果园中，仍面临诸多挑战。潜在的解决方案包括在果树附近安装专门支架，将传感器模块连接到果树本身，甚至开发可生物降解的传感器模块，在收获后进行处理。目前，温室或垂直农场，为实施这类传感器网络，提供了最有利的条件。另一种新兴方法是基于配备传感器的移动机器人或无人机，从而实现果园监测。这种方法需要的传感器数量较少，并允许较高的传感器成本和较低的安装费用。但该方法不适用于直接安装在果树上的传感器，例如树液流量计，并且由于采样频率降低，可能产生数据的时间分辨率降低。

目前，果园传感器与测控终端产业在传感机理、感知机理、生化指标快速感知机理等基础理论还未完全突破；具有广域、自组织、高可靠性和节能的农业无线传感器网络部署与协议优化技术在果园生产场景中的研发投入不足；具有自主知识产权的、可工程化的果树长势传感器、果品多参数传感器、土壤养分传感器匮乏；具有可量产的工业化流程、全自主流片的微纳传感器以及长寿命、低耗能的多元果园环境传感器材和便携式设备匮乏。这些难点、痛点也将是未来果园专用传感器研发的重要方向。

通过智慧感知，对果园种植环境和农机作业精准感知实现知天而作，将信息感知、定量决策、智能控制、精准投入、精准调度、精准灌溉、产业链相融合，全面提高种植全流程管理服务和经营效益水平。

8.1.2 智慧诊断

果园智慧诊断技术取得长足进展，以算法创新实现现代信息技术带来的“海量数据”与以物理计算硬件平台为支撑的“天量计算”有效结合，形成果业生产全过程的定量决策。在“天空地”一体化观测体系获取的果园大数据支撑下，综合运用地球信息科学、农业信息学、栽培学、土壤学、植物营养学、生态学等多学科、多领域的理论，利用遥感识别、模拟模型、数据挖掘、机器视觉等技术方法，建立遥感大数据驱动的果园生产智能诊断技术体系，突破果园知识模型、果树果品表型解析以及胁迫信息诊断等核心技术，决策手段更加精准，辅助研判更加智能，呈现方式更加多元，将对强化果园信息感知、提高预警防灾能力产生深远影响(赵春江等，2021)。

8.1.2.1 数据驱动型果园知识模型

近年来，果园智能诊断技术取得重要进展，逐步进入快速发展和集成创新阶段，受算法创新有效供给不足、技术适配度不够等因素影响，智慧诊断发展极易产生算法“梗阻”和“堵点”。果园土壤、气候、果树生长等数据挖掘不充分、目标特征抽取不精准，导致果园管理决策与物联网算法不优；果园气象、土壤、市场等数据融合不足，致使果园种植品种、采摘时间、价格预测等大数据算法误差大；果树病虫害、生长问题进行预警和干预的人工智能算法，果品溯源和质量追踪的区块链等技术等匮乏，导致智慧农业创新的技术内核不够。

从“跨学科融合算法驱动”向“人工智能推进算法创新”转变过程中，果园诊断算法的创新程度决定了果业的智慧程度。数据驱动型果园知识模型受到广大研究人员青睐，日益成为未来智慧果园智能化决策系统的热点方向之一。当前，数据驱动型果园知识模型呈现出三大趋势：融合、自主、实用。一是融合。通过利用生物信息学分析方法，解析基因组、转录组、代谢组等多组学数据，协同现代生物技术与生物大数据，加速形成透明计算、移动边缘计算、雾计算和微云等新算法，实现果业生物精准选种育种和生产供应及时跟踪追溯。二是自主。智慧果园算法立足于神经网络，进行深度学习和强化学习。借助农业大数据平台以及与人类交互协作，提升持续学习和训练能力，从而更加智能和自主(Cai et al.，2019)。目前在智慧果园研究中，多组学整合、基因挖掘、病虫害诊断等领域探索较多。三是实用。世界各国纷纷实施数字农业项目、工程，落实大数据、人工智能战略规划，抢占现代农业制高点，智慧农业算法创新由“强基础”转向“重应用”。以果园应用场景驱动为导向对算法创新进行集智攻关，将更多数据用于算法分析和建模，推动算法性能不断提高、应用质效不断增强，更好适应智慧果园发展需求。

未来，通过建立覆盖果树品种、病虫情、地理、土壤、气象、管理措施、农业生产条件、图形、图像信息数据库，基于农业大数据的自动化、智能化参数获取与校准技术，重点突破数据驱动的果树生长动态感知模型，实现果园生产系统的大量计算机模拟试验，降低实物研究中的干扰及成本；对生物与非生物全过程进行系统、全面的分析与描述，揭示果园生产过程及动态关系。

8.1.2.2 果树果品表型参解析方法

表型作为基因型和多种环境间互作的结果，不仅可以通过细胞、组织、器官和植株的物理结构变化来衡量，还可以通过各类生理生化相关的表型参数来验证。自比利时 CropDesign 公司第一套大型植物高通量表型分析平台 TraitMill 问世以来，植物表型性状获取技术快速发展。果树表型获取正向着多样化、自动化和高通量的方向发展（Singh et al.，2016；Tardieu et al.，2017）。

然而，果树果品表型极其复杂，极易受到基因型、气候、土壤类型等因素的影响，并且性状指标间往往有着直接或间接的联系（王勇健等，2022）。目前果树表型参数的估算模型多依赖果树本体参数建立，而对降水、太阳辐射、最高温等气候因子，土壤参数、灌溉情况等环境因素对果树表型的影响仍有待研究（Ashapure et al.，2020）。随着检测技术的发展、检测系统的完善以及化学计量学中涉及的机器学习模型的快速更迭，多种检测方法的组合使用，果树果品表型性状数据的获取也将越来越全面。针对果树果品重要表型性状，多学科协同合作、设计跨学科实验，通过溯源跟踪果树的生长，获得可靠的全生育期的表型组数据，系统提取“细胞-组织-器官-个体-群体”等多层次性状，有针对性地挖掘还未为人所知的产量、品质和抗性的综合表型性状。

果树表型组学是突破未来智慧果园研究和应用的关键领域，多层次表型数据集既可解释新的生物学现象，也可为育种、栽培和水果生产实践提供大数据支持。在不久的将来，如何构建自动化集成表型采集平台获得多尺度、多条件及多物种的海量表型组数据，如何融合海量表型数据集建立技术体系保障表型组数据的质量，如何建立分布式（多地点）和集中式（云端）互补的关键采集分析技术等问题，将伴随植物表型组学研究的不断深入细化。

8.1.2.3 果树胁迫相关的诊断

生物和非生物胁迫可导致产量和品质的下降，一直以来是智慧果园领域的研究的热点。根据果树与不同逆境的交互情况，又可分为抗旱、抗涝、抗冷（抗冻）、抗热、抗盐、抗污染与抗病等特性。在干旱胁迫诊断上，综合利用可见光、荧光和近红外等多种光谱技术，结合多重共线性分析等经典方法，通过筛选主成分法，在分析果树对干旱胁迫的敏感程度方面极具潜力。

在果树病虫害诊断上，现有研究大多以叶片受病虫害入侵的程度、病斑数量和大小、病斑颜色和病叶比例等作为判断指标，通过红外光谱成像来获得叶片病斑面积，有效地实现果树病虫害诊断。此外，热红外感光也有通过温度指示用于果树疫情研究中。红外线在果树叶片温度对高温胁迫的响应研究中广泛应用。随着人工智能算法的进步，结合深度学习对大量植物疫情照片进行训练建模，有望进一步提升疫病的种类（如斑病、锈病）和程度的判别精度。

重金属胁迫与盐胁迫机理相似，都属于果树生长环境对其生理的渗透压胁迫和离子胁迫，对叶绿体影响较大。基于叶绿体荧光光谱特征可预防早期的渗透和离子胁迫，同时可监测果树在盐胁迫下的生长发育情况，取得长足发展。当前，谱带制作数码标记技术发展迅猛。然而，该技术在深入挖掘荧光波段由红向绿的规律，构建指示离子胁迫水平和盐胁迫下的生长速率中存在诸多技术难点亟待突破。在重金属胁迫方面，研究人员通过X射线荧光光谱仪实现了探测果树体内污染物原位分布图和含量评估。但果树重金属胁迫监测结果的精度需定量化评估，评估指标以及评定方式也是未来不可忽视的内容。

热红外、X射线荧光谱特征挖掘与深度学习结合是当前果树胁迫诊断的热门话题。随着观测技术的发展，拉曼光谱检测技术（Zhang et al.，2021）、荧光光谱与成像技术、空间频域技术等新手段在果树胁迫诊断上潜力巨大。但面向采集的海量数据，存在多标准、多尺度、多样化的机遇与挑战。如何有效便捷地从新型观测数据中提取有生物学意义的信息，进而取得新的生物学发现，大数据和果树模型的融合、数据解析方法仍处于探索阶段。

8.1.3 智慧装备

先进适用的果园智能装备是节约资源消耗、提高经济效益、降低劳动强度、提高生产效率及提升果品品质的重要保证（律秀燕等，2021；王中林，2020）。然而，果园地域分布跨度大、种植模式复杂多样、苗木分布杂乱，导致果园农机装备产业发展不平衡、不充分，呈现“三高三低”和“三多三少”的特点。从类型看，表皮较厚或用于加工处理的果业综合机械化水平较高，鲜食水果质地脆弱、果实大的果业综合机械化水平较低；从区域看，平原种植地区的机械化水平较高，丘陵山区的机械化水平较低；从产业看，设施果园、植物工厂的机械化水平较高，而开放环境下的机械化水平较低。同时，果园的智慧装备整体上作业质量不高、科技含量低，农机化的作用没有充分发挥。具体表现为小马力、中低端装备多，大马力、高品质装备少，特别是在丘陵山区、田块比较细碎，机耕道路缺乏，还存在“无机可用”“无好机用”“有机难用”的问题；单项农机作业的技术多，集成配套的农机作业技术较少；小规模自用型农机户较多，大规模专业化农机服务组织较少。因此，针对不同区域和产业特点，突破智能装备技术，打通数据和装备来源链路，加强多装备之间的协同作业能力，是实现人机替代，改变传统农业劳动方式，降低劳动力强度，促进果业现代化发展的关键所在。

8.1.3.1 数据和装备的联动

近年来，卫星遥感、无人机、车载等果园信息采集平台得到新发展，大数据分析与决策思维方法在智慧果园中已经取得较好成果，为未来自动化、智能化的智能装备提供了理论支持。作为自身可编程、位置可控、自动运行的功能操作机器，果园机械装备系统具有复杂性和异质性特点。现阶段果园智慧装备升级主要通过认知计算与装备体系演化建模能力的优化以提高智能装备的可靠性和精准度。然而，大数据与装备体系的概念关联机理模糊、理论方法和技术手段不清晰，不同平台和装备之间的通信、传输和数据链路技术没有建立。因此，打通果园大数据和果园物资装备的链路，已经成为果园智慧装备领域的研究热点。

以数据密集型计算技术为核心要素的大数据第四范式的涌现，极大地促进了果园智能装备建模与仿真能力。对于果园智慧装备系统而言，无论是从信息系统角度还是从机械工程角度认识和定义系统，任意一个节点都在产生、处理或使用数据。然而，从大数据的角度分析果园系统装备本身及其运行过程中的大数据特征和相关应用需求、模式不充分，致使果园智能装备研发仍处于盲目地局限在纯粹的大数据处理技术领域。当前，云计算技术和人工智能技术延伸下的大数据分析理论与技术得到长足发展，但对于果园智慧装备间相互转换和技术互相贯通支撑不够。

应用果园大数据概念原理，研发果园智能装备的核心方法在于基于大数据的复杂体系问题建模和基于数据的智能推理，其本质就是数据化问题描述模型，推理发现隐含信息或知识。因此，打通果园数据和装备的链路的突破口在于：一方面，通过大数据技术建立更加完整精确的数学模型，将有助于对机械装备进行后续科学设计和性能评估，进而高效进行多目标优化设计，克服应用过程中干扰与装备性能变化产生的影响；另一方面，在智能装备的结构设计中，结合果园大数据优化果园机器人，采用多领域、多尺度融合建模，强化映射通信链路、功能耦合或信息交互等相关关联或作用形式，从而形成整体的拓扑结构，也是未来基于大数据的果园机器装备探索的前沿领域。

8.1.3.2 多装备间的协同

现代果园生产中，很多智能设备、果园机器人被广泛应用在不同的生产环节中。大数据驱动的果园智能作业分为产中环节和产后环节 2 个部分。围绕产中环节，利用“天空地”遥感得到的果园环境信息、果树分布、长势与病虫害信息、生产作业的处方图，结合果园机械精准导航和控制技术，实现果园植保、花果管理、肥水管理、病虫害防控等生产环节的机械化、智能化和机器人化，减轻劳动强度，为果树生长发育创造良好条件，促进果品优质高产；围绕产后精细化、智能化、商品化处理环节，利用传感器、图像视觉、光谱检测等技术方法，构建果实自动采摘、品质智能分级分选、自动包装技术及装备，提升果实处理自动化、装备化和信息化水平，缩短工作时间和效率、节约人力资源。然而，智慧果园中的各装备之间系统融合不够紧密，果树管理模型较为松散，跨模型融合使用的参数少、几乎没有通用性，严重降低了果园智能装备的工作质量和工作效率，并且消耗资源量大。美国提出装备协同管控和“马赛克战”概念，引起了普遍关注，为果园多装备协同作业提供了新思路。因此，在果园智能装备系统的传感器协同、资源优化分配等方面还有大量工作值得探索和挖掘。

多源异构装备协同作业问题，需要从多源异构装备体系协同运用总体设计、分布式多源传感器自组织组网、复杂场景多目标“天空地”装备任务分配、“天空地”装备协同引导与跟踪、基于精度控制的多装备协同跟踪等方面进行攻关，提升多源异构装备协同探测能力。在多源异构装备联合应用上，以网络信息体系思想为指导，构建多点多源无线传感器监测系统，每个协同探测节点可部署在信息处理中心或传感器节点，管控一个或多个传感器节点，实时监测农机具的运行参数、运作状态、地理位置等信息，并进行综合分析，掌握各农机具的工作状态；通过设置协同作业效能指标，基于协同作业规则，采用智能算法自动选择不同类型、不同部署位置的监测或作业装备，形成相应的协同作业网络，根据果园目标实时态势，实时生成多源异构传感器任务分配清单、协同作业模式、装备管控指令等信息。在多源异构装备协同运用工作模式上，基于分布式网络化服务化协同作业架构，根据果园作业场景、目标的不同，系统应能够支持集中式、层级式、混合式、分布式等灵活多样的作业资源协同管控模式，最大限度发挥系统体系作业效能。然而，如何运用信息融合理论，通过对多个传感器数据的融合，构建协同跟踪模型是联合“天空地”多技术、多源异构装备进行协同作业的难点。

从关键技术看，未来需要研发果园作业服务一体机，在无网络情况下提供田间地头的数据链路，实现作业装备的互联互通；同时进行装备智能化管理与状态监测，为作业装备提供变量作业的决策数据和多机协同的作业能力。

8.1.4 智慧服务

当前，在国家大力实施国家大数据战略、加快建设数字中国的新形势下，加快推进数字技术与水果产业的深度融合，构建数据驱动的果业生产精准管理模式，对促进数字果业经济发展具有重要意义。然而，目前还有很多核心问题尚未得到系统解决。

8.1.4.1 智慧果园多学科、多技术的融合

智慧果园集地理学、农学、生态学、植物生理学、土壤学、气象学和信息技术学等于一体，具有显著的综合性和多学科交叉特点，涉及多部门、多领域、多学科的交叉与集成，具有独特的系统性、复杂性和多元性。由于果园地形条件复杂、种植密度各异、作业环境非结构化，将信息技术直接拓展应用往往不能有效解决问题。开展遥感观测与导航定位、移动互联网、物联网、大数据等技术的融合，与农学领域的其他学科交叉结合，是从方法学上推动自身学科发展同时跨学科应用也将拓展应用领域的有效途径。因此，当前急需解决的问题是如何推进“天空地”协同观测在果树育种表型、果园栽培管理、果园保险监测与评估等方面的应用深度发展。

8.1.4.2 数字技术与品种、栽培的融合

智慧果园是个系统工程。受多方面制约，智慧果园的农机和农艺融合不够，品种选育、栽培制度、种养方式、产后加工与机械化生产的适应性差，严重制约了智慧果园自动化作业的精度和广度。因此，深化数字技术与品种、栽培的融合，集成配套的数字技术体系，是智慧服务中急需加强的又一问题。

8.1.4.3 技术标准规范建设

智慧果园标准化工作刚刚起步，标准化水平相对滞后。在信息感知及数据传输和应用层面，没有统一的 HTML 数据交换标准和格式转换方法。除此之外，由于果业作业的季节性、作业环境的复杂性以及传统观念根深蒂固的束缚，果业物联网的行业技术标准很难统一，发展模式模糊。发达国家和地区高度重视标准的制定，形成了 IEEE、EPC global、ETSI M2M、ITU-T 等有国际影响力的标准体系，涵盖了 M2M 通信、标签数据、空中接口、无线传感网等，但在智慧果园领域尚未全面推行。

果业信息标准化是建立与推进智慧果园发展的前提，只有统一智慧果园规范标准，建立果业信息数据互联共享，才能实现果业空间信息资源的共享和集成。因此，需要统一果业生产过程有效数据的获取方式和存储格式，为后续的资源共享提供标准化的数据支持。依托协会、学会、联盟等团体和组织，快速建立数据标准、产品标准、市场准入标准等的团体标准和行业标准，积极推动国家和国际标准的建设，建立国际认可的第三方产品、技术检测平台，将标准纳入 ISO(国际标准化组织)体系。

8.1.4.4 技术与保险、金融等融合

如何稳定和逐步增加对智慧果园发展所必需的各项投入，是果园智慧服务发展的重要一环。但仅仅靠政府的财政投入远远不够，迫切需要大力引入市场和资本的介入，利用多种渠道增加投资，着力构建“政产学研用金服”相结合的新时代智慧果园发展模式；努力形成联合攻关、协同创新、共谋发展、共推改革的智慧果园运行模式，形成功能互补、良性互动的协同创新新格局；对投资规模较大、需求长期稳定、价格调整机制灵活、市场化程度较高的智慧果园基础设施及公共服务类项目，可采用 PPP 等商业模式；对于市场化前景较好、投资收益回报较快的智慧果园项目，可探索众筹模式、“互联网＋”模式等新商业模式。

8.2 数字产业从“盆景”向“风景”拓局

随着物联网技术的快速发展，智慧物联网产业园、无人农场、智慧果园等现代化生产模式在国家政策及智慧农业的创新驱动下蓬勃发展(兰玉彬等，2022)。将集信息感知层、传输层及分析应用层为一体的智慧果园技术应用到果园实际生产中，利用大数据、人

工智能等新技术建立的农业专家系统、监测报警系统、水肥精量管理系统以及农产品精准溯源系统，是智慧果园数字技术产业化的主攻方向，实现智慧果园由“盆景”向“风景”转变（赵春江等，2021）。但智慧果园建设是一项长期而艰巨任务，当前还面临诸多难点卡点，要强化整体谋划、理清思路路径，形成加快建设智慧果园的强大合力。因此，在顶层设计上，开展果园数字产业培育，加强智慧果园数字产业培育，重点推进。

8.2.1 培育自主可控的果园传感器与测控终端产业

传感器是智慧果园的源头技术，急需在低成本、低功耗、高可靠、现场原位快速感知等核心技术研发方面取得突破。聚焦果园生产和应用场景，开展光敏、气敏、力敏、离子敏及纳米材料制备及其元器件研制，重点突破敏感材料、敏感元器件关键技术，通过微流控、MEMS 等技术取得封装工艺的突破与创新。并在果业生产、加工、仓储、物流全过程，开展大规模试验验证，建立果业传感器技术体系、产品体系与标准体系，推动果业传感器产业快速发展。鼓励企业加强技术创新、提升制造水平，培育具有创新精神和影响力的果园传感器与测控终端制造龙头企业。积极推进果园传感器生产与应用标准体系，为设备提供商、芯片商、技术方案商、运营商、服务商等多元主体协同提供标准规范。

8.2.2 培育果园大数据＋全景果业产业

大数据是智慧果园决策的依据，果园大数据除了大数据本身的特性外，还具有明显的地域性、季节性、多样性、周期性等特征。目前果业大数据条块分割、碎片化严重，急需发展系统化的果业大数据聚合、挖掘、分析、处理的技术体系。开展“大数据＋”应用技术研发与集成应用，不断改善数字技术应用效果。结合农业生态旅游、农村生活体验等多功能农业发展趋势，构建全方位、多维度、立体式的果业虚拟场景，探索虚拟果业消费模式。借助 5G 商用带来的利好形势，开展“5G＋虚拟农业”等试验示范项目，推动全景果业产业快速发展。

8.2.3 培育智慧果园软件服务产业集群

云计算、人工智能和边缘计算技术在果业领域内的应用逐步凸显，以深度学习、强化学习等为代表的技术应用正贯穿果业生产全过程，是实现果业生产过程的自动化、智能化的必然技术手段。依托联盟、新型研发机构、创新联合体等形式，搭建科研院校、行业龙头企业、优势互联网企业和金融资本等高效融合平台，以增强果业智能决策软件企业自主研发能力为核心，加快构建果业系统软件企业全生命周期梯次培育机制、全面提升果业软件企业竞争力；加快孵化一批果业软件领域初创企业和独角兽企业；集中力量建设一批纳入国家战略层面的果业软件产业集聚区，发展面向智能农机装备的专用软件产业集群，引领我国果业软件产业发展。

8.2.4 高端果园机器人制造产业培育

发展果园机器人是实现人机替代、改变传统农业劳动方式、降低劳动力强度，促进果业现代化发展的必然趋势。开发面向人工智能的农机操作系统、数据库、中间件、开发工具等关键基础软件，突破非结构环境下机器人自主巡航、作业目标智能识别与定位、末端执行器精准控制、多机协同、自组网通信、机器人-云端无线数据交互与可视化技术等农业机器人共性关键技术等智能系统解决方案。研发适合果业产业和区域特点、农民需要、环境友好型等的农机智能装备；完善以企业为主体、市场为导向的农机装备创新体系，支持产学研用深度融合，推进农机装备创新中心、产业技术创新联盟建设；孵化培育一批技术水平高、成长潜力大的农机高新技术企业。

8.3 应用推广促进果业高质量发展

8.3.1 “数-云-端”融合应用模式

研究数据模型、云平台、智能农机的融合应用模式，智能化和多样化的农机极大优化和丰富了云平台的功能，形成云端互动；云平台的大范围使用能够极大地提升数据采集汇聚能力，汇聚大量数据；通过数据运算，融合深度学习和模型算法，将进一步提升智能农机的智能化和多样化，满足智慧果园不断变化的场景需求。

8.3.2 “天空地”一体化遥感监测体系应用

目前“天空地”一体化观测对果园生产管理的满足能力还不够，现有的卫星载荷和传感器设置没有充分考虑果园复杂环境的特定需求。如果园土壤参数监测、果品品质诊断与果树病虫害监测等需要高光谱遥感数据支撑；果树生理与生长状态监测需要荧光遥感、偏振遥感等新型遥感器应用；“天空地”多源数据的融合理论和技术方法需要加强。为此，在果业集中产区和生产基地建成一批高精度、低成本的“天空地”一体化果业资源环境信息监测站点；建立运行平稳、安全高效的果业资源信息数据共建共享机制；面向政府、企业或科研单位等不同应用主体，打造精准化、个性化的果业资源信息服务体系。

8.3.3 “5G＋”智慧果园

聚焦水果主产区，在经济发达地区的科技园区、产业园区优先布局，立足优势产业，建设5G智慧农业试验区；加强5G基站建设，升级优化相关技术设备；围绕物联网、无人机、机器人、虚拟/增强现实等多个领域，开展“5G＋智慧农业”、数字农业管理平台等各类创新应用开发；开展果业产业“生产—管理—销售—服务”全链条的5G示范应用。

8.3.4 基于区块链的果品溯源

在农业龙头企业和大型农业园区优先开展基于区块链的果品溯源试点建设；建立基于区块链技术的农产品供应链追溯平台，实现果品全生命周期的数据管理，保障产品安全；结合物联网、人工智能以及大数据等技术应用，实现智能监管；完善利益分配机制、建立制度保障和预警保障机制。

8.3.5 果品智能加工车间与智慧物流

重点推广果品分选分级、质量无损检测、贮运环境控制、消费者市场对接等核心信息化技术。建立果品采后智能加工体系，推广果品高通量无损检测设备、机器视觉/光分级分选设备、包装机器人等；建立果品精准控制冷链物流中心，配置果品产地快速预冷装备、便携式充电式载冷装备、微环境智能感控装置等；依托已有农产品电商平台，建设面向生产者、经销商、消费者的全产业链大数据云平台，精准对接消费者需求，实现生产环节与流通环节的有效衔接。

8.3.6 无人果园

建设信息智能感知系统与无线传输网络，配置远程墒情监测站、水文水质监测设备、动物体征监测设备、巡检机器人等；建设智能作业系统，配备无人驾驶拖拉机、无人植保机、动物精准饲喂/投喂设备、采摘机器人、水下机器人等；基于实时感知数据，打造大数据管理服务平台及交互式智能终端，实现种养殖环境参数预测、病虫害监测预警、远程精准调控、产品溯源、专家系统诊断等功能。

8.3.7 定制化果业大数据服务

以国家或区域性农业大数据中心为基础，优化农业大数据智能分析模型，深化跨媒体分析推理、群体智能等前沿技术；建设智能知识服务平台，实现自然灾害/疫病疫情预警防控、农机作业监控与优化调度、农产品供应链智慧化管理服务；打造"大数据＋VR"虚拟培训服务平台，向新型农业经营主体、普通农户提供供需匹配、双向互动、视听结合的定制化大数据服务。

参考文献

韩冷，何雄奎，王昌陵，等．智慧果园构建关键技术装备及展望．智慧农业(中英文)，2022，4(3)：1-11.

兰玉彬，林泽山，王林琳，等．基于文献计量学的智慧果园研究进展与热点分析．农业工程学报，2022，38(21)：127-136.

律秀燕，秦家辉，马志伟，等．我国果园机械装备应用现状及发展对策．农业机械，2021(12)：61-63.

王勇健，孔俊花，范培格，等．葡萄表型组高通量获取及分析方法研究进展．园艺学报，2022，49(8)：1815-1832.

王忠，胡栋，孙志忠，等．空间频域成像在农产品品质检测中的应用现状与展望．农业工程学报，2022，37(15)：275-288.

王中林．智慧果园发展制约因素与对策措施．科学种养，2020(7)：5-7.

吴文斌，史云，段玉林，等．天空地遥感大数据赋能果园生产精准管理．中国农业信息，2019，31(4)：1-9.

赵春江，李瑾，冯献．面向 2035 年智慧农业发展战略研究．中国工程科学，2021，23(4)：1-9.

Ashapure A, Jung J, Chang A, et al. Developing a machine learning based cotton yield estimation framework using multi-temporal UAS data. ISPRS Journal of Photogrammetry and Remote Sensing, 2020, 169：180-194.

Cai Y, Guan K, Lobell D, et al. Integrating satellite and climate data to predict wheat yield in Australia using machine learning approaches. Agricultural and Forest Meteorology, 2019, 274：144-159.

Peter G, Elias K, Gerard J V, et al. Sensors in Agriculture: Towards an Internet of Plants. Nature Reviews Methods Primers, 2023, 3(1)：60.

Shi Y, Ji S, Shao X, et al. Framework of SAGI agriculture remote sensing and its perspectives in supporting national food security. Journal of Integrative Agriculture, 2014, 13(7)：1443-1450.

Singh A, Ganapathysubramanian B, Singh A K, et al. Machine Learning for High-Throughput Stress Phenotyping in Plants. Trends in Plant Science, 2016, 21(2)：110-124.

Tardieu F, Cabrera-Bosquet L, Pridmore T, et al. Plant Phenomics, From Sensors to Knowledge. Current Biology. 2017, 27(15)：770-783.

Zhang W, Ma J, Sun D W. Raman spectroscopic techniques for detecting structure and quality of frozen foods: principles and applications. Critical Reviews in Food Science and Nutrition. 2021, 61(16)：2623-2639.

扩展资源

二维码 1　柑橘计数

二维码 2　农业机器人远程下发任务

二维码 3　智能采摘机器人

二维码 4　智能采摘运输机器人

二维码 5　智能机器人作业